Steigerung der Prozessfähigkeit gewandelter Montagezellen durch Selbstreferenz

Increasing the Process Capability of Changed Assembly Cells by Self-reference

Von der Fakultät für Maschinenwesen
der Rheinisch-Westfälischen Technischen Hochschule Aachen
zur Erlangung des akademischen Grades eines
D o k t o r s d e r I n g e n i e u r w i s s e n s c h a f t e n
genehmigte Dissertation

vorgelegt von

Alexander Schönberg

Berichter:

Universitätsprofessor Dr.-Ing. Robert Heinrich Schmitt
Honorarprofessor Dr.-Ing. Rainer Müller

Tag der mündlichen Prüfung: 17. September 2017

ERGEBNISSE AUS DER PRODUKTIONSTECHNIK

Alexander Schönberg

Steigerung der Prozessfähigkeit gewandelter Montagezellen durch Selbstreferenz

Herausgeber:
Prof. Dr.-Ing. Dr.-Ing. E. h. Dr. h. c. Dr. h. c. F. Klocke
Prof. Dr.-Ing. Dipl.-Wirt. Ing. G. Schuh
Prof. Dr.-Ing. C. Brecher
Prof. Dr.-Ing. R. H. Schmitt

Band 4/2018

WZL | RWTH AACHEN UNIVERSITY

Fraunhofer IPT

Bibliografische Information der Deutschen Nationalbibliothek
Die Deutsche Nationalbibliothek verzeichnet diese Publikation in der Deutschen Nationalbibliografie; detaillierte bibliografische Daten sind im Internet über http://dnb.ddb.de abrufbar.

Alexander Schönberg:

Steigerung der Prozessfähigkeit gewandelter Montagezellen durch Selbstreferenz

1. Auflage, 2018

Gedruckt auf holz- und säurefreiem Papier, 100% chlorfrei gebleicht.

Apprimus Verlag, Aachen, 2018
Wissenschaftsverlag des Instituts für Industriekommunikation und Fachmedien an der RWTH Aachen
Steinbachstr. 25, 52074 Aachen
Internet: www.apprimus-verlag.de, E-Mail: info@apprimus-verlag.de

Druck: KN Digital Printforce GmbH, Stuttgart

ISBN 978-3-86359-588-3

D 82 (Diss. RWTH Aachen University, 2017)

Diese Arbeit widme ich Alexandre Orth, der meinen wissenschaftlichen Werdegang als Entdecker, Betreuer und Mentor bereitet hat.

Science is not discussing the causes of knowledge, but the coherence of knowledge

Alfred North Whitehead
The Concept of Nature (1919)

Zusammenfassung

Die Dissertation im Fachgebiet Maschinenbau/Produktionstechnik untersucht einen selbstreferenziellen Lösungsansatz für die automatisierte Steigerung der Prozessfähigkeit gewandelter Montagezellen. Wandeln wird als Änderung aufgrund unvorhersehbarer und nicht in die Flexibilität einbezogener Einflüsse verstanden. Es wird ein ausführbarer nicht prozessfähiger Montageprozess auf Basis einer idealisierten Planung angenommen. Dieser ist Zielwert der Selbstreferenz bestehend aus Kommunikation, Perzeption und Kompensation.

Das Auflösen des Widerspruchs von Komplexität und Automatisierung der Optimierung roboterbasierter Großbauteilmontage durch Selbstreferenz stellt den innovativen Kern der Arbeit dar. Die Steigerung der Prozessfähigkeit wird durch globale Referenzsysteme (GRS) als Kommunikationsstandard und disziplinär verteilter Ansätze der Theorie von Wahrnehmung (Psychologie), Selbstorganisation (Sozialwissenschaft), Informationstechnik (Informatik) und Messtechnik (Produktionstechnik) entwickelt und validiert.

Die Prozessfähigkeit roboterbasierter Großbauteilmontage wird durch Selbstreferenz gesteigert. Die Wahrnehmung (Perzeption) des eigenen Zustands in einem GRS verschiebt dabei den Fokus des Einsatzes von Messtechnik von der Regelung einzelner Roboter zur Beobachtung des Montageprozesses und dem Abgleich zur Zustandswelt. Die Kompensation von Abweichungen wird selbstreferenziell zwar dezentral ausgeführt, richtet sich aber an dem idealisiert geplanten Montageprozess aus. Durch Selbstreferenz steigt die Grenzpräzision gewandelter Montagezellen und die Inbetriebnahme von Wandel wird automatisiert.

Die technische Validierung implementiert Selbstreferenz für die Perzeption und Kompensation der Diskrepanz von idealisiert geplanten und realen Montageprozessen. GRS werden als Kommunikationsstandard in den parallel zur Arbeit durchgeführten Projekten entwickelt und implementiert. Beim Wandel muss die Grenzpräzision der Montageroboter und Messsysteme innerhalb der Anforderungen der Prozesse liegen. In gewandelten Montagezellen wird abduktiv auf den Einfluss der Grenzpräzision auf die Steigerung der Prozessfähigkeit geschlossen. Mit einer Bewertungssystematik werden Regelmäßigkeiten und Handlungsempfehlungen abgeleitet und eine Forschungslandschaft skizziert.

Schlagwörter: Montage, Automatisierung, Messtechnik, Selbstorganisation

Abstract

The dissertation in Mechanical Engineering / Production Technology examines a self-referential approach for the increase of the process capability of changed assembly cells. Change is understood as an action taken due to unforeseen and therefore not included influences in flexibility. An executable non-capable assembly process based on an idealized planning is assumed. This serves as a target for self-reference consisting of communication, perception and compensation.

Solving the contradiction between complexity and automation of a conversion of robot-based large-scale assembly by self-reference constitutes the innovative core of the work. The increase in the degree of automation in commissioning is developed and validated by using Global Reference Systems (GRS) as a *communication* standard and disciplinary approaches of the theory of perception (psychology), self-organization (social science), information technology (computer science) and measurement technology (production technology).

The process capability of robot-based large component assembly is enhanced by self-reference. The *perception* of one's own state in a GRS displaces the focus of the use of measurement technology from controlling individual robots to optimizing the assembly process as a whole. The reduction of disparities (*compensation*) is executed self-referentially decentralized, but is geared to the idealized planned assembly process. Through self-reference in the form of communication, perception and compensation the robots and measuring systems increase their limit precision for execution and monitoring of assembly processes to raise automation levels for the commissioning of change.

The technical validation implements self-reference for the perception and compensation of the discrepancy of idealized and real assembly processes. GRS are developed as a communication standard for examining the degree of automation during commissioning of change. The limit precision of the robots and measuring systems must meet the requirements of the processes for automated change. In industrial application scenarios, the influence of the limiting precision on the degree of automatically achieved process capability is abductively deduced. An assessment system is used to derive regularities and recommendations for action to serve as a guide for subsequent research.

Tags: assembly, automation, measurement technology, self-organization.

Vorwort und Danksagung

Diese Arbeit entstand während meiner Tätigkeit als wissenschaftlicher Mitarbeiter am Werkzeugmaschinenlabor WZL der Rheinisch-westfälischen Technischen Hochschule Aachen.

An erster Stelle gilt mein Dank Herrn Prof. Dr.-Ing. Robert Schmitt und seinem Vorgänger Prof. Dr.-Ing. Tilo Pfeiffer für die Möglichkeit der Promotion am WZL sowie für die Betreuung, die Anregungen und vor allem das mir entgegengebrachte Vertrauen. Für die Übernahme des Koreferats danke ich Prof. Dr.-Ing. Rainer Müller.

Dem Land Nordrhein-Westfalen und der Deutschen Forschungsgemeinschaft (DFG) danke ich für die Förderung des Forschungsgroßgeräts „Indoor-GPS basierte Roboterzelle" als Keimzelle der Forschungsthemen für diese Arbeit. Auch wenn die Komponenten am 4. Februar 2016 bei einem Brand vollständig zerstört wurden, ermöglicht die Roboterzelle die Beantwortung vieler relevanter Forschungsfragen und existiert in veränderter Form bereits wieder. Der DFG danke ich weiterhin für die Förderung der Projekte „Bestimmung der Messunsicherheit kontinuierlich mit Lasertrackern erfasster Bahnkurven für die Kalibrierung dynamischer Bewegungen von Robotern und großen Werkzeugmaschinen", „Effizientes Einrichten von kooperierenden Montageprozessen mittels iGPS" und dem Exzellenzcluster „Integrative Produktionstechnik für Hochlohnländer". Dem Bundesministerium für Bildung und Forschung danke ich für die Förderung des Kooperation-International-Projekts „Intelligente, hochpräzise Montage mit Robotern durch Einsatz von Indoor GPS" und dem Projekt „Produktionssysteme Aktiv Wandeln". Den Firmen FFT Produktionssysteme, Premium Aerotec, Nikon Metrology, Hexagon Manufacturing Intelligence und Reis Robotics, dem Instituto Tecnológica Aeronautica (ITA) in Sao Jose dos Campos in Brasilien, dem GMSA-Lehrstuhl an der Nelson Mandela Metropolitan University (NMMU) in Port Elizabeth, Südafrika und dem KIT danke ich für den intensiven Austausch bei der Zusammenarbeit in den wissenschaftlichen und industriellen Projekten. Allen Projektpartnern danke ich für die Förderung und zielführende, professionelle Zusammenarbeit.

Bei allen Mitarbeitern des WZL, des Fraunhofer IPT und der RWTH Aachen, insbesondere bei den Kolleginnen und Kollegen der Abteilung Fertigungsmesstechnik (heute modellbasierte Systeme), bedanke ich mich für die freundliche Atmosphäre und die herzliche und intensive Unterstützung. Für ihre wichtigen Beiträge als Freunde und Kollegen möchte ich mich bei Felix Bertelsmeier, Alexandre Orth, Christoph Mersmann, Sebastian Pollmanns, Markus Janssen, Reinhard Freudenberg, Sascha Driessen, Björn Dietrich, Philipp Jatzkowski und Walter Kimmelmann bedanken.

Nur ein hervorragendes Team konnte die komplexen Ziele dieser Arbeit mit allen technischen und organisatorischen Herausforderungen meistern. Für diesen Erfolg bedanke ich mich ganz herzlich bei denen, die mich während ihres Studiums unterstützt haben, insbesondere bei Felix Bertelsmeier, Manuel Fechter, Philipp Schuhmacher, Alexander Richter, Christoph Lamers, Andrew Norman, Timothy Light, Jan Apetz, Thorsten Kammertöns und Christian

Dornieden für ihre herausragenden studentischen Arbeiten, die meinen Wissenshorizont erweitert und damit maßgeblichen Anteil an dieser Arbeit haben. Des Weiteren bedanke ich mich bei Mike Wehn, Tim Lewerenz, Christian Böttcher, Werner Lotz und Manfred Hahl für das Vertrauen, dass ich die Ergebnisse dieser Arbeit in industriellen Szenarien umsetzen darf.

Für die aufwendige Korrektur dieser Arbeit möchte ich ganz herzlich meinen Freunden Felix Bertelsmeier und Alexander Richter, meiner Frau Patrycja und meinem Vater Hugo danken.

Meiner Frau Patrycja möchte ich mich aus tiefstem Herzen für alle Liebe, Unterstützung und Geduld bedanken, die Arbeit meist parallel zu ihrer eigenen Promotion erstellen zu können. Bei meiner Tochter Romina bedanke ich mich für das Verständnis und die mir überlassene Zeit. Meinen Eltern Hugo und Hannelore, meiner Schwester Stefanie sowie meiner ganzen Familie danke ich für die stetige Ermutigung, Inspiration und dass sie die Bildung immer als erste Priorität behandeln und mir so diesen Weg ermöglicht haben.

Fulda, den 31.12.2017

Inhaltsverzeichnis

1. Forschungsumfeld und -programm

Die Bereitstellung von Messtechnik als integraler Bestandteil einer Produktionsanlage stellt einen Lösungsvorschlag für die wandlungsfähige Produktion dar (Demeester, et al., 2011). Diese Arbeit überträgt diese Erkenntnis auf die Inbetriebnahme roboterbasierter Großbauteilmontage durch die Zusammenarbeit von:

- Roboter mit Prozesswerkzeugen — Ausführung der Montageaufgabe
- Large-Volume Sensorik — Erkennung von Maschinenabweichungen
- Prozess-Sensorik — Erkennung von Bauteilabweichungen

Globale Referenzsysteme (GRS) als Kommunikationsstandard stellen per Definition (Demeester, et al., 2011) Informationen zur Verringerung der Diskrepanz zwischen virtueller Planung und realer Produktion bereit. Durch die Verfügbarkeit der Informationen wird eine Synchronisation der beiden Welten möglich. Diskrepanzen sind als Kern geringer Prozessfähigkeit zu identifizieren. Die Fokussierung auf Montagezellen mit Industrierobotern bietet aufgrund der Programmierbarkeit eine breite Untersuchungsmöglichkeit für Fragestellungen beim Einsatz von GRS. Virtuelle Wandlung wird unter den Begriffen wandlungsfähige und cyber-physische Systeme beschrieben. Die Umsetzung virtueller auf idealisierten Planungsmodellen basierender Methoden zur wandlungsfähigen Montage durch *Selbstreferenz* stellt die zu schließende Forschungslücke dar. Selbstreferenz umfasst:

$$\frac{\text{Kommunikation}}{\text{GRS}} \longrightarrow \frac{\text{Perzeption}}{\text{Sensorik}} \longrightarrow \frac{\text{Kompensation}}{\text{Roboter / Messsysteme}}$$

Im Kern wird ein Lösungskonzept für die Inbetriebnahme roboterbasierter Montage durch selbstreferenzielles Ausführen einer idealisierten Wandlung erarbeitet. Mit einem Bewertungssystem werden die Einflüsse von Selbstreferenz auf die automatisierte Steigerung der Prozessfähigkeit untersucht. Die roboterbasierte Großbauteilmontage erhöht die Sichtbarkeit der Ausprägungen bei der Implementierung von Selbstreferenz. Die Bewertung der Automatisierungsgradsteigerung dient zur Erkennung von Regelmäßigkeiten. Möglich wird *Selbstreferenz* durch die Fähigkeit des Informationsaustauschs (*Kommunikation*), Beobachtung des eigenen Zustands (*Perzeption*) und Steigerung der Präzision (*Kompensation*) beim Ausführen idealisiert geplanter Prozesse. Durch GRS wird der Fokus von den Schnittstellen der Roboter und Messsysteme auf die Einflüsse und Auswirkungen der Selbstreferenz verlagert. Die Forschungsfrage lautet:

Kann Selbstreferenz die Prozessfähigkeit gewandelter Großbauteilmontage auf Zellenebene automatisiert steigern?

1.1 Selbstreferenz als Lösungsansatz

Übergreifendes Hemmnis für prozessfähige wandlungsfähige Montage von großen Bauteilen ist neben Bauteileffekten (Schmitt, et al., 2014b) die Komplexität beim Ersatz von starren Vorrichtungen durch programmierbare Roboter. Diese weisen aufgrund ihrer Bauart nur eine geringe Eigensteifigkeit auf und haben aufgrund höherer Kosten weniger Manipulationspunkte. Bauteile und Roboter beeinflussen sich innerhalb der Prozesse und erhöhen somit deren Komplexität. Die Planbarkeit wird erschwert und Probleme treten bei der stetig wiederholten Inbetriebnahme von Wandlung auf. Die Planbarkeit durch Simulation realer Effekte in der virtuellen Planung zu erhalten ist nicht zielführend. Die Autonomisierung des Produktionsplanungsprozesses unter Berücksichtigung zeitlicher und kausaler Wirkmechanismen des Anlagenverhaltens in mittel- und langfristigen Weiterentwicklungen ist nicht abzusehen. Die Reaktion einer Anlage auf veränderte Umgebungsbedingungen, Verschleißerscheinungen und Toleranzen in Bauteilen zuverlässig im Planungsmodell zu berücksichtigen, birgt aufgrund der Komplexität die Gefahr des Verlusts der Wandlungsfähigkeit in der Planung (Demeester, et al., 2011). Diese allgemein der Produktion zuzuordnenden Erkenntnisse führen in der Montage zu hohen Informationsdichten.

Komplexitätsbeherrschung durch Selbstorganisation

In der Informationstechnik führen höhere Informationsdichten und Querbeeinflussungen zu einem Komplexitäts-Flaschenhals, welcher durch „autonomes Rechnen" aufzulösen ist. Allerdings reichen kybernetische oder kognitive Ansätze unter Umständen nicht aus, weshalb Ansätze der Selbstorganisation übertragen werden (Heylighen & Gershenson, 2003). In den Wirtschaftswissenschaften überträgt die Idee der „autonomen Kooperation" (Hülsmann, et al., 2007a) in heterogenen Strukturen die Selbstorganisation insbesondere bei einem dynamischen offenen System. Autonomes, selbstreferenzielles Verhalten wird innerhalb eines selbst definierten Regelsystems ausgeführt. Es entsteht ein adaptives, stabiles System im dynamischen Gleichgewicht mit der Umwelt. Folgende Dimensionen definieren Selbstorganisation (Hülsmann, et al., 2007b):

- Organisatorische Struktur: Komplexität, Dynamik und Offenheit des Systems
- Organisatorisches Verhalten: Indeterminismus, Selbstreferenz und Autonomie
- Organisatorische Fähigkeiten: Emergenz, dynamisches Gleichgewicht und Selbstkontrolle

Durch die Synthese der sozialwissenschaftlich verankerten Strukturationstheorie und der Synergetik (Selbstorganisation) werden Einflüsse der Mikroebene (Mitarbeiterqualifikation) auf die Makroebene (Konzerne und Unternehmensnetzwerke) abgeleitet (Schallnus, 2005). Folgende Begriffe der Wahrnehmung werden für eine Prognose nutzbar:

- Macht - Fähigkeit zur Fremdgestaltung - über Informationsfluss gestalteter Prozess.
- Unabhängigkeit - Fähigkeit zur Selbstgestaltung - Prozess in Wechselwirkung mit Umwelt
- Erfolg - Maß der Unabhängigkeit - Grad der Beeinflussung von Umweltbedingungen
- Überindividueller Ordnungsparameter - Korrespondenz zu Umweltbedingungen

Spontane Organisation entsteht in isolierten determinierten dynamischen Systemen bei unveränderten Gesetzmäßigkeiten durch die Ausbildung von an die „Umwelt" angepassten „Organismen". Diese entwickeln im Wettbewerb ihre „Überlebensfähigkeit" und „Auffassungsgabe" unvermeidbar weiter, sind aber nicht unbedingt übertragbar und im Regelfall eigennützig (Ashby, 1962). Um regulierend einzugreifen muss Information in das System eingebracht werden. Begrenzt ist die Regulation auf das Maß der eingebrachten Information. Die Regulation weist verschiedene Ausprägungen auf. Organisation findet aber erst beim Überschreiten von Schwellwerten im Beobachtungszeitraum statt (Perry, 1995). Kybernetische Ansätze durch Einbindung von Dämonen (von Foerster, 2003) beeinflussen die Regulation der Organismen. Zusammenfassend stellt Selbstorganisation eine Eigenschaft eines Systems dar, welche gekapselt von der eigentlichen Aufgabe inhärent vorhanden ist.

Ein mögliches Bewertungskriterium für Selbstorganisation ist die Zeit, in welcher das System autonom arbeitet (Shalizi, 2001). Im Fall der Inbetriebnahme von Montage ist dieses Kriterium mit dem Anteil fähiger Prozesse verbunden und erhöht eine Selbstkontrolle der Anlage durch Einführen prädiktiver Elemente (Shalizi, et al., 2004).

Selbstreferenzielle Montage

Erreichbarkeits- und kollisionsgeprüfte Offline-Programme in Kombination mit einer Beschreibung von Qualitätsmerkmalen stellen bei der Nutzung idealisierter Modelle eine hinreichende Informationsquelle für gewandelte Montageprozesse dar. In den Planungsdaten halten die Montageeinheiten das Wissen über die eigene Aufgabe für die symbolische Zuordnung der Wahrnehmung auf die eigene Gestalt vor (Whitehead, 1919), (Hooper, 1944). Die Änderung und Überprüfung der Anforderungen in einem übergeordneten Planungssystem vereinfacht und rationalisiert die Prozesse, wodurch Kernanforderungen für die Einführung von so genannten smarten Produktionssystemen (Massotte, 1995) erfüllt werden. Die Roboter und Messsysteme agieren als autonome und redundante Einheiten in einem komplexen Umfeld. Sie weisen die selbstreferenziellen Fähigkeiten der *Kommunikation, Perzeption und Kompensation von Abweichungen* im Sinne der vorgeschlagenen Dämonen selbstorganisierender Systeme (von Foerster, 2003) auf. Die Selbstreferenz erhöht die Übereinstimmung zwischen dem idealisiert geplanten und realen Verhalten einer Montagezelle. Die Informationen aus der Montage lassen sich durch die höhere Übereinstimmung in die Planungsmodelle zurückführen und schaffen interoperable wissensbasierte Systeme in heterogenen Umgebungen (Leitao, 2008). Selbstreferenz reduziert Quereinflüsse mit anderen Systemen und lehnt sich in die übergeordnete virtuell gewandelte

Planung an, sodass die Prozesse automatisiert befähigt werden. Die Effektivität selbstreferenzieller Roboter und Messsysteme weist folgende Faktoren aus:

- Redundante Informationen über den Maschinenzustand im GRS (Beobachtbarkeit)
  - Die Schätzung der Unsicherheit des Montageprozesses mittels Konsistenzanalysen (Wolff, 2010) erfolgt innerhalb der Grenzen der Wahrnehmung.
  - Im Vordergrund stehen die systeminhärente Beobachtung des Montageergebnisses und den Wegfall von nachgelagerten Qualitätsschritten. Diese erhöhen den logistischen und technischen Aufwand, ohne die Qualität zu verbessern.
- Einfluss von Kompensation und Adaption auf automatisiertes Wandeln (Grenzpräzision)
  - Montageroboter nutzen zusätzliche Informationen über ihr Verhalten zur Steigerung der Präzision bei der Inbetriebnahme gewandelter Montageprozesses.
  - Verfügbarkeit, Laufzeiten, Verarbeitung, Dichte und Unsicherheiten von Informationen limitieren die Grenzpräzision selbstreferenzieller Montage.

Die Grenzpräzision ist die durch technologische, physikalische, informationstechnische und wirtschaftliche Einschränkungen erreichbare Präzision von Montagerobotern bzw. die untere Grenze der Unsicherheit von Messsystemen. Die Zusammenhänge technologischer Parameter und deren wirtschaftlicher Auswirkungen werden theoretisch und praktisch abgeschätzt. Im Verhältnis zur Prozesstoleranz ergibt sich der bestimmende Faktor für die Prozessfähigkeit.

Bewertung und Anwendung

Neben der theoretischen Betrachtung der Grenzpräzision von Selbstreferenz beeinflusst diese weitere Dimension roboterbasierter Großbauteilmontage. Wirtschaftliche Planung von Montageprozessen bildet die reale Montagezelle in der Zustandswelt ab. Durch höhere Präzision selbstreferenzieller Montage wird eine Reduktion der Komplexität durch geringere Abweichungen zwischen realer und virtueller Montage erreicht. Prozesssensorik für die Kompensation von Bauteilabweichungen bleibt nötig. Dies ist anzustreben, weil die vollständige Abbildung der Realität heutige Planungsfähigkeiten überfordert, wohingegen diese bei idealisierten Modellen erhalten bleibt. Die Idealisierung führt zur Notwendigkeit von Anpassungen bei der realen Inbetriebnahme. Selbstreferenzielle Roboter liefern einen Lösungsansatz zur Automatisierung dieses Prozesses. Ihre Grenzpräzision muss bei der Ausführung innerhalb der Anforderungen der Montageprozesse liegen. Der Erfüllungsgrad von Vorgaben der Prozesse durch selbstreferenzielle Systeme korreliert mit der Prozessfähigkeit gewandelter Großbauteilmontage. Aufgrund der Zusammenhänge von Präzision und Anforderungen unter gegebenen Randbedingungen ergibt sich der optimale Umsetzungsgrad von Selbstreferenz. Durch die Implementierung von Selbstreferenz in den betrachteten Montagezellen werden Regelmäßigkeiten in den Dimensionen selbstreferenzieller Montage abgeleitet und in Handlungsempfehlungen aufbereitet.

1.2 Forschungseinordnung und -vorgehen

Für die Beantwortung der Forschungsfrage werden interdisziplinär verteilte Forschungsansätze kombiniert und für die Inbetriebnahme gewandelter Montagezellen für Großbauteile angewendet. Der Einsatz von GRS wird für die wandlungsfähige Produktion vorgeschlagen (Demeester, et al., 2011) und in dieser Arbeit anhand der Teilmenge Großbauteilmontage untersucht. Die Fokussierung auf die Montage großer Bauteile und insbesondere das Fügen und die Einschränkung auf die Inbetriebnahme nach Wandlung erhöht die Anzahl von Fallbeispielen aufgrund parallel zur Arbeit implementierter Montagezellen. Die Entwicklung, Implementierung und Bewertung selbstreferenzieller Montage zur Inbetriebnahme industrienaher Szenarien wird durchlaufen. Dabei werden abduktiv die Erkenntnisse auf Regelmäßigkeiten untersucht. Die Implementierungen der dargestellten und eingeordneten Methoden von Selbstreferenz werden dabei innerhalb der betrachteten Montagezellen umgesetzt. Für Details zur technischen Implementierung wird an den entsprechenden Stellen auf die projektbegleitende Dokumentation verwiesen.

Einordnung und Randbedingungen

Eine idealisierte Planung einer Wandlung von roboterbasierter Montage ist ohne die Einbindung von Messtechnik nur durch manuelle Eingriffe prozessfähig. Die Roboterbewegungen und Prozesse müssen angepasst und qualitätssichernde Maßnahmen eingeleitet werden. Die große Komplexität von roboterbasierten Montageanlagen und der Bauteile verhindert die automatisierte Inbetriebnahme aufgrund mangelnder Vorhersehbarkeit. Die Fähigkeit der Anpassung bestehender Prozesse an nicht vorhersehbare technische und wirtschaftliche Randbedingungen wird mit Wandlungsfähigkeit (Nyhuis, et al., 2008) bezeichnet. Dabei geht es nicht um die flexible Auslegung einer Montagezelle und dessen wirtschaftlichen Betrieb. Gemeint ist permanente Anpassung an den wirtschaftlichen Arbeitspunkt unter Berücksichtigung technologischer und wirtschaftlicher Randbedingungen unabhängig von deren bei der Auslegung bestehenden Ausprägung.

Selbstreferenzielle Roboter und Messsysteme stellen einen Lösungsansatz für die automatisiert prozessfähige Inbetriebnahme dar. Selbstreferenz greift in die Planungsprozesse von Wandel nur geringfügig ein. Analog zum manuellen Vorgehen passen sich Roboter eigenständig und damit automatisiert an. Sie organisieren sich selber und verschieben somit technologische und wirtschaftliche Grenzen. Dabei bestimmt der Grad der Umsetzung von Selbstreferenz, inwieweit die Inbetriebnahme automatisiert abläuft. Der Grad der Unterstützung erfolgt von einer reinen Beobachtung für die Ableitung von Vorschlägen für Prozessparameter bis zur Vollautomatisierung in Losgröße 1.

Durch den Einsatz von GRS als Grundlage der Kommunikation in einem Montagesystem, werden interdisziplinäre Lösungsansätze der Wahrnehmungstheorie (Psychologie),

Selbstorganisation (Sozialwissenschaft und Informatik), Informationssystemen (Informatik) und Messtechnik (Produktionstechnik) kombiniert. Dabei wird in der Darstellung der Wahrnehmung nach (Whitehead, 1919) die idealisierte Planung als Wissen über die Montageobjekte angesehen und durch Messtechnik die perzeptiven Fähigkeiten durch objektivierte Informationen erweitert. Mit der Kenntnis der Abweichung zwischen internem Wahrnehmungsmodell und realem Verhalten passt sich das System durch Einbindung angepasster Dämonen an (von Foerster, 2003). Die Grundlage der Selbstreferenz liegt im *Informationsaustausch* innerhalb der Montageanlage (Kommunikation), der *Beobachtbarkeit* der Prozesse (Perzeption) und der Einbindung von Logik zum Erreichen einer höheren *Präzision* (Kompensation und Adaption). Die Informationen sind Schätzungen zeitlicher und geometrischer Beziehungen, welche formal mit einer zugeordneten Unsicherheit angegeben und verarbeitet werden (JCGM, 2008). Selbstreferenz kombiniert Kommunikation, Perzeption und Kompensation und stellt sie als Eigenschaft der Systeme bereit.

Erkenntnisgewinn durch abduktives Schließen

Die Wirkmechanismen von Selbstorganisation als übergeordneter Rahmen der Selbstreferenz sind emergent (Schallnus, 2005), also nicht auf isolierte Eigenschaften zurückführen. Es existieren als Attraktoren bezeichnete Strukturen, an denen sich im direkten Umfeld andere Strukturen ausrichten. Sie stellen Regeln des betrachteten Systems dar (Hülsmann, et al., 2007a). Deduktive und induktive Schlussverfahren nutzen Begründungsmodelle für die gefundenen Erkenntnisse und müssen unabhängig von ihrem Entdeckungszusammenhang überprüfbar sein (Popper, 1935). Die analytische Herleitung von Attraktoren in einer roboterbasierten Großbauteilmontage ist aufgrund fehlender oder komplexer Beschreibungsmodelle nicht möglich. Im Beispiel von Tab. 1-1 existiert keine Möglichkeit, deduktiv die Grenzpräzision von Robotern oder Messsystemen bei der Ausführung von gewandelten Prozessen aus bekannten Regeln herzuleiten. Ebenso verhindern die vielfältigen und komplexen Auswirkungen in der roboterbasierten Großbauteilmontage den Nachweis von Regeln für einen induktiven Schluss. Im Beispiel von Tab. 1-1 existiert kein signifikantes Beschreibungsmodell für das Verhältnis von Grenzpräzision zur Prozesstoleranz.

Für das Schließen auf Regelmäßigkeiten selbstreferenzieller Montage auf gewandelte Montageprozesse wird auf die Abduktion nach Peirce (Burks, 1946) zurückgegriffen, welche den Begriff der Hypothesenbildung (Peirce, 1878) präzisiert. Die Probleme der Abduktion werden mit der Formalisierung, Abgrenzung, Beschreibung und Begründung (Plutynski, 2011) umschrieben. Handlungsempfehlungen für die deduktive und induktive Überprüfung werden von Peirce als nachfolgende Schritte des Erkenntnisprozesses vorbereitet. Die Abduktion nutzt die Struktur des Betrachtungsgegenstands aus, dass sich im direkten Umfeld eines Attraktors Strukturen abbilden, welche als Regelmäßigkeiten erkennbar sind. Durch Beobachtung und Ableitung der Erkenntnisse in einem kreativen abduktiven Schluss (Schurz, 1995) sind diese zugänglich. Der Beginn eines abduktiven Schlusses betrachtet nach Pierce ein überraschendes Ereignis, z.B. in Tab. 1-1 die automatisierte Inbetriebnahme von Wandel, obwohl weder Roboter noch Messsysteme allein aufgrund idealisierter Planung Prozessfähigkeit sicherstellen können.

In den Anwendungsszenarien der durchgeführten Projekte werden die Inbetriebnahmen gewandelter Prozesse als überraschende Ereignisse realisiert. Sie existieren unbeachtet ihrer theoretischen Funktionsweise und werden auf ihre Wirkmechanismen untersucht. Die technische Ausprägung kann der jeweiligen Projektbibliographie entnommen werden. Die Überraschung äußert sich in der Tatsache, dass in den Szenarien manuelle Kompensation Voraussetzung für die Inbetriebnahme ist. Durch die Kopplung der Systeme mittels Selbstreferenz wird die Grenzpräzision kleiner als die Anforderungen der gewandelten Prozesse gestaltet. Die automatisierte Inbetriebnahme von Wandel wird möglich. Für die Überprüfung der abgeleiteten Regelmäßigkeiten werden Handlungsempfehlungen für die Schritte zwei und drei des Erkenntnisprozesses nach Pierce (Psillos, 2011) der *Deduktion theoretischer Erklärungsmodelle* und der *induktiven experimentellen Überprüfung* vorbereitet.

Tab. 1-1: Schlussweisen übertragen auf automatisiertes Wandeln

Abduktion		**Deduktion**		**Induktion**	
Regel	Selbstreferenz steigert Präzision von Montage	Regel	Selbstreferenz steigert Präzision von Montage	Fall	Grenzpräzision ist kleiner als Prozesstoleranz
Ergebnis	Montageprozess automatisiert gewandelt	Fall	Grenzpräzision kleiner als Prozesstoleranz	Ergebnis	Montageprozess automatisiert gewandelt
Fall	Grenzpräzision ist vielleicht kleiner als Prozesstoleranz	Ergebnis	Montageprozess kann automatisiert gewandelt werden	Regel	Selbstreferenz steigert den Automatisierungsgrad von Wandel
Hypothetischer Schluss vom Einzelnen und einer Regel auf eine Regelmäßigkeit		Schluss vom Allgemeinen auf das Einzelne		Schluss von einer üblichen Regelmäßigkeit auf das Allgemeine	

Durch Implementierung von Montagezellen mit automatisierten Wandel für den abduktiven Schluss sind erkannte Regelmäßigkeiten anhand der konkreten Realisierung überprüfbar. Die Herleitung der Wirkmechanismen wird anhand des Umsetzungsgrades von Selbstreferenz identifiziert und isoliert betrachtet. Im Betrachtungszeitraum der Arbeit werden durchgeführte Projekte zur Ableitung von Regeln für folgende Einflüsse genutzt:

- Anforderungen von Wandel bei der Inbetriebnahme
- Selbstreferenzielle Fähigkeiten
- Bewertung von automatisiertem Wandel

Die durchgeführten Projekte dienen als Arbeitsgrundlage für die Beantwortung der Forschungsfrage. Innerhalb des Betrachtungszeitraumes werden unterschiedliche Umsetzungsgraden von Selbstreferenz implementiert und auf ihren Beitrag untersucht.

Durchgeführte Projekte

Die anwendungsbezogene Grundlage der Implementierung von Selbstreferenz wird durch das von der Deutschen Forschungsgemeinschaft (DFG) und dem Land Nordrhein-Westfalen geförderten Forschungsgroßgerät (DFG, 2008) „Indoor-GPS basierte Roboterzelle" bereitgestellt. In Forschungsprojekten von 2010 bis 2013 werden theoretische und praktische Lösungen für Fragestellungen der wandlungsfähigen Montage bearbeitet. Anforderungen werden abgeleitet und selbstreferenzielle Mechanismen implementiert:

- Eignung von iGPS zur Bestimmung von Abweichungen kooperierender Roboter im BMBF Projekt (BMBF, 2008) „Intelligente, hochpräzise Montage mit Robotern durch Einsatz von Indoor GPS Systemen" (Norman, et al., 2010), (Norman, et al., 2012)
- Messunsicherheit im DFG Projekt (DFG, 2010a) „Bestimmung der Messunsicherheit kontinuierlich mit Lasertrackern erfasste Bahnkurven für die Kalibrierung dynamischer Bewegungen von Robotern und großen Werkzeugmaschinen" (Kapitel 4.1.2)
- Roboterregelung im DFG Projekt (DFG, 2010b) „Effizientes Einrichten kooperierender Montageroboter mittels Indoor-GPS" (Schmitt, et al., 2011a), (Schmitt, et al., 2012a)
- Kombination von lokaler und globaler Sensorik im BMBF Projekt (BMBF, 2010) „Produktionssysteme aktiv wandeln" (Schmitt, et al., 2010a) (Schmitt, et al., 2012b) (Schmitt, et al., 2013b) (Schmitt, et al., 2014d)
- Selbstoptimierungsstrategien für die Großbauteilmontage im DFG Exzellenzcluster (DFG, 2006) „Integrative Produktionstechnik für Hochlohnländer" (Schmitt, et al., 2011b)

Neben den Forschungsarbeiten werden Anwendungsszenarien in bilateralen Industrie-Projekten, Vorstudien und Kooperationen in den Jahren 2011 bis 2016 umgesetzt. Diese erweitern die Bewertungskriterien bei der industriellen Anwendung von Selbstreferenz:

- Aufbau von Prozessketten für das Integrieren von Stringer in Rumpfschalen mit den Firmen Premium Aerotec und FFT Produktionssysteme im vom Land Niedersachsen geförderten Verbundprojekt (TZN, 2012) „OptiStringEnc" (Schönberg & Wehn, 2014) mit Aufbau einer Serienanlage (Schönberg & Wehn, 2016) (Schönberg & Wehn, 2015b)
- Fügen von Rumpfschalen zu einer Sektion durch die Betreuung einer Masterarbeit mit der Firma Premium Aerotec (Bertelsmeier, 2013) (Schmitt, et al., 2014b)
- Automatisiertes Fügen von Flugzeugrümpfen (Demeester, et al., 2011) durch die Betreuung einer Diplomarbeit (Apetz, 2011) und automatisiertes Fügen von Großöltanks durch die Betreuung einer Masterarbeit (Fechter, 2014) mit dem Instituto Tecnológica Aeronautica (ITA) in Sao Jose dos Campos, Brasilien
- Montage von Windschutzscheiben unter Fließbedingungen am WZL (Storm, et al., 2017)

1.3 Aufbau der Arbeit

Vor dem Hintergrund der Forschungsfrage wird ein Entwicklungszyklus zum Einsatz von Selbstreferenz für die **Inbetriebnahme von Wandel** roboterbasierter Großbauteilmontage durchlaufen (Abb. 1-1). Ausgehend von einer Analyse der *Anforderungen* werden die Mechanismen von *Selbstreferenz* (Kommunikation, Wahrnehmung und Kompensation) innerhalb der durchgeführten Projekte analysiert. Die bei der Implementierung der Montagezellen erkannten Merkmale von selbstreferenzieller Montage führen durch einen paarweisen Vergleich zu einem *Bewertungsschema.* Dieses wird innerhalb der *Anwendungsszenarien* für die Validierung angewendet. In der *Diskussion* werden die erkannten Regelmäßigkeiten systematisiert und zu Handlungsempfehlungen verdichtet.

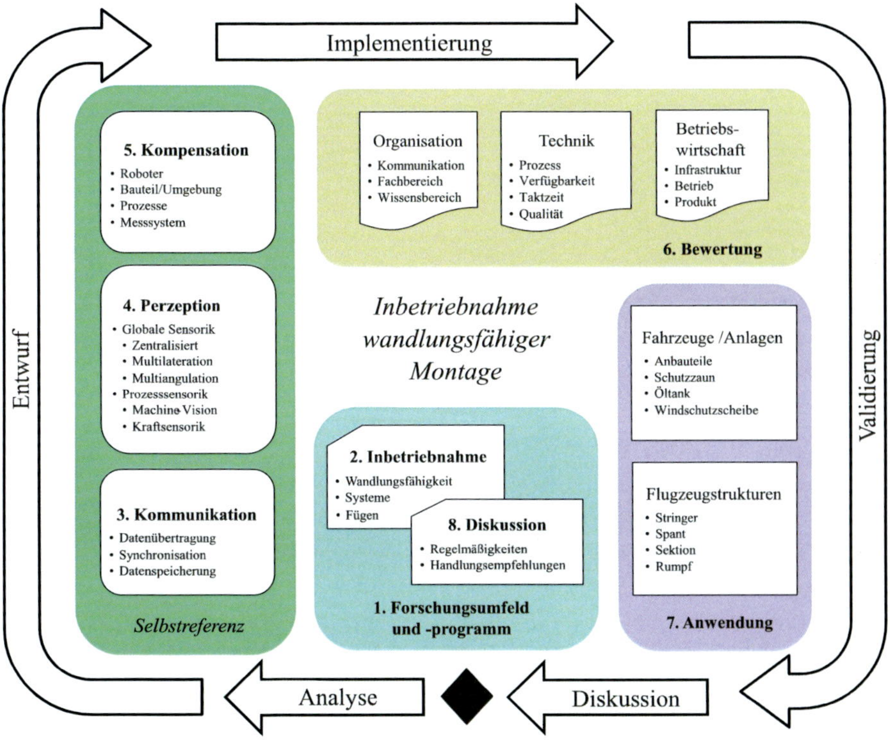

Abb. 1-1: Einordnung der Kapitel (fett) in den methodischen Aufbau der Arbeit

In Kapitel 2 werden Anforderungen an die Erhöhung des Automatisierungsgrads von der Inbetriebnahme von Wandel analysiert. Nach einer Einführung der Grundlagen von Wandlung von Montageprozessen werden zwei Gruppen von Problemstellungen zum Fügen großer Bauteile mit unterschiedlichen Materialcharakteristiken abgegrenzt. Die Toleranzgrenzen für die Fügeprozesse, die Notwendigkeit der Wandlung und die Hemmnisse stellen die Anforderungen an selbstreferenzielle Montagezellen dar:

- Für plastisch verformbare, isotrope oder quasi-isotrope Metalle in der Fahrzeug- und Anlagentechnik reichen die Dimensionen von Türen über Anbauteile von Fahrzeugen bis hin zu Karosserien und Großtanks.
- Die Prozesskette zum Fügen von Flugzeugstrukturen in weiten Teilen aus plastisch nicht verformbaren anisotropen kohlefaserverstärkten Kunststoffen benötigt Fügeprozesse im elastischen Bereich für folgende Prozesse:
  - Einbringen von Verstärkungselementen in Längsrichtung in Hautfelder
  - Einbringen von Verstärkungselementen in Radialrichtung in Schalenelemente
  - Verbinden der Elemente zu Sektionen
  - Fügen der Sektionen zu einem Flugzeugrumpf.

In Kapitel 3 werden Kommunikationsmechanismen in GRS analysiert. Die Kommunikation zwischen den Komponenten selbstreferenzieller Systeme ermöglicht deren Kooperation. Sie dient ebenfalls den beteiligten Menschen zum Erfassen des Anlagenzustandes für die Absicherung und Optimierung der Anlage. Der Austausch von Daten, deren geometrische/zeitliche Synchronisation und die Speicherung der Informationen stellen die übergeordneten Aspekte der Kommunikation dar. Der Informationsaustausch wird für die Projekte soweit benötigt implementiert und ist Grundlage von Perzeption und Kompensation.

In Kapitel 4 werden Perzeptionsmechanismen in GRS analysiert. Eine Grundlage von Selbstreferenz ist das Beobachten des eigenen Verhaltens. Im Vordergrund steht die Informationsgewinnung über Abweichungen zwischen virtueller Planung und realer Montage. Die Messverfahren lassen sich in Large-Volume Messtechnik und Prozesssensorik unterscheiden. Die Bestimmung von Abweichungen und deren Bereitstellung im GRS werden auf ihren Beitrag zur Beobachtbarkeit von Montage untersucht.

In Kapitel 5 werden Kompensationsmechanismen in GRS durch Nutzung von Informationen der Perzeption untersucht. Sowohl die Montageroboter als auch die Messsysteme profitieren von einer höheren Informationsverfügbarkeit in GRS. Kompensationsmechanismen wirken in unterschiedlichen Kategorien wie Montageroboter, Bauteile, Umgebungsbedingungen, Prozesseinflüsse und messtechnischen Aspekten. Die Kompensationsfähigkeit von Robotern und Messsystemen begrenzt die erreichbare Präzision selbstreferenzieller Roboter und die minimale Unsicherheit von Messsystemen. Sie wird als Grenzpräzision definiert. Automatisierter Wandel erfordert eine Grenzpräzision unterhalb der Prozesstoleranz.

In Kapitel 6 werden die Aspekte der Anwendung von Selbstreferenz für die automatisierte Inbetriebnahme von Wandel von Großbauteilmontage kategorisiert und über einen paarweisen Vergleich gewichtet. Das Bewertungsschema wird für die Einflussanalyse beim Wandeln selbstreferenzieller Montage eingesetzt und ermöglicht die Untersuchung der Korrelation vom Implementierungsgrad von Selbstreferenz und Prozessfähigkeit von Wandel.

In Kapitel 7 wird in Anwendungsszenarien das Bewertungsschema zur Bestimmung organisatorischer, technologischer und betriebswirtschaftlicher Beiträge von Selbstreferenz für das automatisierte Wandeln angewendet. Regelmäßigkeiten bei der Implementierung und dessen Einflüsse auf die automatisierte Inbetriebnahme von Wandel werden abgeleitet.

In Kapitel 8 werden die Erkenntnisse zur Beantwortung der Forschungsfrage zusammengefasst und mit der Zielsetzung verglichen. Die Regelmäßigkeiten werden dargestellt, nach Möglichkeit abgegrenzt und eine mögliche Begründung für den Funktionsmechanismus angegeben. Die gewählte Forschungsmethodik wird hinsichtlich der Zweckmäßigkeit zur Beantwortung der Forschungsfrage überprüft. Die Überprüfung der Regelmäßigkeiten wird anhand von Handlungsempfehlungen vorbereitet und eingeordnet.

1.4 Beiträge der Arbeit

Die Arbeit implementiert Selbstreferenz für die Inbetriebnahme wandlungsfähiger Montagezellen beispielhaft in Anwendungsszenarien, um die Potenziale und Herausforderungen zu erkunden und zu strukturieren. Der abduktive Ansatz identifiziert Regelmäßigkeiten und entwickelt diese zu Handlungsempfehlungen weiter. Die Ergebnisse der Implementierung von Selbstreferenz werden durch ein Bewertungsschema eingeordnet:

- GRS bilden einen Standard für den kooperierenden Informationsaustausch
- Sensorik steigert die Fähigkeit zur Perzeption
- Kompensation von Montagerobotern und Messsystemen
- Automatisierung der Inbetriebnahme von Wandel durch Selbstreferenz

Die Arbeit dient als Übersicht und Arbeitsgrundlage für den Aufbau einer Forschungslandschaft zum Schließen der Prozessfähigkeitslücke zwischen virtueller Planung und realer Produktion (Demeester, et al., 2011) durch Selbstreferenz, wobei die roboterbasierte Großbauteilmontage aufgrund der Eignung für den abduktiven Ansatz fokussiert wird.

2. Prozessfähigkeit gewandelter Großbauteilmontage

Die Grundlage des abduktiven Schlusses stellen roboterbasierte Großbauteilmontageprozesse bei einer wirtschaftlichen oder technischen Wandlung dar. Die Montageobjekte (Whitney, 2004) weisen bei einer Reduktion auf den Kernprozess „Fügen großer Bauteile" einen abgegrenzten Betrachtungsraum für die Bewertung der Automatisierbarkeit der Inbetriebnahme des Wandelns auf. Über eine Analyse der Forschungsagenda zur Wandlungsfähigkeit werden die Hemmnisse automatisierter Inbetriebnahme hergeleitet und auf die Notwendigkeit manueller Eingriffe untersucht. Für die Bewertung der Einflüsse selbstreferenzieller Systeme in GRS (Demeester, et al., 2011) wird der relative Beitrag zur Steigerung des Automatisierungsgrads der Inbetriebnahme von Wandlung hergeleitet.

Das Kapitel stellt den Forschungskontext der *Wandlungsfähigkeit (Kapitel 2.1)* dar, um darauf aufbauend die Anforderungen an Wandlung von *Montagezellen (Kapitel 2.2)* und insbesondere *Fügen von Großbauteilen* von *Metall-* und *Faserbundstrukturen (Kapitel 2.3)* herzuleiten. Die Anforderungen von gewandelten Prozessen bestimmen über das Verhältnis zur erreichbaren Präzision von Robotern und Messsystemen die Prozessfähigkeit. Die *Anforderungen an selbstreferenzielle Montage (Kapitel 2.4)* dienen damit als Grundlage für die Ableitung von Lösungsansätzen zur Gestaltung der automatisierten Wandlung und deren Bewertung.

2.1 Wandlungsfähigkeit und Wandeln

Die zunehmende Globalisierung bietet den Hochlohnländern Europas eine Chance, die Wertschöpfungsketten auch im Bereich der Produktion an heimischen Standorten zu stärken. Auf jedes vierte Unternehmen mit einer Verlagerung von Produktion in den Jahren vor 2012 kommt ein Unternehmen mit einer Rückverlagerung an den heimischen Standort (Schulze, 2012). Hauptgründe für eine Rückverlagerung betragen in der überwiegenden Anzahl die Aspekte Flexibilität und Qualität (Kinkel & Maloca, 2009). Der Anteil an Verlagerungen in andere Länder erreichte in den Jahren vor 2012 im verarbeitenden Gewerbe (VG) mit 8 % einen Tiefstand. Er wurde mit Personalkosten und Nähe zu Märkten, Kunden, bereits verlagerter Produktion und Rohstoffen begründet (Braun & Kinkel, 2012). Flexibilität, Qualität und Nähe spielen demnach eine zentrale Rolle bei der Entscheidung für oder gegen eine Verlagerung. Personalkosten stellen zwar weiterhin einen Hauptgrund für eine Verlagerung dar, allerdings ist aufgrund des geringen Anteils und Lohnsteigerungen in so genannten Niedriglohnländern ein vernachlässigbarer Faktor (Schulze, 2012).

Die Gründe für die stärkere Position der heimischen Produktion in Hochlohnländern sind vielschichtig und nicht allgemein zu benennen. Einen maßgeblichen Trend der letzten Jahre stellt die Dynamisierung des Marktumfeldes durch neue Technologien, Wettbewerber und immer stärkere Vernetzung dar (Berkholz, 2008). In den Wettbewerbsstrukturen volatiler

Märkte liegt der Schlüssel zum Erfolg in der Reaktionsfähigkeit auf nicht vorhersehbare Anforderungen. Dabei muss der weitergehende Anspruch der Wandlungsfähigkeit gegenüber der Flexibilität beachtet werden. Flexibilität zielt auf die Einbeziehung geplanter Erwartungen ab und weist in turbulenten Marktbedingungen wirtschaftliche Risiken auf (Berkholz, 2008).

Wandlungsfähige und cyber-physische Produktionssysteme

Im Themenfeld „Wandlungsfähige Produktionssysteme“ arbeiten im Zeitraum von 2009 bis 2013 zwölf Verbundprojekte als Gewinner eines Ideenwettbewerbs vom Bundesministerium für Bildung und Forschung (BMBF) betreut durch den Projektträger Karlsruhe (PTKA, 2011). Das Werkzeugmaschinenlabor WZL der RWTH Aachen schafft im Projekt „Produktionssysteme Aktiv Wandeln“ (ProAktiW) ein wandlungsfähiges Produktionssystem durch integrierte Betrachtung von Technologie, Organisation und Information für den klassischen Stahlbau. Ein wandlungsfähiger Demonstrator aus kooperierenden Robotern zum vorrichtungslosen Schweißen fertigt Komponenten von Schutztüren (Kampker, et al., 2014).

Aufbauend auf den Erkenntnissen beim Schaffen wandlungsfähiger Produktionssysteme wird in den nachfolgenden Ideenwettbewerben zur Stärkung des Produktionsstandortes Deutschland die Idee des „Internet der Dinge“ mit den weiteren Begriffen „Industrie 4.0“ und „Cyber Physical (Production) Systems“ (CPPS) in den Fokus der Forschung in Deutschland gerückt (Kagermann, et al., 2012). Ob die cyber-physischen Systeme (CPS) die vierte industrielle Revolution auslösen, oder nur ein evolutionärer Zwischenschritt sind, ist aufgrund fehlender Schnittstellen und Reaktionsstrategien nicht abzuschätzen: *„Die 4. industrielle Revolution wurde zwar ausgerufen, sie hat aber noch nicht stattgefunden: Die proklamierten cyber- physischen Systeme (CPS) sind meist zu teuer, nicht zuverlässig genug und häufig überdimensioniert.“* (Produktion, 2012). Möglicherweise befähigen CPS aber die Maschinen einer Produktionsanlage zum autonomen Handeln (BMWI, 2014). Der soziotechnische Fokus der Rolle des Menschen revolutioniert sich vom ausführenden zum anleitenden Element, wodurch die Forderung der Nachvollziehbarkeit automatisierter Funktionen entsteht. Der Rollenwechsel spiegelt den sozialen Charakter der vergangenen industriellen Revolutionen wider, welche jeweils einen Komplexitätssprung hervorgerufen haben.

Die Idee von CPS verfolgt u. a. die Erweiterung der Kommunikationsfähigkeiten zur Autonomisierung der Produktion (Spath, et al., 2013). Anstelle zentraler Planungssysteme sollen die Produkte und Maschinen eines Produktionssystems dezentral koordiniert arbeiten. Dabei erhöht die Fokussierung auf die Kommunikationsschnittstellen und Modularisierung die Komplexität an der Schnittstelle zwischen Planung und Produktion. In der theoretischen (virtuellen) Betrachtungsebene lassen sich modulare Systeme konzipieren und validieren. Die Produktion findet aber in einer realen Produktionsumgebung statt und ist nicht ausreichend in Planungsmodellen abzubilden (Demeester, et al., 2011). Die entstehenden Abweichungen behindern die Prozessfähigkeit eines Produktionssystems und müssen verringert werden

(Maropoulos, 2003). Eine reine messtechnische Aufrüstung aller Produktionsentitäten oder eine hochpräzise Aufrüstung von Bauteilen zum Synchronisieren von virtueller Planungs- und realer Produktionswelt durch Kompensation sind nicht wirtschaftlich.

Die Montage großer Bauteile weist extrinsisch bedingt Abweichungen durch Temperatur, Schwingungen und Gravitation auf (Schmitt, et al., 2014b). Diese sind in engen Grenzen zu kompensieren, da Temperaturkonstanz, seismische Entkopplung oder die Montage in Schwerelosigkeit nicht wirtschaftlich zu gestalten sind. Eigenspannungen und Veränderungen an den Bauteilen und Baugruppen durch die Produktionsprozesse induzieren gerade bei großen Bauteilen intrinsisch bedingte Abweichungen (Schmitt, et al., 2014b). Das Bauteil baut entlang der Prozesskette ein „Gedächtnis" auf, welches aufgrund mangelnder Datenverfügbarkeit und Quereinflüssen zwischen den separaten Prozessschritten komplex ist. Die Datenverfügbarkeit ist durch folgende Probleme beschränkt:

- Fehlende Messmöglichkeit (Technik nicht vorhanden)
- Fehlender Prüfprozesse (Prozess nicht vorgesehen)
- Nicht mehr zu verarbeitende Datenmengen (Big-Data)

Die Montage kleiner Komponenten und Baugruppen mit stationären Robotern und getakteter Ablaufsteuerung wird zur Großbauteilmontage durch unabhängige Einheiten und parallelisierte unscharfe Ablaufsteuerung mit eigenständiger Problemlösung abgegrenzt. Der Arbeitsraum der Roboter reicht in der Regel nicht aus, den Prozesspunkt zu erreichen. Er muss durch zusätzliche Achsen oder Plattformen vergrößert werden. Der Kinematikeinsatz beispielhaft für ein typisches Großbauteil der Stringermontage ist auf verschiedene Arten möglich und zeigt die verschiedenen Möglichkeiten für wandlungsfähige Prozesse:

- Standardkinematik wie z.B. Knickarm-Roboter (Schmitt, et al., 2013a)
- Sonderkinematik (Ramirez & Wollnack, 2014) mit einer hinterlegten Logik
- Reduzierte Manipulatoren (Riedel, et al., 2010) im Bauteilverbund

Die Kapselung der Steuerungslogik in eine virtuelle Ebene verringert bei den drei Beispielen die Quereinflüsse der Einzelmaschinen. Die Planung ist nur idealisiert möglich. Probleme entstehen bei der Inbetriebnahme wegen gegenüber der Realität vereinfachten Effekten.

Flexible Selbstoptimierung / wandlungsfähige Selbstreferenz

Die Vernetzung der globalen Produktionsketten setzt Produktionsstandorte einer zunehmenden Konkurrenz aus (Nyhuis, et al., 2008), weshalb Ansätze zur Erhaltung und Ausbau der Wettbewerbsfähigkeit in volatilen Märkten untersucht werden. Diese fokussieren in der Produktionstechnik auch auf die Weiterentwicklung von CPS in den Dimensionen der Autonomisierungs- und Vernetzungsgrade der Maschinen und Mitarbeiter. Das effizientere

Zusammenarbeiten in hochkomplexen Systemen mit geringem Produktivitäts-Overhead (Schuh, et al., 2014) und hoher Planungswirtschaftlichkeit (Schmitt, et al., 2012c, p. 748) steigert die Autonomie einzelner Einheiten bei einer gleichzeitigen Erhöhung der Vorhersagbarkeit insbesondere des kurzfristigen Verhaltens.

In einem volatilen Marktumfeld ist die Bereitstellung eines wirtschaftlichen Korridors zum Abdecken von Marktbedürfnissen (Nyhuis, et al., 2008) notwendig. Markteinschätzungen weisen eine hohe Unsicherheit und Entwicklungszyklen eine hohe Latenz auf (Nofen, 2006). Die Flexibilität definiert Produktionskorridore, welche die Vorhersage des Marktverhaltens abbilden. Flexibilität gestaltet die Produktionssysteme in einem bei der Auslegung definierten Bereich um den optimalen Arbeitspunkt wirtschaftlich (Nyhuis, et al., 2008). Eine Anpassung an den momentanen Zustand übersteigt in der Regel die Fähigkeiten eines auf Flexibilität ausgelegten Produktionssystems, da sie nur in ihren Grenzen wirtschaftlich zu betreiben sind.

Selbstoptimierende Anlagen (Schmitt, et al., 2012c) stellen einen Lösungsansatz für die wirtschaftliche Optimierung von flexiblen Produktionssystemen dar. Sie passen die Reglereinstellungen im Hinblick auf das stabile Erreichen von Systemvorgaben (z.B. minimaler Ressourcenverbrauch an Energie, Zeit, Personal) an. Selbstoptimierende Anlagen beobachten sich selber und definieren aus ihren Beobachtungen heraus einen anzustrebenden Systemzustand (Schmitt, et al., 2011b). Diesen über ein validiertes Regelwerk bestimmten Systemzustand erreichen und halten selbstoptimierende Anlagen stabil in ihrem Flexibilitätskorridor zum Beispiel durch Einstellung von Reglern.

Die Ideen eines über die Flexibilität hinausgehenden wandlungsfähigen Systems gehen davon aus, eine Anpassung der Anlage wirtschaftlich in einem vorher nicht geplanten Zustand durchzuführen. Das Konzept der Wandlungsfähigkeit (Wiendahl, 2002) erweitert die Konzepte der Flexibilität durch die Fähigkeit, Produktions- (Wiendahl, et al., 2007) und Organisationsprozesse (Spath, et al., 2008) stabil anzupassen. Die Vorhersagbarkeit der einzelnen Einheiten und des Gesamtverbundes hat in wandlungsfähigen Systemen eine hohe Bedeutung. Undefinierte Szenarien werden durch idealisiert planbare Wandlungen ersetzt. Der verschiebbare Korridor passt den Zustand der Anlage an und weist Optimierungspotenziale bei schwankenden Rahmenbedingungen auf. Voraussetzung für das Verlassen des Flexibilitätskorridors ist das Erweitern der starren Regelwerke der Selbstoptimierung und eine Entkopplung der Planung von Kompensationsstrategien. Kybernetische Ansätze (Jeschke, et al., 2015) und Forschungsstrategien (BMBF, 1999) zeigen Ansätze auf. Selbstreferenz entkoppelt die Kompensation von der idealisiert-wandlungsfähigen Planung und ermöglicht eine automatisierte Inbetriebnahme.

Wandeln in der idealisierten Planung

Die soziotechnische Funktionsweise einer Montageanlage wird nicht in allen Facetten bei der Planung berücksichtigt (Heger, 2006). Weder für die Betriebsmittel noch für das beteiligte

Personal existieren vollständige Modelle. Das Verhalten eines Systems ist komplex und nicht zuverlässig vorhersagbar. Dies führt zu einem Bedarf an unscharfen Planungs- und Steuerungsstrategien zur Beherrschung der Produktionsanlage (Hoffmeister, 2012). In der Informationswelt sind Änderungen von Maschinen einer Produktionsanlage aufgrund von außen induzierter Änderungen schnell und ohne externen Investitionsbedarf allein durch Planungsressourcen durchzuführen. Änderungen finden somit in einem abgeschlossenen System statt und stellen kein äußeres Risiko dar. Der Aufwand der Inbetriebnahme virtuell geplanter Wandlung ist bei Nutzung von Synergieeffekten gering. Wirtschaftliche Nachteile entstehen beim Verwerfen von Planungen, weshalb eine Abschätzung der technischen und wirtschaftlichen Rahmenbedingungen anzustreben ist.

Serielle Knickarm-Industrieroboter weisen durch ihre Programmierbarkeit innerhalb der kinematischen Grenzen einen geringen Planungsaufwand auf. Gegenüber der physischen Welt vereinfachte und idealisierte Modelle führen zu Abweichungen der kinematischen und dynamischen Parameter sowie elastischer Verformungen (Müller, 1996). Die Vereinfachungen stellen ein technisches und wirtschaftliches Risiko für eine virtuelle Planung von Wandlung dar. Entscheidungen setzen Annahmen über Zustand und Verhalten voraus. Diese müssen eingehalten und überprüft werden. Reduziert auf die Montageaufgabe ist die idealisierte Planung eines Montagesystems eine lösbare Aufgabe. Beispielsweise führt für selbstoptimierende Montage (Janssen, 2015) zusammen mit einer Reihenfolgeplanung aufgrund äußeren Bedingungen (Ewert, 2014) zu einer Wandlung in der virtuellen Planung.

Mit idealisierten Modellen der Planung wird die physische Welt nur angenähert beschrieben. Das Wandeln muss im realen Prozess durch die Inbetriebnahme sichergestellt werden, wobei wirtschaftliche Vorteile durch einen hohen Automatisierungsgrad entstehen. Die virtuelle Planung und die reale Montage müssen innerhalb der Prozessgrenzen synchronisiert werden. Im Fall einer Offline-Kompensation erfolgt dies über die Identifikation und Einbindung von Parametern in der Planung (Müller, 1996). Durch die zusätzlichen Freiheitsgrade steigt allerdings die Komplexität der Planung, wodurch dessen Planungsfähigkeit verloren geht und die Gefahren von Komplexitätsfallen technische und wirtschaftliche Risiken darstellen.

Die Inbetriebnahme von idealisiert geplanten Programmen stellt einen kritischen Teil des Wandelns eines Montagesystems dar. Erfahrungen aus durchgeführten Wandlungen führen zu einem effizienten Prozessanlauf, da Querabhängigkeiten möglicherweise bekannt sind und die Komplexität beherrschbar bleibt. Voraussetzung für die Anwendung von Erfahrungswissen ist die Kenntnis der Situation. Dies stellt auf dem ersten Blick einen Widerspruch zur Idee der Wandlungsfähigkeit dar, weil diese die Funktion auch in nicht geplanten Szenarien fordert. In der roboterbasierten Montage verringert eine hohe Übereinstimmung von virtuellem und realem Bewegungsverhalten bei ähnlichen Situationen eine gegenseitige Beeinflussung. Wandlungsfähigkeit wird befähigt durch idealisierte Planungstools mit Simulation und softwareseitige Unterstützung der Prozessplanung zur Festlegung des Sollzustands. Durch Sensorik sind durch eine Offline-Kompensation die virtuellen Planungsdaten an das Verhalten des Roboters oder über eine Online-Kompensation die realen Bewegungen an die virtuelle Planung anzupassen (Müller, 1996). Bauteilabweichungen werden in der Montage durch den Einsatz von Prozesssensorik berücksichtigt und sind bei kalibrierten Roboterbewegungen entkoppelt. Dies ermöglicht ebenfalls eine Rückführung in die Informationswelt (Adaption) oder eine Kompensation der Prozesse in der physischen Welt.

2.2 Wandlung roboterbasierter Montagezellen

Bei der Montage muss die Wirkzone und die dazugehörigen Bauteile zeitlich und räumlich exakt zusammengebracht werden (Hesse & Malisa, 2010). Roboter sind für die flexible Serienproduktion von Fahrzeugen ausgelegt. Mit Sensorik und Programmiertechnik als Schrittmacher wurden Anwendungsfelder erweitert (Gevatter & Grünhaupt, 2006). Prozesssicherheit, Produktivität und Flexibilität sind Dimensionen der kognitiven Montage, welche in multimodalen Sensornetzwerken wissensbasierte Verhaltensentscheidungen ermöglicht. Die Grenzen zwischen Roboter und Mensch wird physikalisch aufgehoben und die Kollaboration Bestandteil roboterbasierter Montage (Reinhart, et al., 2007). Die Vision einer Kontrolle durch Licht bindet Large-Volume Messtechnik zur prädiktiven Steuerung der Maschinen und Prozesse ein (Muelaner & Maropoulos, 2014). In der Großbauteilmontage werden Elemente cyber-physikalischer Produktionssysteme (CPPS) zur Einbindung der Entscheidungsfähigkeit und Kreativität von Menschen (Schmitt, et al., 2014b) für systematische Verbesserungsprozesse und dem strukturierten Aufbau von Wissen eingesetzt.

Die *Montagezellen (Kapitel 2.2.1)*, *Montageroboter (Kapitel 2.2.2)* und *Montageprozesse (Kapitel 2.2.3)* werden auf die Eigenschaften und Fähigkeiten zur Selbstreferenz untersucht. Wandlungshemmnisse werden identifiziert und für die automatisierte Steigerung der Prozessfähigkeit aufbereitet.

2.2.1 Montagezellen

Das Zusammenspiel von Robotern und weiteren Komponenten beschreibt formal über die Manipulationsstrategie (Sayler, 2011) eine Montagezelle, welche als Teil des Montagesystems dargestellt wird. In dieser Arbeit werden die Prozesse der atomaren Teilstrategie Fügen fokussiert. Diese fordert eine hohe absolute Genauigkeit und erhöht aufgrund der Wiederholgenauigkeit von Robotern die Sichtbarkeit der Einflüsse von Selbstreferenz bei der Inbetriebnahme gewandelter Montageprozesse. Die Fügestrategie ist Teil eines Interaktionsmodells und beeinflusst die organisatorischen Dimensionen Qualität, Instandhaltung und Produktion. Diese sind Treiber der Produktionsqualität (Colledani, et al., 2014). Für die Betriebsmittelauswahl werden anhand einer Analyse des Produkts (Whitney, 2004) die Anforderungen für die Prozesse als Teilstrategien zum Fügen festgelegt. Die Voraussetzungen für die Festlegung des Automatisierungsgrads müssen berücksichtigt werden (Heinrich, et al., 2015, pp. 21-23).

Während in früheren Anlagen größtmögliche Wiederholbarkeit (potenzielle Prozessfähigkeit) angestrebt wurde, um über statistische Regelkreise die Zentrierung (tatsächliche Prozessfähigkeit) zu steuern, sollen moderne Systeme die Prozessfähigkeit der Prozesskette in einem adaptiven oder zumindest kompensierenden Einschrittverfahren erreichen. Aufgrund einer detaillierten Betrachtung des Interaktionsmodells der Produktionsqualität (Colledani, et al., 2014, pp. 790-791) sind folgende Entwicklungen zu beobachten:

- Montagesysteme müssen in der Lage sein, ihre (vor allem) internen Lieferanten auf Fehler hinzuweisen, um diese in den vorhergehenden Prozessschritten abzustellen.
- Fehleranalysen identifizieren korrelierte Qualitätsvariationen und binden für die Optimierung der Prozesskette die Kunden ein.
- Die Einführung einer prädiktiven Instandhaltung führt zu mehr Robustheit. Der Bedarf nach Modellen zum Abgleich von Qualität und Maschinenzustand steigt. Eine Möglichkeit der Beobachtung wird notwendig.
- Komplexe Systemarchitekturen mit Bypass-, Wiederkehr- und Vieltypen-Fähigkeiten sowie autonome Materialflusskonzepte ermöglichen eine hohe Austauschbarkeit der Prozessschritte. Eine permanente rückgeführte Kompensation wird erfordert.
- Multimodale-skalare Modellierung, Simulation und Analyse benötigen die entsprechenden Datenknoten. Die Informationen der einzelnen Fach- und Wissensbereiche stehen bereit und erreichen eine Vernetzung.
- Dynamische Lebenszyklen, neue Strategien und Geschäftsmodelle steigern die Wettbewerbsfähigkeit von produzierenden Unternehmen, wenn die Instandhaltung und Produktion hinsichtlich ihrer Qualität übereinstimmen.

Neben der Organisation ergeben sich für die wirtschaftlichen Dimensionen im Interaktionsmodell für Produktionsqualität (Colledani, et al., 2014) Aufwände bezüglich der Bereitstellung einer Infrastruktur in Form der Anlage als Aufgabe der Instandhaltung in Form von Investitionen in Gebäude, Anlagen, Vorrichtungen und Messsystemen sowie dem Betreibermodell der Anlagen und der potenziellen Wettbewerbslage durch Anbieterkonkurrenz. Für die wirtschaftliche Dimension der Produktion bestehen die Betriebskosten für Maschinen, Personal, Service und Support als geplante Kosten als auch die Kosten für Abweichungen und Verbesserungsprozesse. Die Möglichkeit des Erschließens qualitätsbezogener Potenziale entlang der Prozesskette steigert die Opportunität durch geringere Anforderungen an vorhergehende Prozessschritte. Eine bessere Kompensation individualisiert die Automatisierung durch die Unterstützung weiterer Typen und ermöglicht eine Optimierung einer Prozesskette über Abteilungsgrenzen hinweg. Der Einsatz von GRS erschließt in Montagesystemen **organisatorische**, **technische** und **betriebswirtschaftliche** Potenziale automatisierter Inbetriebnahme gewandelter Montageprozesse.

2.2.2 Montageroboter

Seit der Erfindung in den 60er Jahren als programmierbare Transfervorrichtung (Devol, 1961) werden Industrieroboter nicht als produktspezifisches Einzweckgerät aufgefasst. Sie stellen ein wiederverwendbares Betriebsmittel der Automatisierung dar (Hesse & Malisa, 2010). Je nach Anordnung der Struktur im Raum und der Dreh-/Schiebeachsen weisen Industrieroboter drei oder mehr Freiheitsgrade auf. Der überwiegend in der Montage eingesetzte Robotertyp ist der sechsachsige Knickarm-Roboter mit starren oder über Wechselsysteme angebrachten Greifern (Gevatter & Grünhaupt, 2006). Die Herausforderung bei der Entwicklung und dem Optimieren von Robotern besteht im technologischen und wirtschaftlichen Kompromiss zwischen eingesetzten Komponenten und aufgabenbezogenen Fähigkeiten der Steuerung (Spong, et al., 2006). Aufgrund der massenhaften Anwendung für einfache Punktschweißaufgaben stellt der wirtschaftliche Auslegepunkt die Wiederholbarkeit von Industrierobotern in den Vordergrund. Die mechanische Struktur ist für absolutgenaue Bewegungen nicht ausgelegt und die Struktur im Vergleich zu Werkzeugmaschinen und Vorrichtungen weich. Leistungskenngrößen zur Beschreibung des Bewegungsverhaltens werden Kriterien zugeordnet (DIN, 1998):

- Pose- und Bahneinhaltung
- Angaben zum zeitlichen Verhalten
- Nachgiebigkeit

Eine hohe Pose-Genauigkeit (DIN, 1998) wird für die Offline-Programmierung und den Austauschbau benötigt. Online- und Offline-Kompensationsverfahren (Müller, 1996) verringern die Abweichungen. Sie wird mit einfachen Kalibrierverfahren ungefähr um den Faktor 5 gesteigert (Wiest, 2001), betriebsabhängige Einflüsse wie Temperatur/Drift (Bongart, 2003) oder die Auswahl genauigkeitssteigernder Achsstellungen (Veryha & Kurek, 2003) erweitern die Kompensation. Geschlossene kinematische Ketten z.B. durch die Anbringung eines Laserpointers (Gatla, et al., 2007) ermöglichen die Kompensation von Prozesseinflüssen (Beyer, 2004). Neue Ansätze binden theoretische Grundlagen zu Robotern, wie z.B. Achsen (Choi, et al., 2008), ein. Neben Offline-Kompensation bieten Kalibrierverfahren mit rollierender Datenaufnahme die Rückführung des Zustands (NRK, 2014).

Für eine Online-Kompensation der Roboterbahn müssen Schnittstellen zum Datenaustausch und Zugriffsmöglichkeiten auf die Bahnverarbeitung bereitgestellt werden. Kommunikations-Schnittstellen mit Zugriff auf Daten (im Interpolationstakt) untergliedern sich in:

- XML-basierte UDP- und TCP-Verbindungen stellen den Aspekt der Standardisierung in den Vordergrund, da hier Ethernet-basierte Techniken und bedienerlesbare Formate zu Einsatz kommen. Die Inbetriebnahme kann damit wahlweise mit Anlagenrechnern oder

Inbetriebnahme-Rechnern erfolgen und stellt keine besonderen Anforderungen an die Echtzeitfähigkeit der Komponenten, eine Quasi-Echtzeitfähigkeit ist ausreichend.

  - Kuka.RSI (Kuka, 2013a)
  - Reis.XML (Reis, 2005)
  - ABB.RRI (ABB, 2015b)

- Bussysteme im Direktzugriff nutzen die in der Anlage verfügbaren Kommunikationsstrukturen wie Profinet oder EtherCAT aus. Vorteile entstehen durch eine Homogenisierung des Informationsaustauschs mit der Schaffung entsprechender Debug-Fähigkeiten. Nachteilig ist die nichtvorhandene Unterstützung für von GRS geforderte Informationen und deren Verarbeitung auf den beteiligten Robotern und Messsystemen.
- Socket-Verbindungen mit Empfangstasks stellen als Teil des ausgeführten Programms auf dem Roboter die Kommunikation zur Laufzeit bereit. Vorteile sind die spezifische Anpassung der Kommunikation an die Bedürfnisse des Prozesses, wobei Abstriche bei der Latenz und der Validität der Informationen gemacht werden müssen und auch die Stabilität Probleme darstellen kann.
  - Fanuc.UserSocketMessaging (Fanuc, 2010)
  - ABB.SocketMessaging (ABB, 2015b)
- Client-Server-Verbindungen über Bibliotheken sind eine einfache Möglichkeit zum Datenaustausch mit einem Roboter. Allerdings sind hier Aspekte wie Echtzeitfähigkeit, Kompatibilität und Verfügbarkeit geringer als bei spezifischen Schnittstellen, wodurch die Anwendbarkeit entsprechend reduziert ist.
  - KUKA.Cross3Krc (Kuka, 2013b)
  - ABB.PC-Interface (ABB, 2015b)
  - Fanuc.PCDK (Fanuc, 2014)

Die Kompensationsfähigkeiten der Schnittstellen weisen bei der Verarbeitung unterschiedliche Latenzen, Stabilität und Jitter auf. Es existieren mehrere Strategien zu Beeinflussung der Roboterbahn:

- Die Verarbeitung kann als Teil der Kommunikationsschnittstelle ausgeführt sein wie z.B. KUKA.RSI (Kuka, 2013a). Dadurch wird der Datenfluss Teil der Kommunikation und die Funktion erfolgt aus einem einzelnen System heraus. Probleme ergeben sich durch die schwierigere Abgrenzung zwischen Kommunikation, Perzeption und Kompensation.
- Die Nutzung einer dedizierten Schnittstelle wie z.B. Protobuf bei ABB.EGM (ABB, 2015b) grenzt die Funktion vollständig ab, weist aber eine geringe Flexibilität auf. Dedizierte Schnittstellen sind schwer zu überwachen, da die Informationen in einem geschlossenen System vorliegen und die interne Verarbeitung unbekannt ist.
- Ein von der Kommunikation unabhängiger Ansatz über Systemvariablen einer Hintergrundroutine wie z.B. Fanuc.DPM (Fanuc, 2012) grenzt die Aufgabe der

Kompensation ab. Probleme ergeben sich vor allem bei einer fehlenden Möglichkeit, die genutzten Systemvariablen zu beschreiben.

- Ebenfalls als unabhängiger Ansatz kann über ein Systemmodul wie z.B. Reis.Sensor (Reis, 2008) die Verarbeitung der Systemvariablen unabhängig von Tasks erfolgen, sondern wird direkt in der Bahnplanung der Roboter verarbeitet.

Der Einsatz von Robotern in geschlossenen kinematischen Ketten durch geteilte Lastpfade stabilisiert diese oder gleicht Lasten aus. Durch koordinierte Roboter sind Prozesse möglich, welche die Fähigkeiten einzelner Roboter übersteigen. Übergreifendes Hemmnis bei der Nutzung kooperierender Roboter ist die komplizierte Programmierung, Parametrierung und Befähigung der Prozesse, was durch verschiedene Ansätze möglich ist:

- Durch die Einbindung von Objekten in die kinematische Kette (Riedel, et al., 2010) werden die Bauteile in das Steuerungssystem eingebunden und ermöglichen den Aufbau fehlertoleranter Regelungsstrategien mit erweiterten Bewegungsfähigkeiten.
- Durch die Ansteuerung von Achsen mittels Steifigkeitsanpassungen (Albrichsfeld & Tolle, 2010) wird das Verhalten der Roboter an die Prozessforderung angepasst. Im Regelfall gibt ein Master-Roboter die Bewegung des Bauteils vor und die anderen Roboter unterstützen oder entlasten den Master, ohne aktiv einzugreifen.
- Der Einsatz von Beobachtern als modellbasierter Fehlerschätzer (Tinos, et al., 2007) stellt ein analytisches Vorgehen zur Erstellung der Modelle für die Kinematik in den Vordergrund und geht Davon aus, dass das Verhalten beschreibbar ist.
- Durch den Einsatz neuronaler Netze zur Abbildung einer Gesamtkette (Assal, et al., 2006) werden kooperierende Roboter auch ohne bekannte Modelle optimiert.

Durch Abgleich des erwarteten Zustands kooperierender Roboter (Bicchi & Prattichizzo, 2000) durch eine dynamische Simulation weisen die Roboter eine hohe Übereinstimmung mit der realen Ausführung auf (Gudino-Lau & Arteaga, 2005). Durch Schätzung von Werkstücklasten passt sich das Verhalten kooperierender Roboter an (Kim, 1999). Eine übergeordnete Pfadinterpolation oder der Austausch von Bahndaten realisiert kooperierende Roboterbewegungen und erfordert eine angepasste Inbetriebnahme (Som, et al., 2007).

2.2.3 Montageprozesse

Die Montageprozesse stellen die technische Dimension der atomaren Teilstrategien zum Fügen großer Bauteile dar und untergliedern sich nach (Sayler, 2011) in Transfer-, Anrück-, Abrück-, Greif-, Loslass- und Fügestrategien. Die Fügestrategien unterteilen sich in sensorlose, einzelteilbasierte, teil-an-teilbasierte, fächerbasierte und stift-loch-basierte Strategien. Zum Fügen mit bauteil- und roboterbedingten Abweichungen wird z.B. über neuronale Netzwerke (Kim & Cho, 2000) oder modellbasiert (Schimmels, 2001a) die Ausführung der Positionierung sichergestellt. Weitere Möglichkeiten der

Prozessfähigkeitssteigerung sind die Simulation der Prozesse z.B. hinsichtlich des Werkzeugverschleißes (Zhang, et al., 2004) oder die Steuerung in der Zustandswelt (Schimmels, 2001b). Sensorunterstützte und kooperierende Prozesse brauchen für die Inbetriebnahme und Programmierung aufgrund der komplexen Zusammenhänge Unterstützungswerkzeuge, welche z.B. in der virtuellen Planung simulativ die Bewegung optimieren (Feldmann, et al., 2007), oder die Einflusszonen von sensorunterstützten Prozessen bei der Inbetriebnahme anzeigen (Yanagihara, et al., 1998).

Die geringe Pose-Genauigkeit von Robotern (Beyer, 2004) wirkt als systematischer Störeinfluss auf die Prozessstreuungen, welche mit den Prozesstoleranzen verglichen werden. Für einen fähigen Prozess bewegen sich die Abweichungen mit einer definierten Wahrscheinlichkeit innerhalb der Toleranzgrenzen. Das Verhältnis von Streuung zur Toleranz wird durch Fähigkeitsindizes beschrieben (Schmitt & Pfeifer, 2010). Eine zu hohe Prozessstreuung z.B. durch eine undefinierte Lage von Bauteilen in einer Zuführung oder eine Zentrierung z.B. des Greifpunktes durch Teachen erhöht die Fähigkeit. Kennzeichnend für Roboter ist die Diskrepanz zwischen der Wiederholgenauigkeit als Fähigkeit, eine Bewegung potenziell sehr präzise auszuführen und der geringen Absolutgenauigkeit. Roboterbasierte Montageprozesse sind durch Kompensation fähiger zu gestalten.

In Anlagen basierend auf einer hohen Wiederholgenauigkeit werden über Stichprobenverfahren mit einer signifikanten Latenz stabile Prozesse befähigt. Probleme ergeben sich durch Totzeiten, Einflüssen durch den Transport und Abteilungsgrenzen. Ein komplexes Szenario entsteht, wenn die Kommunikationsgrundlage für die Prozessregelung fehlt. Die Einbindung von Sensorik ermöglicht einen Abgleich der Prozesslage mit den Toleranzgrenzen. Wenn innerhalb der Maschinenebene eine einheitliche Kommunikation durch GRS geschaffen wird, steht eine gemeinsame Zustandswelt der Feld-, Prozessleit- und Produktionsleitebene die Vernetzung sicher. Die Einbindung von Sensorik in die Montageprozesse löst eine Komplexitätsfalle der Produktion, indem die Diskrepanz zwischen der Informations- und der physischen Welt verringert wird. Der höhere Aufwand wirkt negativ auf die Effizienz und muss daher auf das wirtschaftliche Optimum ausgelegt werden.

Durch die Einbindung von Sensorik in die Montageprozesse steigen u.U. die technische Ausfallrate und die Wartungszeit. Der Aufwand für die Sicherstellung einer Redundanz und Notstrategie zur Erhöhung der Verfügbarkeit (VDI, 2002) wird gesteigert. Der wirtschaftliche Einsatz von Sensorik ist mit dem Aufbau einer Messsystem-Infrastruktur verbunden und bevorzugt universelle, rückführbare Messsysteme mit einem breiten Anwendungsspektrum. Die Fehlertoleranz gegenüber qualitativ minderwertigen Bauteilen oder Verschleiß wird durch die Einbindung von Sensorik erhöht.

Die Steuerung der Bauteilqualität aufgrund von während oder unmittelbar vor der Montage erfassten Informationen führt in Montageprozessen zu schnellen Einschrittverfahren. Diese erfordern im Gegenzug Zeit zum Referenzieren („sensorisches Rüsten") der Prozesse. Die

Differenz aus Einsparung durch schnelleres Fügen und Taktzeitverlust durch Referenzieren darf in einer Fließfertigung den Gesamttakt nicht beeinflussen. Bei Schwankungen sind Puffer vorzusehen. Allerdings führt die schnellere Abarbeitung aufgrund der mangelnden Zuführung- und Abnahmefähigkeit zu keinen Vorteilen. Eine Werkstattfertigung ist von Zuliefer- und Abnahmeprozessen weniger abhängig und weist inhärente Puffer auf.

Im Hinblick auf die Montagequalität stellen erweiterte Toleranzkonzepte aufgrund der höheren Informationsverfügbarkeit verbesserte Eingriffsmöglichkeiten für die Prozessregelung bereit. Bauteilabweichungen werden entlang der Wertschöpfungskette kompensiert, was die Toleranzaddition und die Komplexität der Produktion verringert. Die Beobachtung der Montageparameter bewertet ihre Validität und erhöht die Erkennungsrate. Prüfintervalle für den Nachweis der Konformität werden länger. Durch eine Übernahme von Funktionen der Vorrichtungen durch die Kompensation mittels Sensordaten steigt die Flexibilität durch Unterstützung verschiedener Typen auf gemeinsamen Linien oder die Aufweitung von Produktionskorridoren. Roboterbasierte Montageanlagen mit universellen Manipulatoren (Sayler, 2011) steigern die Wandlungsfähigkeit.

2.3 Prozessfähiges Fügen von großen Bauteilen

Die Eigenschaften von Komponenten wandlungsfähiger Montagesystemen bestimmen durch die Kombination der Anforderungen von Produkt und Prozess die Betriebsmittelauswahl. In dieser Arbeit wird die atomare Teilstrategie des Fügens als Kernprozess für die Großbauteilmontage fokussiert. Fügeverfahren untergliedern sich in Zusammensetzen, Füllen, An-/Einpressen, Fügen durch Ur-/Um-Formen, Schweißen, Löten, Kleben und textiles Fügen (DIN, 2003). Sie benötigen bei der manuellen Montage einen Zeitanteil von 50 % und weitere 10 % für das Justieren (Hesse & Malisa, 2010, p. 467). Die Aufgaben bestehen in dem Toleranzausgleich, dem Verbinden, Dosieren und Prüfen. Werkstückträger stellen das Indexieren, Positionieren, Kraft abstützen, Drehen und Freigeben sicher. Die Systemhardware besteht aus Fügehilfen/-Werkzeugen, Feinpositioniervorrichtungen und Sensoren (Hesse & Malisa, 2010, p. 470). In den durchgeführten Projekten als Betrachtungsgrundlage werden für verschieden Fügeverfahren Inbetriebnahmen nach Wandlung durchgeführt:

- *Metallstrukturen (Kapitel 2.3.1)*
  - Schweißen (Strukturerstellung)
  - Schrauben (Anpressen von Anbauteilen)
  - Kleben
- *Faserverbundstrukturen (Kapitel 2.3.2)*
  - Nietverbindungen (Umformen)
  - Kleben.

2.3.1 Metallstrukturen

Beim Zusammenbau von Fahrzeugen werden Pressteile mit geringer Steifigkeit zu Baugruppen verbunden. Durch die geschlossenen Profile steigt die Steifigkeit. Die Fahrzeuge werden teilweise unter Spannung gefügt. Der Aufbau der Toleranzkette erfolgt anhand der Abweichungen und Streuungen auf Bezugsflächen entlang der Prozesskette. Diese ermöglichen eine Zuordnung zu den Wirkzonen (Bohn, 1998). In der Aufbaureihenfolge sollten wichtige Anforderungen möglichst spät und an der Funktionsfläche eingestellt werden, damit keine Beeinflussung stattfindet. Die Toleranz zur Bezugsfläche ist minimal. Beim Toleranzmanagement muss z.B. der Massezuwachs in der Fahrwerksmontage und dessen Einfluss auf die Biegelinie vorgehalten werden. Er vergrößert die Streuung.

Die Endmontage fügt Unterbaugruppen im zentralen Zusammenbau unter Beeinflussung der Bauteiltoleranzen. Durch Manipulatoren werden schwer zu handhabenden Teile auch in der bewegten Linie von speziell ausgebildeten Werkern über einen sehr arbeitsintensiven Prozessschritt eingebaut (Choi, et al., 2008). Dies ist ebenso wie die Radmontage mit Sensorik automatisch möglich. Das Kleben der Windschutzscheibe (Schlickenrieder, 2007) ist ein aufgrund von Qualitätsanforderungen automatisierter Prozess. Er wird typischerweise stationär mit Stopp-/Anfahrstrecken sowie Puffern realisiert, ebenso wie ein automatisierter Kleberauftrag z.B. auf Türen (Choi, et al., 2008).

Die Qualitätssicherung sichert in der Fahrzeugtechnik die verketteten Produktionslinien hinsichtlich der produzierten Qualität ab. Als Referenz für die Qualitätsmessung ist das Messen auf einem Koordinatenmessgerät in einem Messraum mit kontrollierten Umgebungsbedingungen anerkannt. Allerdings ändern die Logistik des Ausschleusens, des Transportes und die zur Fertigung geänderte Temperatur die zu messenden Bauteile. Die Ergebnisse stehen verzögert und aufgrund der Messzeiten nur stichprobenhaft für das Rückschließen auf Abweichungsursachen zur Verfügung. Frühzeitiges Erkennen von Fehlern und kurze Prüfintervalle sind mit in der Fertigungslinie implementierten Messsystemen (Ludwig, 2011) wie z.B. robotergeführten Spalt- und Bündigkeitssystemen mit absolut kalibrierten Robotern, extern überwachten robotergeführten Sensoren (NMS, 2015) oder Messsystemen (Nikon, 2016) möglich.

Beim Fügen von Anlagen(-teilen) sind das Wissen über das Bauteilverhalten aufgrund geringer Stückzahlen bei hoher Variabilität und die statistische Grundlage für die Einstellung der Parameter kleiner. Die Strategien zum Einstellen der Prozesse erfolgt durch das Wissen von Experten oder über simulierte Ersatzmodelle (Schmitt, et al., 2014b) in einer vorgehaltenen Flexibilität. Zentraler Treiber der Wandlungsfähigkeit ist eine vorrichtungslose Fertigung über roboterbasierte Prozesse, rekonfigurierbarer Ladungsträger und Wissen über den Bauteil-Prozessparameter-Zusammenhang (Kampker, et al., 2014). Bei Großöltanks erfordert das Verhältnis der Toleranzen zugelieferter Bleche (ASTM, 2014) und zu fertigender

Tanks (API, 2012a) messtechnisch überwachte Prozesse. Diese sichern beim Positionieren mittels Kran oder bei Verzug durch Wärmeeinflüsse beim Schweißen die Qualität ab.

2.3.2 Faserverbundstrukturen

Der Markt für Luftfahrzeuge als Treiber des Einsatzes von Faserverbundstrukturen hat nach der Industrialisierung der Programme von Airbus (A350-XWB) und Boeing (B787) ab 2012 einen Rückgang zu verzeichnen. Eine Ratenerhöhung gekoppelt mit der Erhöhung des Faserverbundanteils konnte allerdings eine Gegenbewegung einleiten (Roland Berger, 2015). Die Einbindung von CFK reduziert das Gewicht der Flugzeuge z.B. am Flügel um 34-40 %. Dies führt zu einer Treibstoffeinsparung von 5-8 %. Duroplastische Bauteile werden zunehmend durch automatisierte Vakuuminjektionsverfahren und thermoplastische Bauteile durch Spritzgießen hergestellt (Diebold, 2008). Für die Erhöhung des CFK-Anteils wird zum Erreichen der Qualitätsziele eine flexible und universelle anwendbare Automatisierung benötigt. Neue Fertigungstechnologien für die Befestigung, das Schweißen als Nietersatz, das Abdichten und das Kleben werden in die bereits bestehende Infrastruktur eingefügt. Als Grundlagen für neue Flugzeugprogramme im Bereich Single-Aisle produzieren die Turnkey-Anbieter in einem konsolidierten Markt direkt (Roland Berger, 2015). Für die CFK-Produktion wird eine Verringerung der Bauteilkosten um 30 % bis 2020 erwartet. Diese wird überwiegend durch eine Prozessverbesserung um 40 % beigesteuert. Für den Einsatz in der Automobilindustrie in Großserie ist eine Kostenreduktion von 70 % im Vergleich zu 2010 notwendig (Lässig, et al., 2012).

Das in der Metallstrukturmontage von Flugzeugen eingesetzte Montagekonzept mit relativer Positionierung mittels Stiften in Führungslöchern ist für faserverbundbasierte Bauteile nicht anwendbar (Demeester, et al., 2011). Stattdessen wird durch Messtechnik im realen Prozess die einseitige Toleranzaddition verhindert (Maropoulos, et al., 2006). Das Risiko bei der Prozessintegration wird minimiert (Saadat & Cretin, 2002). Bei der Ausrichtung von Position und Orientierung (Pose) von großen Strukturen führt die theoretische Modellierung der Unsicherheit zu abgesicherten Prozessen und begleitender Dokumentation (Zhehan, et al., 2013). Durch die Kompensation von Bauteilabweichungen entlang der Prozesskette werden Opportunitätskosten reduziert. Das Konzept der messtechnisch assistierten Montage ermöglicht schnelle Bauteil-Bauteil-Montage, vermehrten Einsatz flexibler Automatisierung, rückgeführte Qualitätsüberwachung und -Regelung, reduzierte Strukturgewichte und angepasste Genauigkeitsklassen durch Prozesse (Maropoulos, et al., 2014):

- Prädiktive Prozesse wie z.B. Schimmen, vorgehaltenes Bohren
- Iterative Prozess mit dem Ablauf Montieren-Messen-Bewegung,
- Aktive Vorrichtungen und Prozessregelung.

Unterstützend zu den Maßnahmen in der Montage muss bereits bei der Entwicklung und Konstruktion der Bauteile auf die Eignung für vorrichtungsfreies Montieren Rücksicht genommen werden (Naing, 2004). Als technischer Treiber für eine wirtschaftliche Automatisierung werden das roboterbasierte Bohren, rekonfigurierbare Vorrichtungen, messtechnikintegrierte Robotik sowie eine holistische Planung mit Realitätsabgleich vorgeschlagen (Kihlmann, 2005). Aktive Vorrichtungen stellen die Anpassung an Bauteile und aktive Beeinflussung der mangelnden Flexibilität starrer Vorrichtungen entgegen. Modulare Bauteilträger ermöglichen die Individualisierung der Prozesse (Millar & Kihlman, 2009) und erhöhen die Typenflexibilität manueller Prozesse. Die aktive Vorrichtung besteht aus lokalen roboterbewegten Aufnahmen (Schmitt, et al., 2014a), programmierbaren Schiebern (Demeester, et al., 2011) oder als Parallelkinematik (Ramirez & Wollnack, 2014).

Fügeprozesse von Faserbundstrukturen unterteilen sich in Kleben, Bolzenverbindungen und Schlaufenanbindung (VDI, 2006, pp. 128-132). Die Kerbwirkung von Löchern/Bauteilkanten und das Abdichten an Materialgrenzen müssen beachtet werden. Das Hole-to-Hole-Konzept der metallischem Montage angewendet in der Faserverbundmontage (Negroni & Trabasso, 2011) kombiniert die wirtschaftlichen Vorteile beider Produktionstechniken. Weitere Entwicklungsrichtungen implementieren Methoden des Austauschbaus in Form von erweiterten Toleranzkonzepten und Bauteilmodellen (Muelaner, et al., 2013). Interferometer und nichtberührende Lochmessungen in automatischen Messnetzwerken sichern Nieteinflüsse auf die Bauteilqualität ab (Figuera & Trabasso, 2015). Präzise kooperierende Roboter werden beim automatischen Nieten für die Erhöhung der Prozessfähigkeit, Flexibilität und Wandlungsfähigkeit benötigt (Santos & Trabasso, 2012).

2.4 Anforderungen an selbstreferenzielle Montagezellen

Die Inbetriebnahme der Wandlung stellt einen kritischen, für den wirtschaftlichen Erfolg eines Unternehmens ausschlaggebenden Ablauf dar. Eine produzierende Montagezelle überführt einen stabilen Prozess in einem Wandlungsprozess an einen neuen Arbeitspunkt. Durch Wandlungsfähigkeit produziert ein Unternehmen mit optimierten Parametern jeweils angepasst an die Marktlage (Demeester, et al., 2011). Die Kompromisse gegenüber dem Vorhalten eines Flexibilitätskorridors sind kleiner. Der Erfolg eines produzierenden Unternehmens stellt sich durch ein Zusammenspiel von Inbetriebnahme der Wandlung (wenn möglich als Aufgabe der Instandhaltung), dem Absichern der Prozessfähigkeit und der Qualität (Colledani, et al., 2014) ein. Übertragen auf das Wandeln ergibt sich die Forderung nach einer Strategie zur automatisierten Inbetriebnahme. So wird eine systematische und abgesicherte Inbetriebnahme mit dem Ergebnis fähiger Montage sichergestellt.

In dieser Arbeit wird roboterbasierte Großbauteilmontage mit einem Fokus auf Teilstrategien zum Fügen für die Bewertung der automatisierten Inbetriebnahme von Wandel herangezogen. Roboter stellen in einer Montagezelle Kernelemente dar und sind hinreichend abgegrenzt. Sie werden durch Sensorik erweitert, welche als Teil der Wahrnehmung eine Voraussetzung für Kompensation darstellen. Inbetriebnahme von Wandel unterliegt **organisatorischen**, **technischen** und **betriebswirtschaftlichen** Einflüssen.

Für die Automatisierung der Inbetriebnahme von Wandel roboterbasierter Großbauteilmontage stellen GRS (Demeester, et al., 2011) standardisierte *Kommunikation (Kapitel 3)* innerhalb von Montagezellen bereit. Durch den Informationsaustausch werden die *Perzeption (Kapitel 4)* der Montageprozesse und deren Bereitstellung vereinfacht. Informationen über den Prozesszustand liegen verständlich vor und ermöglichen den Austausch von Beobachtungen. Durch die Referenzierung aller an der Montage beteiligten Komponenten in der idealisierten Planung wird der Integrationsaufwand geringer. Die Nutzung der Informationen für die *Kompensation (Kapitel 5)* von Robotern erfolgt durch die Bereitstellung virtueller Dämonen (von Foerster, 2003). Diese werden zur Erfüllung folgender Aufgaben für Erhöhung der Grenzpräzision eingesetzt:

- Sensor-Datenfusion
- Zustandsüberwachung und -regelung
- Dokumentation

Die Implementierung von Selbstreferenz durch *Kommunikation*, *Perzeption* und *Kompensation* erhöht die Übereinstimmung zur idealisierten Planung. Wandlungsentscheidungen in der Informationswelt sind in die physische Welt zu übertragen, ohne diese komplexer zu gestalten. Mangelnde Prozessfähigkeit wird nicht von der Produktions- in die Planungsebene verlagert, sondern als Fähigkeit des Systems aufgefasst.

Aufgrund ihrer Definition gehen Wandlungen über das einfache Vorhalten eines Flexibilitätskorridors hinaus. Das Einstellen von z.B. Regelparametern für die Stabilisierung eines Regelkreises reicht für eine Wandlung nicht aus. Es müssen Änderungen durchgeführt werden, die bei der Auslegung weder berücksichtigt noch geplant wurden:

- Ersatz von Fügetechnologien
- Ungeplante Typenvervielfältigung
- Ungeplante Ratenanpassung
- Montage von Bauteilen mit Toleranzausgleich.

In dieser Arbeit werden stabile Prozesse als Ausgangspunkt der Wandlung vorausgesetzt, die in der idealisierten Planung abgeändert werden. Von der technischen Machbarkeit der geplanten Wandlung wird ausgegangen, sie sind nicht Bestandteil dieser Arbeit. Kernelement ist die systeminhärente Umsetzung der potenziellen in die tatsächliche Prozessfähigkeit. Die Machbarkeit bezieht sich nicht auf die wirtschaftliche Ebene, da diese als Teil der Ressourcenplanung bereits bei der Wandlungsentscheidung berücksichtigt werden muss. Unsystematisches Vorgehen und undefinierte Anpassungsphasen mit manuellen Eingriffen in mehreren Iterationen werden durch die automatisierte Inbetriebnahme von Wandlung durch Selbstreferenz verringert.

Die systematische stabile Wandlung von Montageprozessen durch Selbstreferenz erhöht die Wettbewerbsfähigkeit produzierender Unternehmen in den heutigen volatilen Märkten. Eine konsequente Produktion in der vom Markt geforderten Qualität wird in der virtuellen Planungswelt bewertet. Die Rückkopplung von Wissen aus der physischen Welt in die Planungswelt und umgekehrt führt zu einer einheitlichen Zustandswelt und passt das eigene Verhalten aller Komponenten eines Montagesystems an die Vorgaben eigenständig an.

3. Kommunikation in globalen Referenzsystemen

Der Kommunikationsstandard für Selbstreferenz bereitgestellt durch GRS (Demeester, et al., 2011) ordnet *Basis-Messsysteme* der Infrastruktur einer Montagezelle zu. Ein verteilter Zugriff über *Clients* ermöglicht den Zugriff im Zellenverbund. Die räumliche und zeitliche Referenzierung ordnet Abweichungen der idealisierten Planung zu. *Handhabungseinheiten* stellen die idealisierte Aufgabenbeschreibung bereit. *Selbstreferenzielle Module* verarbeiten die Informationen und bestimmen die Kompensationswerte. *Lokale Sensorik* erfasst Bauteilabweichungen und stellt diese bezogen auf die Planung bereit (Schmitt, et al., 2013b). Abb. 3-1 zeigt den Aufbau der Kommunikationsstruktur von GRS.

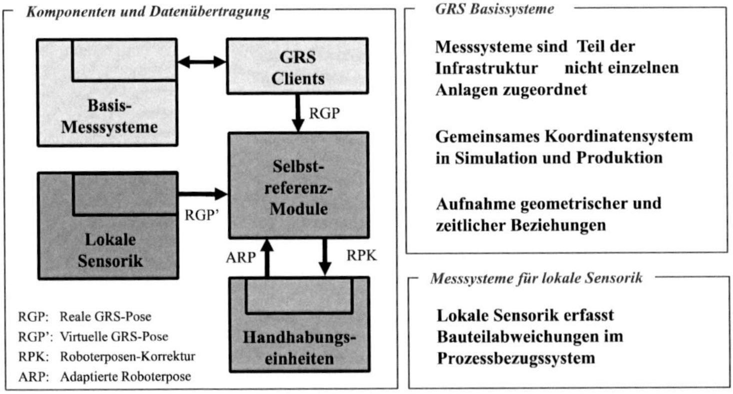

Abb. 3-1: Definition von GRS nach **(Schmitt, et al., 2013b)** und **(Demeester, et al., 2011)**

Die Vorteile des Einsatzes von GRS liegen in dem permanenten Abgleich der virtuellen Planung mit der realen Produktion. Folgende Themen benötigen ein genormtes Verständnis:

- Begriffe (DIN, 2009)
- Kommunikation (Neumann, 2006)
- Zuordnung von Abweichungen (Siebeck, 2003)
- Raumzeitliche Referenzierung (Depenthal, 2008)

Es wird eine modulare Struktur für die Vernetzung der Komponenten einer Zelle (Kapitel 3.1) entwickelt. Die übergeordneten Aufgaben von GRS bestehen in folgenden Aufgaben:

- *Datenübertragung (Kapitel 3.2),*
- *Geometrische (Kapitel 3.3), zeitliche (Kapitel 3.4) Synchronisierung*
- *Datenspeicherung (Kapitel 3.5)* entlang der Wertschöpfungskette

Die Mechanismen zum *Austausch von Informationen (Kapitel 3.6)* in GRS bei selbstreferenziellem Verhalten werden abgeleitet.

3.1 Komponenten

Die Komponenten einer Montageanlage arbeiten in GRS und setzen Kommunikationsfähigkeit im Verbund zum Lösen einer Montageaufgabe voraus. Dabei stellen die Komponenten sowohl reale Einheiten wie Roboter und Messsysteme dar, aber auch virtuelle z.B. zum Fusionieren von Sensordaten oder zum Dokumentieren (Abb. 3-1).

Basis-Messsysteme und GRS-Clients

Die Erfassung von Abweichungen zwischen Systemen steht im Fokus der globalen Sensorik (Kapitel 4.1). Sie ist der Large-Volume Messtechnik (LVM) zuzuordnen (Puttock, 1978), und oft auch mit dem Begriff Large-Scale beschrieben. Anhand der Planungsdaten sind Basis-Messsysteme in der Lage, sich in der virtuellen Welt und in der realen Anlage zu referenzieren. Eine Herausforderung besteht in der Absicherung der Validität erfasster Abweichungen. In der realen Anlage bestehende Abweichungen beeinträchtigen die Referenzierung und damit auch die erfassten Abweichungen. Da die Informationen Grundlage der Kompensation sind, begrenzen sie die erreichbare Präzision. Die maximal zulässige Unsicherheit von speziellen Messprozessen ist nur bedingt aussagefähig. Das Verhalten des Systems bei der Montageaufgabe stellt einen eigenständigen Messprozess dar. Aufgrund der Komplexität der Messaufgaben und der Umgebung im Montageprozess führt die Einbeziehung von Messprinzipien zu einem abgesicherten Messergebnis. Die globale Sensorik stellt Informationen über die Messung bereit oder berücksichtigt andere Informationen bei der Sensordatenfusion für die Kompensation (Kapitel 5.4).

LVM-Systeme sind aus ihrer Entstehungsgeschichte heraus portabel, universell und manuell einzusetzen. Die Nutzung erfolgt über Messprogramme mit einer einheitlichen Umgebung, welche die Bedienung und Nutzung abstrahieren. Die Messsysteme verlagern damit Aufgaben an den Bediener und setzen folgende Fähigkeit voraus:

- Verwaltung des Messsystemstatus
- Parametrierung der Messungen
- Interpretation der Ergebnisse

GRS-Clients (z.B. Abb. 3-2) übernehmen die Aufgaben des Bedieners bei Abwesenheit eines Messtechnikexperten. Zur Einrichtung, für Funktionstests und zur Fehlerbehebung stellen manuelle Bedienelemente die automatischen Funktionen und deren Parametrierung bereit. Die Clients binden Informationen von weiteren Komponenten zur Kompensation ein (Kapitel 5.4). Vorrangige Aufgabe der Clients ist die Bereitstellung des Messsystems im GRS, solange kein allgemein anerkannter Standard existiert und implementiert ist. Die Schnittstellen stehen projektübergreifend zur Verfügung. Durch mehrere Anwendungsfälle steigt der Entwicklungs- und Testumfang, was die Eliminierung von Fehlern und die Wirtschaftlichkeit verbessert.

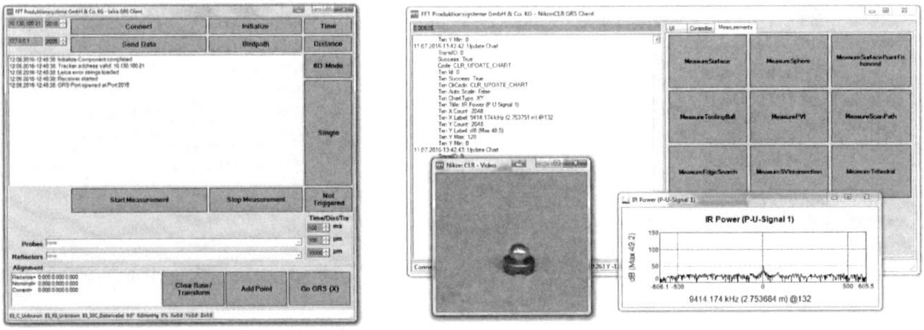

Abb. 3-2: GRS-Client für Leica EmScon und Nikon Metrology CLR

Die Kernelemente der Bedienoberfläche der Clients (Abb. 3-2) sind die Parametrierung der Adressierung von Partnern im GRS, manuelle Bedienelemente für Funktionen und Anzeigen für die Diagnose des Systemzustandes. Im Hintergrund werden Kommunikations-, Dokumentations- und Verwaltungsaufgaben ausgeführt, welche das Messsystem in einem automatischen Betrieb bedienen. Die entwickelten Clients implementieren den Befehlssatz entweder auf Bit-Ebene (z.B. Leica EmScon), oder bei verwalteten Schnittstellen durch Ereignisse und Funktionen (z.B. Nikon Metrology iGPS/Laserradar).

Lokale Sensorik

Zur Erfassung der Bauteilabweichungen wird in GRS lokale Sensorik eingebunden. Diese erfasst Signale in der Nähe der Prozesspunkte oder im Vor-/Nachlauf der Montage. Die Einbindung der Sensoren erfolgt meist durch Parametrierung einer definierten Funktionalität, welche an die Anforderungen der Aufgabe angepasst wird. Zentraler Aspekt für die Verwendung lokaler Sensorik in GRS zur Kompensation ist die Bereitstellung der Informationen als virtuelle GRS-Pose. Die Sensorinformation z.B. eines Kraft-Momenten-Tensors muss für die Kompensation durch Berücksichtigung von Roboterposition und -Steifigkeit in eine Werkzeugkorrektur überführt werden. Probleme ergeben sich bei der Einbindung von Sensorik auch aufgrund der fehlenden Beschreibung von Prozessparametern in den Roboterprogrammen. So werden z.B. durch den Prozess bestimmte Fügekräfte gefordert, allerdings nicht als Teil des Programmes an den Roboter übermittelt. Viele Programmiersprachen von Robotern weisen keine Sprachelemente für sensorisch geführte Bewegungen auf. Die Funktionsbeschreibung wird in eine parallel implementierte Zustandsmaschine ausgelagert. Die Dokumentation von Prozessparametern zur Analyse der Prozesse ist neben der Kompensation ein weiteres Anwendungsgebiet lokaler Sensorik. Die Beobachtung der Abweichungen durch lokale Sensorik sind in Kapitel 4.2 beschrieben.

Handhabungseinheiten

In dieser Arbeit werden Industrieroboter in GRS eingebunden, welche Pose-, Bahn- und Zustandsdaten bereitstellen (Kapitel 2.2.1). Prinzipiell sind auch andere Systeme wie z.B. Förder- und Transportsysteme, Maschinen, Drohnen, etc. als Komponente in GRS einzubinden. Analog zu den GRS Clients weisen Roboter manuelle Bedienfunktionen auf, bzw. haben diese auf die Zellen-/Anlagensteuerung ausgelagert. Die Planungsdaten liegen auf den Robotern als Aufgabenbeschreibung in Form eines Programmes vor und beschreiben im GRS den Sollprozess. Der Roboter dient als Taktgeber, verteilt die Aufgabenbeschreibung, nimmt Kompensationswerte entgegen und nutzt diese im Rahmen seiner Fähigkeiten (Kapitel 5.1-5.3). Für den Einsatz als Komponenten in GRS stellen die Konsistenz der Informationen zwischen mehreren Robotern und die Vollständigkeit der Informationen über den auszuführenden Prozess eine Herausforderung dar. In einer Simulationsumgebung sind Roboter durch ihr ideales Verhalten auch untereinander zu synchronisieren. Die Prozessbeschreibung ist aufgrund der Anforderungen der Simulation vollständig. In der realen Anlage muss dies nicht zutreffen. Die Programme der Roboter werden in der Realität selten synchronisiert, jedes Programm wird für sich während der Inbetriebnahme optimiert. Die Programme werden voneinander entkoppelt und stimmen aufgrund manueller Anpassungen nicht mit idealisiert geplanten Programmen überein. So entsteht die Problematik einer inkonsistenten und unvollständigen Prozessbeschreibung:

- Mehrere Roboter beschreiben denselben Prozess unterschiedlich
- Fügevorgaben sind in Roboterprogrammiersprachen nicht zu beschreiben

Selbstreferenzielle Module

Die Programmierbarkeiten und Rechenfähigkeiten von Messsystemen und Robotern sind beschränkt. Selbstreferenzielle Module übernehmen als virtuelle Komponenten Aufgaben in GRS und stellen die Kernfunktionen Kommunikation (Kapitel 3), Perzeption (Kapitel 4) und Kompensation (Kapitel 5) bereit. Die selbstreferenziellen Module nutzen weitgehend Methoden zur Multi-Sensor-Datenfusion (Weckenmann, et al., 2009), stellen also eine anerkannte Funktionalität bereit. Für den Einsatz als Komponente in GRS verschiebt sich der Fokus von der sehr spezifischen Implementierung einer Maschinenfunktion zu dem Bereitstellen eines Dienstes als eigenständiger Dämon innerhalb der Montageanlage. Potenziale für den Einsatz selbstreferenzieller Module ergeben sich z.B. durch die Nutzung der Anlagenmodelle in Kalman-Filtern (Kalman, 1960) zur effizienten Schätzung des vergangenen, aktuellen und zukünftigen Maschinenzustands (Welch & Bishop, 2006). Erweiterte Verfahren wurden bei der Implementierung dieser Arbeit getestet (Rehbein, 2015) aber nicht vertieft und für die weitere Forschung zum Umsetzen von Selbstreferenz in den Handlungsempfehlungen (Kapitel 8.2) skizziert.

3.2 Datenübertragung

Für die Vernetzung existieren im OSI-Referenzmodell (ISO, 1996) sieben Schichten für den Datenaustausch. Das Referenzmodell fördert die Entwicklung von Kommunikation unterschiedlicher technischer Systeme. Ein Beschreibungsrahmen für die Einordnung von Funktionalitäten bestehender und zu entwickelnder Schnittstellen entsteht. Bezogen auf GRS werden analog zur Einteilung der Feldbussysteme (IEC, 2010) die physikalischen, übertragungsbasierten und anwendungsbezogenen Schichten zusammengefasst.

Physikalische Schicht

In der *Bitübertragungsschicht* wird die physikalische Übertragung von Daten in einer Montageanlage definiert. Das Übertragungsmedium ist nicht explizit beinhaltet.

- Elektrische Einheitssignale (DIN, 1985) und (DIN, 1980) werden aufgrund der Geschwindigkeit für sicherheitsrelevante und synchronisierende Signale verwendet. Der Verdrahtungsaufwand ist sehr hoch und weitgehend unflexibel. Bei Nutzung des Einheitssignals als Trigger muss die Latenz betrachtet werden.
- Punkt zu Punkt Datenverbindungen über serielle (TI, 2002) oder parallele Schnittstellen ermöglichen eine Anbindung von Komponenten wie z.B. Sensoren an Roboter. Sie wurden durch busfähige Schnittstellen wie USB (USB, 2013) weitgehend verdrängt. In GRS spielen Punkt zu Punkt Verbindungen eine untergeordnete Rolle. Der Host weist die Kommunikationslogik und Schnittstelle zum GRS auf, eine Einbindung entfällt somit. Weitere Beispiele für Punkt zu Punkt Verbindungen sind Kameraschnittstellen (z.B. Firewire, CameraLink, BNC) oder analoge Schnittstellen.
- In der Kommunikationstechnik hat sich innerhalb von räumlich begrenzten Systemen die Ethernet-Netzwerktechnik (ISO, 2014b) durchgesetzt. Diese bietet durch ihre Verbreitung und starkem Wettbewerb sehr kostengünstige Möglichkeiten der Datenübertragung in mittelgroßen Netzwerken mit hohen Datenraten. Nachteilig ist eine verringerte Echtzeitfähigkeit und Fehlertoleranz. Pakete kommen gar nicht oder nicht in einer bestimmten Zeit beim Empfänger an. Bei der Nutzung von Switchen in einem unverzweigten Stern ist von einer Quasi-Echtzeitfähigkeit auszugehen. Weiterentwicklungen bei der Ethernet-Technologie ermöglichen eine parallele Nutzung von Geräten im Netzwerk. Ein geschützter Modus ermöglicht die Steuerung und Anbindung von Maschinen, Sensoren und Anlagen (EtherCAT, 2014).
- Feldbussysteme übertragen Daten innerhalb von Anlagen über elektrische Kabel, Radiowellen oder optische Leiter. Sie beschreiben im Allgemeinen digitale, serielle, Vielstellen-Datenbussysteme (IEC, 2010) und sind nach Datenrate, Robustheit, Echtzeitfähigkeit, Fehlerredundanz, Verdrahtungsaufwand, usw. spezifiziert. Die Anpassung der Bussysteme an Anforderungsprofile führt zu einer Inkompatibilität

untereinander. Zwischen den verbreiteten Bussystemen EtherCAT (EtherCAT, 2015), Profibus (PNO, 2010) und Profinet (PNO, 2011) müssen für den Datenaustausch Gateways eingesetzt werden. Das Einrichten benötigt spezielle Software und ist oft herstellerabhängig. Bei ethernet-basierten Bussystemen ist die Kompatibilität höher, da nur eine virtuelle Trennung von Profinet und Ethernet vorgenommen wird. Die Netze sind physikalisch parallel zu betreiben.

Übertragungsbasierte Schichten

Aufbauend auf der physikalischen Schicht wird in der *Sicherungsschicht* die Übertragung der Daten abgesichert. In der *Vermittlungsschicht* wird das Weiterleiten der Daten ermöglicht. Die Absicherung der Ende-zu-Ende Kommunikation (fragmentierte oder verlustbehaftete Daten) wird in der *Transportschicht* sichergestellt. Aufbauend auf den abgesicherten Übertragungsmechanismen wird in der *Sitzungsschicht* Synchronisation ermöglicht, welche auch bei Unterbrechungen eine Wiederaufnahme des Informationsaustauschs ermöglicht. Die übertragungsbasierten Schichten validieren im GRS die Kommunikation sicher, haben aber keinen weiteren Einfluss auf die Funktionsweise. Spezielle Anforderungen an die Synchronisation (IEC/IEEE, 2009) oder Fehleranalyse erfordern den Einsatz selbstreferenzieller Module in den übertragungsbasierten Schichten.

Anwendungsbezogene Schichten

Durch normierte IT-Systeme sind die Datenstrukturen in der *Darstellungsschicht* weitgehend harmonisiert. Unterschiede ergeben sich bei Zahlenformation und der Reihenfolge von Bits und Zahlenbreiten sowie die Interpretation von Symbolen (z.B. Unicode- und ANSI-Zeichenformat). Unterschieden werden:

- Einzelne Schalter (Bits)
- Ganzzahlen (ein oder mehrere Bytes wie vorzeichenloser/-behafteter Integer),
- Fließkommazahlen mit Mantisse und Exponent (z.B. Float und Double (IEEE, 2008))

In der Darstellungsschicht wird zwischen binärer Serialisierung im nativen Byteformat und der Serialisierung von Daten in Klartext oder strukturierten Formaten wie z.B. XML (W3C, 2015) oder JSON (ECMA, 2013) unterschieden. Den Daten aus der Darstellungsschicht wird in der *Anwendungsschicht* eine Information mit Bedeutung zugeordnet. Dabei ist der Syntax für die automatische Auswertung in einer maschinenverständlichen Form wichtig. Die Zuweisung der Information stellt die Kernaufgabe der Kommunikation in GRS dar. Während für die Übertragung von Daten auf bestehende Systeme zurückgegriffen wird, stellt die Nutzbarkeit von Schnittstellen und die Auswertelogik ein technisches und organisatorisches Problem dar. In Montageanlagen bestehen verschiedene Informationen bezüglich des aktuellen Zustands einer Maschine, eines Prozesses oder gesamten Anlage:

- *Schaltzustände* geben z.B. an, ob sich Schutzsysteme in einem normalen Zustand befinden, ob Prozesse ausgeführt werden/wurden und geben Ausführungszustände an. Schaltzustände werden von einer übergeordneten SPS verwaltet, wodurch innerhalb einer Montageanlage ein zentraler Steuerungs- und Synchronisationspunkt besteht. In der SPS werden einzelne Merker zu einem Anlagenzustand verdichtet, sodass ein Gesamtbild des logischen Zustands der Anlage und Aufgaben abzuleiten ist. Ein Beispiel für eine verdichtete Information ist die Bewegungsfreigabe, welche den Robotern und Messsystemen eine gesicherte Umgebung signalisiert. Durch die zentrale Überwachung der Bewegungsfreigabe müssen Roboter nicht einzeln alle Schutzsysteme abfragen. Sie erhalten nur die für sie notwendige Information.
- Durch die logische Aneinanderreihung von Bits werden *Ganzzahlen* in der Anlage ausgetauscht. Systeme, Programme und Programmzeiger sind eindeutig identifizierbar. Zudem lassen sich Zustände logisch verknüpft übertragen. Im Beispiel der Bewegungsfreigabe codiert die SPS, durch wen die Bewegungsfreigabe verhindert wird. Die Codierung von Informationen reduziert die Verständlichkeit und erhöht die Komplexität bei der Fehlersuche. Der Code muss zum Verstehen entschlüsselt werden. Diskrete Positionen wie Zähler in Encodern lassen sich ebenfalls mit Ganzzahlen übertragen, was numerische Fehler ausschließt. Festkommazahlen mit festem Exponent oder definierter Breite sichern ebenfalls numerische Übertragungen ab.
- Für die Übertragung numerischer Werte werden über *Fließkommawerte* Informationen übertragen. Für die Interpretation der Daten muss die mit den Werten verknüpfte Einheit bekannt sein. Als Einheiten wird überwiegend das SI-System mit Millimetern als Angabe der Länge und Grad für Winkel verwendet.
- Für die logische Zuordnung von Informationen werden diese zusammengefasst und anhand von *Strukturen* und *Klassen* innerhalb der Kommunikation verwendet. Anstelle von einzelnen Werten sind Strukturen in der Lage, Informationen im Zusammenhang darzustellen. Bei der Zuordnung von Bahninformationen zum Interpolationstakt bei Roboterbewegungen tritt kein Jitter auf. Synchronisationsfehler der Positionen zwischen Systemen werden vermieden. Durch die Zuordnung von Funktionen zu den Strukturen entstehen Klassen, welche die Verarbeitung der Daten absichern.

Neben der reinen Übertragung von Daten müssen diese entgegengenommen, auf ihre Relevanz überprüft und weiterverarbeitet werden. Die Komponente einer Montageanlage weisen diesbezüglich unterschiedliche Fähigkeiten auf. Eine SPS verarbeitet eine hohe Anzahl von Schaltzuständen, deren Strukturierung stellt aber eine große Herausforderung dar. Roboter können nur eine begrenzte Anzahl von Informationen entgegennehmen und verarbeiten. Ein Fanuc-Roboter ist z.B. durch seine Socket-Funktionalität theoretisch in der Lage, einen Lasertracker von Leica über die EmScon-Schnittstelle anzusteuern und zu verwalten. Die Schnittstelle sendet allerdings für sämtliche Zustandsänderungen und Messungen Informationen. Diese sind im Roboter auch aufgrund von Begrenzungen in der

Programmiersprache nicht auswertbar. GRS-Clients implementiert auf Embedded-Systemen oder angepasste Busmodule stellen den Austausch zwischen Roboter und Messsystem sicher und arbeiten die Informationen und Befehle auf. Eine weitere Möglichkeit ist das Einbringen von Rechnern in die Montageanlage, die selbstreferenzielle Module für die Perzeption und Kompensation als Dienst bereitstellen.

3.3 Geometrische Synchronisierung

Zur Beschreibung der geometrischen Informationen von Position und Orientierung (Pose) werden Koordinatensysteme und Notationen benötigt. Die Notationen dienen zur Beschreibung der einer Transformation zugeordneten homogenen Matrix (Spong, et al., 2005). Diese werden durch Multiplikation kombiniert und auf Posen anwendbar. Die Notationen bieten je nach Anwendungsfall Vor- und Nachteile in der Interpretation von Daten und deren Visualisierung, lösen aber vor allem das Problem der Überbestimmung der homogenen 4x4-Transformationsmatrix (16 Elemente: 3 translatorische Elemente, 9 rotatorische Elemente, 3 Konstanten, 1 Skalierung) für die Beschreibung der drei translatorischen und drei rotatorischen Freiheitsgrade (Euler, 1775). Koordinatensysteme stellen Bezugssysteme dar, um relative Posen zu beschreiben.

Koordinatensysteme und Notationen

Koordinatensysteme werden unterteilt in kartesische Systeme wie Welt-, Roboter-, Werkzeug- und Werkstückkoordinaten zur Angabe relativ zu Betrachtungsgegenständen sowie internen Achskoordinaten für die Ansteuerung von Reglern (Kuka, 2008). Für die Beschreibung von Posen in den kartesischen Koordinatensystemen existieren verschiedene Notationen und Beschreibungsweisen (Diebel, 2006). Drehungen um die Koordinatenachsen beschreiben rotatorischen Freiheitsgrade. In dieser Arbeit wird aus den 12 verschiedenen Euler-Kombinationen als Standard die Notation nach Kuka in Formel (3) dargestellt:

1) Drehung um die Z-Achse als a-Winkel
2) Drehung um die mitgedrehte Y-Achse als b-Winkel
3) Drehung um die bereits zweimal gedrehte X-Achse als c-Winkel

Diese Darstellung hat den Vorteil von einer sequenziellen Drehung des Roboters um ein mitgedrehtes Koordinatensystem und einer akzeptablen Konditionierung von Minimierungsproblemen. Drehungen um die Werkzeugachsen des Roboters sind angenähert linearisiert. Folgende Probleme entstehen für Euler-Winkel:

- Singularitäten wie z.B. das so genannte Gimbal-Lock
- Mittelwertbildungen über mehrere Perioden der Winkelfunktionen
- Numerische Instabilität bei Integration über inkrementelle Änderungen (Diebel, 2006).

Während die Kuka Notation (3) für die Berechnungen und für Minimierungsaufgaben als Funktion verwendet wird, ist die Fanuc Notation durch Umstellen der Winkelbezeichnung von w, p und r nach c, b und a herzustellen. Die numerisch vorteilhafte Quaternion Notation (4), wie ABB sie verwendet, vereinfacht das Interpolieren und die Nachverfolgung von inkrementellen Änderungen. Sie ist aber weniger intuitiv aufgrund der mathematisch notwendigen Einschränkungen und nutzt vier Parametern zur Beschreibung von drei Freiheitsgraden der Rotation.

Ebenfalls in die homogene Darstellung überführbar ist die Angabe der X- und Z-Richtung von Posen (5) der Firma Reis Robotics, da die Y-Achse über das Kreuzprodukt und die Rückwärtstransformation direkt abzuleiten ist. Die Reis Notation weist sechs Parameter für die Beschreibung der drei Freiheitsgrade der Orientierung auf. Dies verursacht aufgrund numerischer Effekte nicht-orthonormale Rotationsmatrizen.

Posen sind über Transformationen ineinander zu überführen. Dabei wird die Eigenschaft der homogenen Koordinaten ausgenutzt, die eine Verknüpfung der Transformationen über Multiplikationen realisieren. Das Darstellen einer Pose über das Multiplizieren von links wird im Folgenden mit dem Begriff Basis (Base) bezeichnet. Das Multiplizieren von rechts wird im Folgenden mit Werkzeug (Tool) bezeichnet. Für die geometrische Ausrichtung von Systemen zueinander werden in der kinematischen Kette zusätzliche Glieder als Basis oder Werkzeug eingesetzt. In der idealisierten Betrachtung sind dies Einheitsmatrizen. In der realen Anlage entspricht das Minimum der Glieder einer größtmöglichen Annäherung an die physikalischen Begebenheiten. In der Kuka Notation entspricht die Einheitsmatrix einem Nullvektor, dessen Norm ein geeignetes Fehlermaß darstellt.

Kuka $$K_{Kuka} = [x \quad y \quad z \quad a \quad b \quad c]$$

Fanuc $$K_{Fanuc} = [x \quad y \quad z \quad w \quad p \quad r]$$

ABB $$K_{ABB} = [x \quad y \quad z \quad q_0 \quad q_1 \quad q_2 \quad q_3]$$

Reis $$K_{Reis} = [x \quad y \quad z \quad r_{13} \quad r_{23} \quad r_{33} \quad r_{11} \quad r_{21} \quad r_{31}]$$

Translation $$T = \begin{bmatrix} 1 & 0 & 0 & x \\ 0 & 1 & 0 & y \\ 0 & 0 & 1 & z \\ 0 & 0 & 0 & 1 \end{bmatrix} = \begin{bmatrix} 1 & 0 & 0 & \\ 0 & 1 & 0 & \vec{t} \\ 0 & 0 & 1 & \\ 0 & 0 & 0 & 1 \end{bmatrix} \quad \vec{t} = \begin{bmatrix} x \\ y \\ z \end{bmatrix} \tag{1}$$

Drehung um X $R_X = \begin{bmatrix} 1 & 0 & 0 & 0 \\ 0 & cc & sc & 0 \\ 0 & -sc & cc & 0 \\ 0 & 0 & 0 & 1 \end{bmatrix}$ $\begin{matrix} sc = sin(c) = sin(w) \\ cc = cos(c) = cos(w) \end{matrix}$ (2)

Drehung um Y $R_Y = \begin{bmatrix} cb & 0 & -sb & 0 \\ 0 & 1 & 0 & 0 \\ sb & 0 & cb & 0 \\ 0 & 0 & 0 & 1 \end{bmatrix}$ $\begin{matrix} sb = sin(b) = sin(p) \\ cb = cos(b) = cos(p) \end{matrix}$

Drehung um Z $R_Z = \begin{bmatrix} ca & sa & 0 & 0 \\ -sa & ca & 0 & 0 \\ 0 & 0 & 1 & 0 \\ 0 & 0 & 0 & 1 \end{bmatrix}$ $\begin{matrix} sa = sin(a) = sin(r) \\ ca = cos(a) = cos(r) \end{matrix}$

$$\mathrm{R} = \begin{bmatrix} \vec{r_1} & \vec{r_2} & \vec{r_3} & \vec{\mathrm{t}} \\ 0 & 0 & 0 & 1 \end{bmatrix} \quad \vec{r_n} = \begin{bmatrix} r_{1n} \\ r_{2n} \\ r_{3n} \end{bmatrix} \quad \vec{t} = \begin{bmatrix} x \\ y \\ z \end{bmatrix}$$

Kuka/Fanuc $\mathrm{R_{Kuka}} = \mathrm{R_{Fanuc}} = \mathrm{T} \cdot \mathrm{R_Z R_Y R_X} = \mathrm{R_{ABC}}$ (3)

$$\mathrm{R_{ABC}} = \begin{bmatrix} \mathrm{ca \cdot cb} & \mathrm{-sa \cdot cc + ca \cdot sb \cdot sc} & \mathrm{sa \cdot sc + ca \cdot sb \cdot cc} & \\ \mathrm{sa \cdot cb} & \mathrm{ca \cdot cc + sa \cdot sb \cdot sc} & \mathrm{-ca \cdot sc + sa \cdot sb \cdot cc} & \vec{\mathrm{t}} \\ \mathrm{-sb} & \mathrm{cb \cdot sc} & \mathrm{cb \cdot cc} & \\ 0 & 0 & 0 & 1 \end{bmatrix}$$

ABB (4)

$$R_{ABB} = \begin{bmatrix} 1 - 2(q_2^2 + q_3^2) & -2q_0q_3 + 2q_1q_2 & 2q_0q_2 + 2q_1q_3 & \\ 2q_0q_3 + 2q_1q_2 & 1 - 2(q_1^2 + q_3^2) & -2q_0q_1 + 2q_2q_3 & \vec{t} \\ -2q_0q_2 + 2q_1q_3 & 2q_0q_1 + 2q_2q_3 & 1 - 2(q_1^2 + q_2^2) & \\ 0 & 0 & 0 & 1 \end{bmatrix}$$

Reis (5)

$$R_{Reis} = \begin{bmatrix} r_{11} & & r_{13} & \\ r_{21} & -\begin{bmatrix} r_{11} \\ r_{21} \\ r_{31} \end{bmatrix} \times \begin{bmatrix} r_{13} \\ r_{23} \\ r_{33} \end{bmatrix} & r_{23} & \vec{t} \\ r_{31} & & r_{33} & \\ 0 & 0 & 0 & 1 \end{bmatrix}$$

Basis von M nach N $_{M}P = {}^{N}_{M}B \cdot {}_{N}P$ (6)

Werkzeug von N nach M $_{M}P = {}_{N}P \cdot {}^{M}_{N}T$ (7)

$K_{Notation}$	Koordinaten in Roboternotation
x, y, z	Translation $\vec{t}$
a, b, c	Rotationen um ZY'X" in Kuka Notation
w, p, r	Rotationen um XYZ in Fanuc Notation
q_0, q_1, q_2, q_3	Rotation als Quaternion mit Realteil an Stelle 0
r_{mn}	Eintrag in Rotationsmatrix R in Zeile m und Spalte n
${}_N P$	Pose im System N
${}^N_M B, {}^M_N T$	Basis und Werkzeug von System N nach M

Um homogene Koordinaten in die Kuka Notation zu überführen, muss das System aus Gleichungen aufgelöst werden (8). Alternativ kann die Lösung numerisch bestimmt werden, was aber keinen Vorteil bringt. Ausgehend von der Kuka Funktion RPY_TO_MAT (Kuka, 1999) werden in (8) die Fallunterscheidungen für den Fall B≈±90° eingeführt, bei dem eine Singularität in der Kuka Notation der Eulerwinkel auftritt. Die Matrixdarstellung weist die Singularität nicht auf, weshalb auch auf andere Notationen gewechselt werden kann. Mit numerischer Genauigkeit entspricht die Ausführung von (3) gefolgt von (8) der ursprünglichen Koordinatenangabe K.

$$P = \begin{bmatrix} r_{11} & r_{12} & r_{13} & x \\ r_{21} & r_{22} & r_{23} & y \\ r_{31} & r_{32} & r_{33} & z \\ 0 & 0 & 0 & 1 \end{bmatrix} \quad norm = \sqrt{r_{11}{}^2 + r_{21}{}^2} \tag{8}$$

<table>
<tr><td>$norm > 1e-5$</td><td></td></tr>
<tr><td>$sa = \frac{r_{21}}{norm} \quad ca = \frac{r_{11}}{norm}$

$a = atan2(sa, ca)$

$b = atan2(r_{31}, ca \cdot r_{11} + sa \cdot r_{21})$

$c = atan2(sa \cdot r_{13} - ca \cdot r_{23}, sa \cdot r_{12} + ca \cdot r_{22})$</td><td>$a = 0$

$b = atan2(r_{31}, norm)$
<table><tr><td>$b > 0$</td><td>$c = atan2(r_{12}, r_{22})$</td></tr><tr><td></td><td>$c = -atan2(r_{12}, r_{22})$</td></tr></table></td></tr>
</table>

P	Pose
x, y, z	Translation
a, b, c	Rotationen um ZY'X" in Kuka Notation
r_{mn}	Eintrag in Rotationsmatrix in Zeile m und Spalte n
$atan2$	Vier-Quadranten-Form des Arkustangens

Basis- und Werkzeugkorrektur

Industrielle Roboter verfügen über Funktionen zur Bestimmung von Basen und Werkzeugen. Bei einer Methode zur Bestimmung der Werkzeugverschiebung von der Roboterschnittstelle zum Werkzeug wird mit einer Spitze des Werkzeugs ein Punkt im Arbeitsbereich des Roboters aus mindestens vier Richtungen angefahren. Dabei müssen die Orientierungen lineare Unabhängigkeit sicherstellen, um eine eindeutige Minimierung zu ermöglichen. Die Hand-Auge-Kalibrierung wird z.B. in (Haroud & Dornaika, 1995) und (Andreff, et al., 2001) hergeleitet. Nachdem die Verschiebung des Werkzeugs relativ zur Roboterschnittstelle bestimmt ist, wird durch Abtasten mit einer Kante des Werkzeugs die Arbeitsrichtung und damit Drehung des Werkzeugs zugeordnet (Kuka, 2008).

Nach (Haroud & Dornaika, 1995) sind für ein System aus Roboter mit Sensor und Werkstück Gleichungen aufzustellen, die in der Form AX=XB darstellbar sind. Hierbei stellt X die Transformation vom Roboter zum Sensor dar (also die gesuchte Kalibrierung), A die Bewegung des Roboters von einem Startpunkt zu einem Zielpunkt dar. B beschreibt die gemessene Bewegung des Werkstücks relativ zum Sensor, ohne das sich das Werkstück bewegt. Die Struktur von X, welche eine Drehung und Verschiebung beschreibt, formuliert eine numerische Lösung des Problems (Park & Martin, 1994). Diese ist an mehrere Bedingungen geknüpft (Haroud & Dornaika, 1995).

In dieser Arbeit wird die Hand-Auge-Kalibrierung numerisch durchgeführt, was aufwändiger aber universeller und flexibler für die Bearbeitung der Aufgabenstellungen ist. Durch die Darstellung von Posen in Kuka Notation lässt sich eine minimale Beschreibung erreichen, die an den Arbeitspunkten gut konditioniert ist. Die Bestimmung des Werkzeugs W wird in diesem Verfahren durch mehrere Bewegungen des Roboters (R_m) ermöglicht. Zusammen mit dem Messergebnis des Sensors (C_m) zeigen die Posen auf die Koordinaten eines Merkmals im Raum (P_W). Als Fehlerfunktion der numerischen Optimierung wird eine Einheitsmatrix verwendet, dessen Einträge der Kuka Notation minimiert werden. Als Startwerte werden Basis und Tool der Steuerung verwendet. Ergebnis der numerischen Minimierung ist die Position des Markers im Raum W und die Transformation vom Roboter zum Sensor X. Die Skalierung zwischen Messsystem und Roboter ist folgendermaßen zu berechnen:

$$P_W = R_m \cdot {}^C_R W \cdot C_{ms} \qquad \text{mit} \quad C_{ms} = \begin{bmatrix} 1+s & 0 & 0 & 0 \\ 0 & 1+s & 0 & 0 \\ 0 & 0 & 1+s & 0 \\ 0 & 0 & 0 & 1 \end{bmatrix} \cdot C_m \tag{9}$$

$$f(P_W, {}^C_R W, s) = \sqrt{\sum_m (\|(P_W)^{-1} R_m \cdot {}^C_R W \cdot C_{ms}\|)^2} \rightarrow min \tag{10}$$

P_W Werkstückpose
R_m Roboterpose bei der Messung m
C_m Messwert bei der Messung m
${}^C_R W$ Werkzeug von Roboter R zu Sensor C
s Skalierung

Mittelwertbildung und Interpolation

Die Quaternion Darstellung (genutzt von ABB) hat den Vorteil numerisch stabiler linearer (11) und sphärischer (12) Interpolation. Die sphärische Interpolation ist aufgrund der gleichförmigen Geschwindigkeitsprofile zu bevorzugen. Quaternionen sind für Interpolationsverfahren gegenüber Rotationsmatrizen oder Euler-Darstellungen zu bevorzugen (Dam, et al., 1998). Weiterhin realisieren Quaternionen die Mittelung von Orientierungen, indem die Vektorform der Quaternionen in einer Hilfsmatrix summiert wird. Der Eigenvektor zum größten Eigenwert definiert die gemittelte Orientierung (13). Im Gegensatz zur einfachen Mittelung der Quaternion-Werte behält diese Methode die Einheitslänge bei. Ebenso weist sie keine Probleme mit der Dualität der Quaternionen auf und mittelt die Orientierungen mathematisch korrekt (Markley, et al., 2007).

$$Lerp(q_n, q_{n+1}, h) = q_n(1-h) + q_n h \tag{11}$$

$$Slerp(q_n, q_{n+1}, h) = q_n((q_{n+1})^* q_n)^h \tag{12}$$

$$M \triangleq \sum_n w_n \, q_n \, {q_n}^T \tag{13}$$

$$\bar{q} = \arg \max_{q \in S^3} q^T M \, q$$

Lerp	Lineare Quaternion Interpolation
Slerp	Sphärische Quaternion Interpolation
q_n	Einheitsquaternion zum Zeitpunkt n
h	Interpolationswert im Intervall 0 (Zeitpunkt n) bis 1 $(n+1)$
$(\ )^*$	Komplex konjugiert
$(\ )^T$	Transponiert
M	Hilfsmatrix
w_n	Gewichtung der Orientierung zum Zeitpunkt n
$\bar{q}$	Gemittelter Quaternion
arg max	Maximierung im Einheitskugel-Raum durch Bestimmung des Eigenvektors mit der Länge 1 zum größten Eigenwert

3.4 Zeitliche Synchronisierung

Die zeitliche Synchronisierung verteilter Systeme stellt eine Grundaufgabe für physikalische und informationstechnische Untersuchungen dar. Folgende Überlegungen zur Referenzierung von Uhren existieren:

- Definition der Gleichzeitigkeit in der speziellen Relativitätstheorie (Einstein, 1905) mit der daraus abgeleiteten Eigenschaften der Zeitmessung mittels GPS mit einer Unsicherheit kleiner als fünf Nanosekunden (Lombardi, et al., 2001)
- Absichern der koordinierten Weltzeit in einem weltweiten Netzwerk (BIPM, 2015) mit einer Übereinstimmung von unter 10 Nanosekunden (PTB, 2016).
- Die koordinierte Weltzeit ist über das Network Time Protocol (NTP) mit einer Unsicherheit unter 30 Millisekunden (Mills, 1991) abzurufen und über eine Mittelung als Referenzuhr zu verwenden.

- Die Referenzuhr in einem lokalen Netz synchronisiert über NTP Rechnern auf 10-20 Mikrosekunden für Einzelmessungen. Durch Mittelung ist ein Unsicherheitsbereich von einer Mikrosekunde zu realisieren (Novick & Lombardi, 2015) (Pásztor & Veitch, 2002). Allerdings induziert die Netzwerktopologie Unsicherheiten bis mehrere Millisekunden.
- Durch Implementierung der Synchronisationsmechanismen in der Hardware mittels Precision Time Protocol (PTP) wird die Unsicherheit minimiert (IEC/IEEE, 2009) und auf 20 Nanosekunden ermöglicht (Neagoe & Cristea, 2006).

Theoretische Grundlagen zur Synchronisation von Uhren mittels Masteruhren (Christian, 1989) oder über verteilte Uhren (Gusella & Zatti, 1989) gehen zurück in die Zeit des Aufkommens von dezentraler Verteilung der Rechenleistung und der damit einhergehenden Synchronisationsnotwendigkeit.

Eine absolute Synchronisierung der Uhren aller Systeme eines Montagesystems ist bei aktuellem Stand der Technik nicht möglich. Die informationstechnischen Voraussetzungen sind über PTP (IEC/IEEE, 2009) vorhanden, allerdings in den Industrierobotern und Messsystemen nicht implementiert. Die zeitliche Synchronisation der Messungen innerhalb eines Montagesystems kann folgendermaßen erreicht werden (Hennes, et al., 2014):

- Auffassung der Signale als Messdaten
- Taktgesteuerte, ereignisorientierte oder ereignisgesteuerte Registrierung
- Triggerbasierte, taktbasierte oder numerische Synchronisation.

Dabei kommen Verfahren mit linearen, phasenraumbasierten oder deterministischen/vorhersagebasierten Methoden (Kantz & Schreiber, 2004) zum Einsatz. Je nach Aufgabenstellung stellen diese selbstreferenzielle Module in GRS dar.

Statische Zeitbetrachtung

Statische Zustände erfordern keine zeitliche Synchronisation. Die Aufgabe reduziert sich auf das Zuordnen von Messwerten unterschiedlicher Systeme. Beim Aufnehmen von Messwerten im Stillstand für die Referenzierung wird die Bewegung in allen Signalen auf Plausibilität untersucht (z.B. Abfolge von Stillständen, Distanzen zwischen Punkten). Die erkannten Stillstände sind zuzuordnen. Dies entkoppelt die Datenaufnahme von der Ausführung von Montageprogrammen. Beim Punktschweißen wird z.B. eine erweiterte Logik in den Roboterprogrammen programmiert. Orthogonal zu einer Roboterbahn und beim Anfahren von Punkten ist der Roboter als quasistatisch und Abweichungen stationär anzunehmen. Ein weiterer Fall von statischen Zuständen entsteht bei kooperierenden Roboterbewegungen mit einzelnen Messsystemen wie z.B. dem iGPS, wodurch Abweichungen statisch sind.

Schätzung von Totzeiten durch Signalverschiebung

Bei der Regelung von Robotern entlang von Bewegungen ist eine zeitliche Synchronisierung notwendig. Bei einer Geschwindigkeit von 100 mm/s führt eine Zeitabweichung von 1 ms zu einer Positionsabweichung von 0,1 mm entlang der Trajektorie, typische Zeitabweichungen liegen in der Größenordnung 20 ms und verursachen einen Fehler von 2 mm. Bei beschleunigten Bahnen tritt zusätzlich eine Bahnabweichung z.B. bei 20 ms Verzögerung bei 10 g in Höhe von 2 mm auf. Ein trigger- oder taktbasiertes Verfahren ist aufgrund von unvollständigen Modellen bezüglich des zeitlichen Verhaltens insbesondere für Roboter nicht zielführend, da die Systeme eine relativ hohe Totzeit aufweisen und zeitgestempelte Posedaten aus dem Zustandsraum eine höhere Präzision aufweisen. Die Synchronisierung in Bewegung wird in dieser Arbeit durch ein Beobachtersystem bestehend aus Ringpuffern implementiert. Die Signale der Messsysteme und Roboter werden linear interpoliert. Die Signale werden auf eine gemeinsame Zeitbasis verschoben (Abb. 3-3). Aus Sicht des Regelkreises ergibt sich die Totzeit der Messungen aus der Funktion der Signalerfassung und -aufbereitung. Die Totzeit wird für die Sollpose virtuell eingefügt. Diese erlaubt eine Synchronisierung der Uhren über mehrere Stunden bezüglich der Gangabweichungen (Lamers, 2011). Für das Bestimmen der Totzeit für die Sollpose und der Gangabweichungen stellen unabhängige Beobachter als Weiterentwicklung ihre Ergebnisse zur Bestimmung der Regelabweichung zur Verfügung (Richter, et al., 2012).

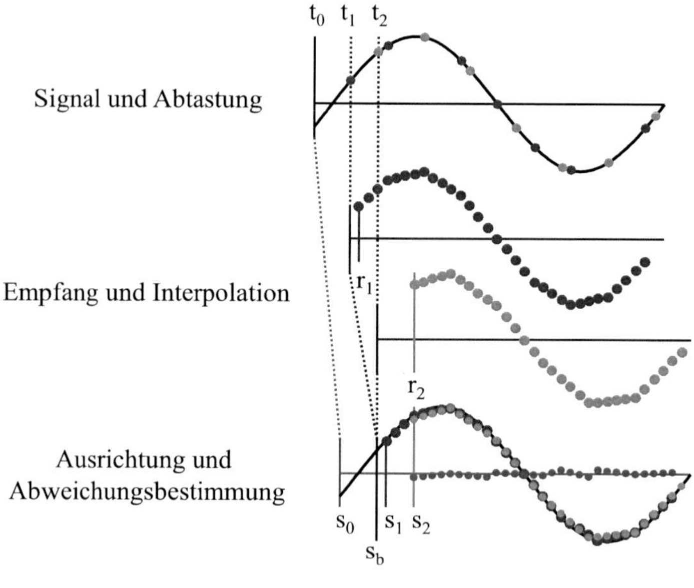

Abb. 3-3: Zeitsynchronisierung analog zu **(Demeester, et al., 2011)**

Die zeitlichen Beziehungen zwischen den Ausgangssignalen, Abtastzeiten und dem synchronisierten Signal sind in (14) zusammengefasst. Bei dem beschriebenen Vorgehen bestimmt das System mit der längsten Verzögerung die virtuelle Totzeit T_0 zum Synchronisieren der Signale. Dementsprechend muss die Bezugszeit s_b korrigiert werden und die Beobachtung startet zum Zeitpunkt $\max_n s_n$ des Eintreffens der Werte vom System mit der längsten Verzögerung. Durch die Betrachtung der Signale unabhängig von ihrer Quelle werden allgemeine Zusammenhänge betrachtet. Im von (Demeester, et al., 2011) betrachteten Fall der Regelung eines Roboters mit iGPS entspricht das Signal 0 der aus der Bahnberechnung abgeleiteten Sollbahn und das Signal 1 der interpolierten über das RSI zur Verfügung gestellten Istbahn. Die Zeit $t_1 - t_0$ ist dem Robotersystem zuzuordnen, was bei rückgeführten Regelwerten als weitere Totzeit auftritt.

$$t_n - t_0 = s_n - s_0 \tag{14}$$

$$T_n = r_n - t_n = s_n - s_b$$

$$T_0 = s_b - s_0 \geq \max_n T_n$$

t_n	Abtastzeitpunkt vom System n
t_0	Signalzeit 0
s_n	Synchronisierter Zeitpunkt vom System n
s_0	Synchronisierte Signalzeit 0
T_n	Totzeit vom System n
r_n	Empfangszeitpunkt vom System n
s_b	Bezugszeitpunkt für Synchronisation
T_0	Totzeit zwischen Signal und synchronisierten Signal

Die zeitlichen Beziehungen der Signale zueinander in (14) sind systembedingt sind. Weitere Berechnungsmethoden stehen zur Bestimmung von Abweichungen zwischen verzögerten Signalen zur Verfügung. Über Interpolationsmethoden (Meijering, 2002) werden die Messwerte an den Stützstellen der Sollsignale abgebildet. Dieses Vorgehen definiert ein Signal als Referenzsignal und bezieht weitere Signale auf dieses. In dieser Arbeit wird die lineare Interpolation angewendet (15), da so die Funktionalität abgedeckt wird. Erweiterte Interpolationsmethoden erhöhen die Robustheit industrieller Anwendungen. Eine weitere genutzte Möglichkeit der Interpolation stellt die Bestimmung der Hauptfrequenzen über eine Fouriertransformation dar. Die Hauptfrequenzen ordnet sowohl die Abweichung der Signale untereinander und deren zeitliche Verzögerung über die Phasenlage der Signale zu.

$$x_t = x_n + (x_{n+1} - x_n) \cdot \frac{t_t - t_n}{t_{n+1} - t_n} \tag{15}$$

x_t Signalwert zum Zeitpunkt t
x_n Vorgehender Signalwert in der Zuordnungsspanne n
x_{n+1} Nachfolgender Signalwert in der Zuordnungsspanne n+1
t_t Zeitpunkt t
t_n Start der Empfangsspanne n
t_{n+1} Ende der Empfangsspanne n+1

Erweiterte Bestimmung von Verzögerungen

Die Bestimmung der Totzeit für die Verzögerung wird über eigenständige Beobachter bestimmt (Richter, et al., 2012). Je nach Signalart und Anwendungsfall wenden diese verschiedene Methoden an (Björklund, 2003). In dieser Arbeit wird ein Verschieben der interpolierten Signale in einem Auswertefenster für die Bestimmung der Totzeit angelehnt an Woodys Methode (Woody, 1967) über die Kreuzkorrelation angewendet. Die Totzeitbestimmung wird dadurch auf den Interpolationstakt begrenzt, der Rechenaufwand und Speicherbedarf sind erhöht. Erweiterte Verfahren nutzen für die präzisere Verzögerung:

- Impulsbetrachtungen
- Kreuzkorrelation
- Phasenraumbetrachtungen

Insbesondere Maximum-Likelihood-Verfahren stellen minimale Varianz sicher (Carter, 1976). Stabile Uhren führen zur Linearisierung die Bestimmung der Totzeit mit der Annahme von Uhren mit statischem Drift. Probleme entstehen bei fehlenden oder nicht eindeutig zuordnenbaren Zeitstempeln z. B. bei:

- Asynchronem Zugriff auf Bahndaten mit Sprüngen im Interpolationstakt
- Überlaufenden Auslesepuffern von getriggerten Messsystemen
- Automatisch synchronisierten Uhren ohne Benachrichtigung in der Auswertekette

3.5 Datenspeicherung

Die Daten im Kommunikationsnetz müssen für die Einbringung in GRS von Zulieferern bereitgestellt werden. Für die Auswertung, Archivierung und Dokumentation ist Speichern notwendig. Dazu werden Reports mit verdichteten Informationen erstellt und über Papier,

PDF (Adobe, 2008) oder Web-/Datenbanksysteme dem Anlagenbediener zur Verfügung gestellt. Prozesse sind zu analysieren und zu überwachen. Die Maschinen-, Bauteil-, Messsystem- und Prozessinformationen ermöglichen den Aufbau von Wissen über Kerneigenschaften für folgende Bereiche:

- Planung
- Anlauf
- Optimierung
- Absicherung der Prozesse.

Für diese Auswertungen werden Tools eingesetzt, welche meist keine direkten Schnittstellen zu den Komponenten einer Montageanlage oder den Planungs- oder Qualitätssicherungssystemen haben. Die Übertragung erfolgt über strukturierte Dateien. Messsysteme bestehen aus Untersystemen, welche in einheitlichen Datenstrukturen kalibriert werden. Ergebnisse werden für den Datenaustausch und die Archivierung inklusive von Anhängen im PDF-Format für Archivierung (ISO, 2012) gespeichert.

Textbasierte Formate

Für die Speicherung von Daten bieten sich durch die Zusammenarbeit von Mensch und Maschine strukturierte text- oder XML-basierte (W3C, 2015) Speicherformate an. Diese werden vom Entwickler oder Analysten eingesehen und angepasst. Dabei ist darauf zu achten, dass z. B. XML-Dateien für Bediener lesbar sind. Maschinenerstelltes XML ist häufig komplex. Tab. 3-1 zeigt den von LabVIEW 2014 serialisierten und den für das GRS aufbereiteten String. Nach dem Editieren wird er wieder auf das Element in LabVIEW zurückgespielt; die Informationen sind identisch. Von Menschen lesbare XML-Dateien bieten sich vor allem für das Speichern von Kalibrierdaten an. So sind die Informationen strukturiert einsehbar und bestehen nicht aus einer Reihe von Zahlen. Durch die Verwendung von Stylesheets ist es möglich, eine automatische Verarbeitung der Daten über Programmgrenzen hinweg zu realisieren. Eine ähnliche Funktion bieten Initialisierungsdateien (Microsoft, 2016) oder das „JavaScript Object Notation“-Format (ECMA, 2013).

Tab. 3-1: XML-, JSON- und CSV-Darstellung von einem Frame in Kuka Notation

LabVIEW XML-Schema

```
<Cluster>
  <Name>Frame</Name>
  <NumElts>4</NumElts>
  <String>
    <Name>FrameName</Name>
    <Val>LeicaTracker</Val>
  </String>
  <DBL>
    <Name>Error</Name>
    <Val>2.920974E-2</Val>
  </DBL>
  <U64>
    <Name>TimeStamp</Name>
    <Val>152510</Val>
  </U64>
  <Cluster>
    <Name>EulerABC</Name>
    <NumElts>6</NumElts>
    <DBL>
      <Name>X</Name>
      <Val>0.0</Val>
    </DBL>
    <DBL>
      <Name>Y</Name>
      <Val>0.0</Val>
    </DBL>
    <DBL>
      <Name>Z</Name>
      <Val>0.0</Val>
    </DBL>
    <DBL>
      <Name>A</Name>
      <Val>0.0</Val>
    </DBL>
    <DBL>
      <Name>B</Name>
      <Val>0.0</Val>
    </DBL>
    <DBL>
      <Name>C</Name>
      <Val>0.0</Val>
    </DBL>
  </Cluster>
</Cluster>
```

GRS XML-Schema

```
<Frame type="Cluster" numElts="4">
  <FrameName type="String">LeicaTracker</FrameName>
  <Error type="DBL">2.920974E-2</Error>
  <TimeStamp type="U64">152510</TimeStamp>
  <EulerABC type="Cluster" numElts="6">
    <X type="DBL">0.0</X>
    <Y type="DBL">0.0</Y>
    <Z type="DBL">0.0</Z>
    <A type="DBL">0.0</A>
    <B type="DBL">0.0</B>
    <C type="DBL">0.0</C>
  </EulerABC>
</Frame>
```

System.XML.Serialization.XMLSerializer XML-Shema

```
<Frame xmlns:xsi="http://www.w3.org/2001/XMLSchema-instance"
       xmlns:xsd="http://www.w3.org/2001/XMLSchema">
   <FrameName xsi:type="xsd:string">LeicaTracker</FrameName>
   <Error xsi:type="xsd:double">0.0292097</Error>
   <TimeStamp xsi:type="xsd:unsignedLong">152510</TimeStamp>
   <EulerABC>
       <X xsi:type="xsd:double">0</X>
       <Y xsi:type="xsd:double">0</Y>
       <Z xsi:type="xsd:double">0</Z>
       <A xsi:type="xsd:double">0</A>
       <B xsi:type="xsd:double">0</B>
       <C xsi:type="xsd:double">0</C>
   </EulerABC>
</Frame>
```

JSON

```
{
    "FrameName":"LeicaTracker",
    "Error":0.029209740000000001,
    "TimeStamp":152510,
    "EulerABC":
    {
        "X":0,
        "Y":0,
        "Z":0,
        "A":0,
        "B":0,
        "C":0
    }
}
```

CSV-Datei

```
Name; Error; TimeStamp; X; Y; Z; A; B; C
LeicaTracker; 0.02920974; 152510; 0.0; 0.0; 0.0; 0.0; 0.0; 0.0
```

Zum Austausch von Daten über Programmgrenzen hinweg werden für Mess- und Programmierdaten Textdateien verwendet, welche die Informationen durch Trennzeichen getrennt in Zeilen schreiben (CSV - Comma separated Values) und optional über einen Kopfteil weitere Informationen bereitstellen. CSV-Dateien sind von Menschen und Maschinen gleichermaßen lesbar. Sie werden von Mess- und Auswerteprogrammen im Regelfall gelesen und verarbeitet. Durch unterschiedlich Trennzeichen und Lokalisierungen der Zahlenrepräsentation entstehen bei der Anwendung von CSV-Dateien Probleme bei der Interpretation der Daten, was z.B. in Tab. 3-1 gezeigt wird:

- Semikolon/Leerzeichen als Trennzeichen
- Punkt als Dezimalzeichen
- Nutzung der ersten Zeile für die Benennung der Datenfelder

Die Beispiele (Tab. 3-1) zeigen die in GRS umgesetzten Maßnahmen zur Bereitstellung von Daten entlang der Prozessketten und über Programmgrenzen hinweg auf. Im GRS werden Daten in der Lokalisierung „en-US" (Phillips & Davis, 2009) formatiert, da diese die größte Verbreitung in den Komponenten und der Software von Montageanlagen haben. Über das Semikolon mit anschließendem Leerzeichen als Trennzeichen wird sichergestellt, dass bei Verwechslungen der Lokalisierung die Daten durch Such-und-Ersetz-Methoden das Format anzupassen ist. Zusätzlich erfolgt durch die Benennung der Spalten eine Zuordnung von Daten, auch wenn in verschiedenen Versionen zusätzliche Informationen aufgenommen werden oder Umstrukturierungen stattfinden.

Binäre Formate

Bei hochfrequenten oder datenintensiven Rohsignalen ist eine Speicherung in einem binären Format effizient. Dies gilt insbesondere für Kamerabilder, welche in einem Standardformat abgespeichert werden wie z.B.:

- Tagged Image File Format (image/TIFF, nicht-verlustbehaftet, unkomprimiert),
- Portable Network Graphics (image/PNG, nicht-verlustbehaftet, komprimiert)
- JPEG File Interchange Format (JFIF, image/jpeg, meist verlustbehaftet, komprimiert)

So stehen diese auch direkt visuellen Anzeigetools zur Verfügung. Abzuwägen ist bei Rohsignalen, inwieweit eine direkte binäre Speicherung („Raw") effizient ist, oder durch ein strukturiertes textbasiertes Format mit einer anschließenden Komprimierung zu ersetzen ist. Ebenfalls binär gespeichert werden in der überwiegenden Anzahl native CAD- oder Messsoftware-Formate. Auch für Planungsdaten existieren textbasierte Formate. Roboterprogramme und Messskripte werden weitgehend textbasiert verarbeitet und vom Roboter oder der Anwendungssoftware in die Ausführungsform kompiliert. Binäre Formate werden im Bereich der Messtechnik und Montage für den Schutz des geistigen Eigentums eingesetzt. Ein Fanuc-Hintergrundprogramm wird kompiliert (PC-Datei) übergeben. Die Quelldatei (Karel-Datei) verbleibt beim Entwickler. Dieses Vorgehen ist bei Fanuc-Bewegungsprogrammen unterbunden, da diese Programme als Listing (LS-Datei) vom Roboter exportiert werden. Nach der Bearbeitung der Textdatei werden sie wieder importiert.

Datenbankbasierte Datenspeicherung

Datenspeicher über mehrere Prozessschritte hinweg bestehen aus Datenbanken mit einer Client/Server-Struktur über eine Datenbankmanagementsoftware. Diese sind an das Intra-

oder Internet für die Informationsübertragung und -verarbeitung angebunden. Datenbanken erlauben das Aufarbeiten, Bereitstellen und Sichern von Daten und bestimmen durch ihre Struktur die abgelegten Informationen. Die Datenformate innerhalb einer Datenbank sind frei konfigurierbar. Durch die Einbindung vieler Komponenten, Zulieferern und Kunden sind sie unflexibel und benötigen einen hohen Planungs- und Inbetriebnahme-Aufwand. Die Montagesysteme nutzen Datenbanken weitgehend zum Einlesen von Informationen von Zulieferern der Prozesse oder zum Ablegen aufbereiteter Daten für nachfolgende Prozessschritte (Kunde) oder die Qualitätssicherung/Dokumentation.

3.6 Informationsaustausch in globalen Referenzsystemen

GRS definieren einen Standard für die Kommunikation. Die Komponenten einer Montageanlage werden befähigt, als modularer Bestandteil mit den Partnern die Abweichungen zwischen der virtuellen Planung und der realen Produktion zu bestimmen, zu bewerten, zu speichern und für die Kompensation zu nutzen. Die Aufgaben beziehen sich je nach Art der Komponenten auf die *Beobachtung der auszuführenden Prozesse* (Kapitel 4), der *Kompensation* (Kapitel 5) oder zur Prozessbeschreibung im GRS. In Kombination mit der Bereitstellung der *Vernetzung* innerhalb der Anlage und der Einbindung von Zulieferern und Kunden stellen GRS den organisatorischen Ordnungsrahmen für selbstreferenzielle Montage dar. Durch die Dokumentation und Standardisierung der Kommunikation werden ebenfalls die Arbeiten der Fach- und Wissensbereiche gefördert. Automatisierungspotenziale für Wandel werden aufgedeckt und erschließbar. Die Methoden können in die Komponenten eingebunden werden. Bei heutigem Stand der Technik ist die Einbindung selbstreferenzieller Module auf eigenständigen Rechnern notwendig. Diese stellen die benötigte Rechenleistung und Kommunikationsschnittstellen bereit.

4. Perzeption von Montageabweichungen

Mit der Kommunikation als Grundlage sind Montagesysteme in der Lage, ideales Verhalten zu synchronisieren und interaktiv Prozesse auszuführen. Die idealisierte Planung wird im realen Prozess durch Abweichungen beeinflusst. Durch GRS (Demeester, et al., 2011) werden interagierende Montageprozesse analog zum Austauschbau als unmittelbare Folge der einheitlichen Meterkonvention und dem Aufbau von Kalibrierdienstleistungen (Quinn & Kovalevski, 2005) möglich. Eine Information über Abweichungen unterstützt die interagierende Ausführung, stellt also die „Paarung" sicher. Im Bereich der Fertigungsmesstechnik werden das Prüfen von Merkmalen (Pfeifer & Schmitt, 2010) und Gerätetechnik entwickelt (Peggs, et al., 2009) (Weckenmann, 2012). Weiterentwicklungen in der Fertigungsmesstechnik sollen diese schneller, genauer, sicherer und flexibler gestalten (Imkamp, et al., 2012). Entwicklungen der Gerätetechnik ersetzen z.B. mechanische optische Gitter durch interferometrische Verfahren, reduzieren die Fehleraddition mechanischer Achsen durch direkte Messungen und implementieren Rückführbarkeitsstrategien (Gao, et al., 2015) unter Berücksichtigung der Messunsicherheit (JCGM, 2008).

Die Perzeptionsmechanismen von Menschen und Montageroboter erfassen ein subjektives Abbild der Welt ohne Kenntnis des wahren Zustands. Der wahre Zustand wird im Gegensatz dazu von der idealisierten Planung definiert wird. Roboter schätzen mit Encodern der Antriebseinheiten die Position ihres Flansches, für den eine Bewegung definiert ist. Je nach Modell werden folgende Einflüsse bei der Schätzung berücksichtigt:

- Elastizität
- Thermische Zustände
- Prozesskrafteinflüsse
- Bauteiltoleranzen

Beim manuellen Einrichten werden diese Einflüsse vom Menschen qualitativ geschätzt und Anpassungen durchgeführt. Die Messung und Beschreibung der Prozessabweichung liefert eine quantitative Datengrundlage für statistische Methoden, welche ohne manuellen Eingriff funktionieren. Die Verarbeitung von Informationen findet im vierdimensionalen Beschreibungsraum (Whitehead, 1919) statt. Dies setzt die Erfassung von Abweichung (Perzeption) zur idealisierten Planung voraus. Die eingesetzten Messsysteme untergliedern sich nach Art der Referenzierung:

- *Globale Sensorik (Kapitel 4.1)* Selbstständige Referenzierung
- *Lokale Sensorik (Kapitel 4.2)* Externe Referenzierung

Die Fähigkeiten der Sensorik definiert die *Beobachtbarkeit selbstreferenzieller Montage (Kapitel 4.3)* als Informationsgrundlage für die Kompensation.

4.1 Wahrnehmung durch globale Sensorik

Die Wahrnehmung von großen Strukturen stellt Messtechnik vor Herausforderungen durch atmosphärische Effekte und der Zuordnung von Messungen zu Merkmalen (Puttock, 1978), die durch LVM beschrieben werden. Die folgenden Entwicklungen erhöhen die Eignung von LVM für die Produktion:

- Weiterentwicklungen der Gerätetechnik (Estler, et al., 2002),
- Einführung neuer Messprinzipien (Schwenke, et al., 2002),
- Kombination von Messsystemen (Peggs, et al., 2009) und
- Messsystemauswahl anhand Messmerkmalsanforderungen (Muelaner, et al., 2010)

Bei verteilten stehen im Vergleich zu zentralisierten Systemen die Anpassung des Messvolumens, Online-Diagnose und integrierte Schätzung der Performance-Indikatoren im Vordergrund (Franceschini, et al., 2011). Der Einsatz in der Produktion ist ein Treiber der technologischen Entwicklung, stellt aber meist nicht die Kernanwendung dar (Mautz, 2012) und begrenzt die industrielle Reife. Die Mehrzahl wissenschaftlicher Arbeiten fokussiert auf günstige LVM, wodurch präzise und für industrielle Anwendungen geeignete Systeme im Einflussbereich der Hersteller entwickelt werden (Franceschini & Maisano, 2014). Entwicklungen werden auch von Endanwendern oder Systemintegratoren in Partnerschaften induziert (Schönberg & Wehn, 2016).

Die zunehmende Vernetzung der Montage, die kooperierende oder konkurrierende Fusion der Messungen (Franceschini, et al., 2016) und die Referenzierung (Demeester, et al., 2011) sollte physikalische Grundprinzipien nutzen (Gao, et al., 2015). Die kooperierende Fusion benötigt die Unsicherheitsbeiträge für Länge, Winkel und Antaststrategie (berührend/nicht berührend), was ebenfalls als Unterscheidungskriterium für Systeme der LVM dient (Tab. 4-1).

Tab. 4-1: Einordnung der untersuchten globalen Sensorik

	Messung	**Berührend**	**Nicht-berührend**	**Kapitel**
Sphärisch	2 Winkel 1 Länge	Lasertracker Mehrkanalinterferometer	Laserradar Laserscanner Fotomischdetektor	4.1.1
Multilateration	Längen	Frequenzscannende Interferometer Ultraschall/-breitband Trackinginterferometer		4.1.2
Multiangulation	Winkel	Kamerabasierte Systeme Automatische Theodolite	Kamerabasierte Systeme Projektionsbasierte Systeme	4.1.3

4.1.1 Zentralisierte sphärische Systeme

Zentralisierte Systeme messen mit einem integrierten Gerät in Kugelkoordinaten z.B. in der Konvention von der Software Matlab (16). Diese beschreiben Linien zwischen Messsystem-Ursprung und Messobjekt eines Empfängers (berührend) oder der Bauteiloberflächen (nicht-berührend). Zur Transformation von Punkten in Kugelkoordinaten werden Winkel und Längen mathematisch bestimmt (17). Die Bestimmung der Punktunsicherheit erfolgt über direkte oder Monte-Carlo-basierte Methoden.

$$\begin{bmatrix} x \\ y \\ z \end{bmatrix} = d \begin{bmatrix} \sin az \cdot \cos el \\ \cos az \cdot \cos el \\ \sin el \end{bmatrix} \tag{16}$$

$$\begin{aligned} d &= \sqrt{x^2 + y^2 + z^2} \\ az &= atan2(y, x) \\ el &= atan2\left(z, \sqrt{x^2 + y^2}\right) \end{aligned} \tag{17}$$

x, y, z	Linie zwischen Messsystem-Ursprung und Messobjekt
d	Länge der Linie
az	Azimut
el	Elevation
$atan2$	Vier-Quadrant Arcustangens

Das am weitesten verbreitete sphärische Messsystem ist der *Lasertracker*, der mittels Laserstrahl einem Reflektor folgt (berührendes Antasten). *Laserradar* tastet mit einem Laserstrahl berührungslos eine Bauteiloberfläche an ohne zu folgen. *Laserscanner* tasten mit einem bewegten Laserstrahl Flächen ab. *Fotomischdetektoren* nutzen eine feststehende Matrix von Einzelpunkten und *Mehrkanalinterferometer* einzelne Messlinien.

Lasertracker

Lasertracker bestimmen über Absolutdistanzmessung oder Interferometrie die Länge eines umgelenkten Laserstrahls. Das Umlenksystem ist z.B. ein mit Encodern ausgestattetes Spiegelsystem (Leica) oder geführte Glasfasern (Faro). Das Folgen (Tracking) nutzt einen ausgekoppelten Teil der Laserlinie, welcher auf einer Fotodiode abgebildet und zur Strahlnachführung genutzt wird (Cooke, 1977). Durch Messung der Länge des Strahls und der Winkelstellungen des Spiegelsystems wird die Position von Tripelspiegeln oder Glaskörpern bestimmt (Loser, 2001). Spezielle Anordnungen von Empfängern (Brown, 1996) ermöglichen auch das direkte Antasten mittels Tracker (Parker, 2005) allerdings werden meist Werkzeugtransformationen für Taster durch Messung von Posen (Kyle, 2005) verwendet.

- Sequentielle Messungen
- Integration von Orientierungsmesssystemen
    - Kameras am Tracker (Leica T-Produkte)
    - Aktiven Empfänger (API IntelliProbe)
    - Gyroskopen in den Empfängern (API SmartTrack)
    - Datenfusion mit weiteren Lasertrackern oder anderen Systemen.

Lasertracker messen rückgeführt im Austauschbau Toleranzen von Bauteilpaarungen. In den Richtlinien ASME B89.4.19-2006 (ASME, 2006) und VDI/VDE 2617-10 (VDI, 2011) sind Vorgehensweisen zur Bestimmung der Messabweichung beschrieben (Muralikrishnan, et al., 2010) und werden in der ISO 10360-10 (ISO, 2014a) harmonisiert. Der ASME Standard bestimmt die Fehlerbeiträge einzeln anhand des Messmodells (Muralikrishnan, et al., 2009). Die VDI 2617-10 nutzt ein Blackbox-Modell durch eine Messstrategie, die sämtliche Fehlerbeiträge aktiviert. Durch ihre Rolle zur Absicherung des Austauschbaus sind Lasertracker technisch weit entwickelt. Die Kennwerte der Systeme (Tab. 4-2) sind aufgrund der Standards zur Bestimmung der Messunsicherheit vergleichbar oder werden in Testszenarien bestimmt (Muralikrishnan, et al., 2008). Für Lasertracker wird eine Abweichung der Winkel von 20 ppm und für die Längen 1 ppm für interferometrische Messungen und 10 µm + 1 ppm für Messungen mit dem Absolutdistanzmesser angenommen.

Tab. 4-2: Lasertracker Spezifikationen

Produkt / **Parameter**	**Leica AT901-LR**	**Leica AT 930/960**	**Faro Tracker Xi**	**Faro Tracker ION**	**API Tracker 3**	**API Radian**
Arbeitsbereich horizontal	+/- 360°	+/- 360°	+/- 270°	+/- 270°	+/- 320°	+/- 320°
Arbeitsbereich vertikal	+45° bis -45°		+75° bis -50°	+72,5° bis -52,5°	+77° bis -60°	+79° bis -59°
Max. laterale Geschwindigkeit	6 m/s		4 m/s	4 m/s	4 m/s	6 m/s
Messabstand	0-160 m	0-120 m	0-70 m	0-40 m	0-120 m	0-160 m
Max. Winkelgeschwindigkeit	4 m/s		180°/s	180°/s		
Winkelauflösung	0,14"				0,018"	0,018"
Winkelgenauigkeit	15 µm +6 ppm	15 µm +6 ppm	18 µm +3 ppm	20 µm +5 ppm	3,5 ppm	3,5 ppm
Auflösung Interferometer	0,32 µm		0,16 µm	0,16 µm	0,08 µm	0,08 µm
Abweichung IFM	0,5 ppm	0,5 ppm	2 µm +0,4 ppm	4 µm +0,8 ppm	0,5 ppm	0,5 ppm
Auflösung ADM	0,1 µm		0,5 µm	0,5 µm	0,1 µm	0,1 µm
Abweichung ADM	10 µm		10 µm +0,4 ppm	16 µm +0,8 ppm	15 µm / 1,5 ppm	10 µm / 1 ppm
Quelle	(Hexagon MI, 2008)	(Hexagon MI, 2014)	(Faro, 2006)	(Faro, 2013)	(API, 2010)	(API, 2012b)

Die interferometrische Messung teilt den kohärenten Laserstrahl in zwei Lichtwellen auf. Nach Durchlaufen der Referenz- und der Messstrecke entsteht durch Überlagerung ein Interferenzmuster auf dem Detektor. Diese relative Phasenverschiebung liefert keinen Rückschluss auf die absolute Phasenlage und wird über folgende Eigenschaften gesetzt:

- Bekannte Strecke (z.B. zum Vogelbad)
- Absolute Distanzmessung (ADM) mittels Polarisationsmodulation (Loser, 2001)

Das Setzen mittels ADM stellt den Standard dar und ist in Bewegung möglich (Hexagon MI, 2012). Bei geringen Anforderungen an die Längenunsicherheit wird auf die interferometrische Längenmessung verzichtet. Die Erfassung der Steh- und Kippachse der Umlenkung erfolgt mit Winkelgebern. Die folgend Fehlerbeiträge von Lasertrackern werden kompensiert (Muralikrishnan, et al., 2009):

- Exzentrizität
  - Strahlquelle
  - Kippachse
- Neigung des Laserstrahls
- Rechtwinkligkeitsabweichung zwischen Dreh- und Spiegelachse
- Spiegelneigung
- Encoder
  - Exzentrizität
  - Unsicherheit
- Nulllängenfehler

Der Unsicherheitsbeitrag der Kompensationsfaktoren, Antastabweichungen und Refraktionseffekten wird simulativ einer Messung zugeordnet. Weitere Fehlerbeiträge entstehen in Bewegung (Ulrich, 2013).

Reflektoren werden an Bauteilen zum definierten Aufnehmen von Punkten in Magnethalterungen, so genannten Nestern, aufgenommen. Diese nehmen die kugelförmigen Reflektoren in einer Dreipunktlagerung definiert auf und fixieren das geometrische Zentrum. Abweichungen des geometrischen Zentrums und Abweichungen von der Kugelgestalt wirken sich ebenso wie Fertigungstoleranzen der Nester auf die Messung aus. Bei der Anbringung von Nestern und Reflektoren am Roboter müssen diese gegen Verlust bei einem Nothalt und im normalen Betrieb gesichert werden.

Durch die Integration von Kameras am Lasertracker, Gyroskopen im Empfänger sowie Schwerefeldsensoren werden die Punktmessungen von Lasertrackern zu Posen erweitert. Die Integration von taktilen oder berührungslosen Antastsystemen, Scanning-Sensoren oder die direkte Überwachung von Robotern mit rückgeführter Genauigkeit ist möglich. Das Antasten mittels t-Probe und t-Scan der Firma Leica (Hexagon MI, 2008) ermöglicht Messungen von Oberflächenmerkmalen auch ohne direkte Sichtverbindung. Sichtbarkeitsanforderungen werden reduziert und ermöglichen hand- und robotergeführte Systemen mit standardisierten Kennwerten zum Vergleich und der Überprüfung (VDI, 2012).

Laserradar

Beim Laserradar wird ein vom Messobjekt zurückgestreuter Teil von frequenzdreiecksmodulierten Laserstrahlen zur Messung der Länge und Geschwindigkeit genutzt (Slotwinski & Blanckaert, 2007). Über Polarisationssplitter werden die Laserstrahlen in Fasern sowohl in eine Referenzstrecke als auch das das optische System mit einem Scanner (Sebastian, et al., 1994) oder Umlenkspiegeln (Goodwin, et al., 2014) eingekoppelt. Danach treffen sie auf Detektoren und werden über einen digitalen Signalprozessor ausgewertet (Slotwinski, 2006). Durch den Systemaufbau ist die Längenmessung beeinflusst von folgenden Effekten:

- Kohärenzrauschen
- Speckle
- Drift der Referenzlänge
- (Differenzielle) Dopplereffekte bei Bewegung (des Spiegels)

Insbesondere die Kohärenzlänge der Laserdiode bestimmt den Rauschlevel (Economou, et al., 1986). Für das Einmessen stellen spiegelnde Kugeln schnelle und robuste Merkmale dar. Die Signalqualität des Laserradars ist proportional zur Kopplungseffizienz und hängt von mehreren Faktoren ab (Smith, et al., 2015).

- Strahlgröße
- Apertur
- Brennweite
- Kugeldurchmessers-/Abstands
- Polarisation
- Aberration und diffuser Streuung

Im weiteren Verlauf der Arbeit wird für Laserradar eine Winkelabweichung von 6,8 ppm und eine Längenabweichung von 10 µm + 2,5 ppm angenommen (Tab. 4-3).

Tab. 4-3: Laserradar Spezifikationen

Produkt Parameter	Metris (MV260) MV330	Nikon MV331	Nikon MV351 HS
Arbeitsbereich horizontal	+/- 360°	+/- 360°	+/- 360°
Arbeitsbereich vertikal	+45° bis –45°	+45° bis –45°	+45° bis –45°
Messabstand (Radius)	(1-60 m) 1-30 m	1-30 m	1-50 m
Winkelabweichung	6,8 ppm	6,8 ppm	6,8 ppm
Längenabweichung	10 µm + 2,5 ppm	10 µm + 2,5 ppm	10 µm + 2,5 ppm
Abweichung 3d	3,5 µm + 10 ppm	3,5 µm + 10 ppm	3,5 µm + 10 ppm
Scanning	(1000 Pkt./s) 2000 Pkt./s	2000 Pkt./s	2000 Pkt./s
Oberflächenpunkt	(1,0 s)	0,5 s	0,2 s
Reflektierender Tooling Ball (TB)		7,0 s	2,0 s
Lochmessung		20,0 s	2,2 s
Quelle	(Metris, 2007a) (Nikon, 2010)	(Nikon, 2016a)	(Nikon, 2016a)

Aufgrund der berührungslosen Messung bildet Laserradar die Antaststrategien von KMG weitgehend nach. Dies stellte nicht unbedingt die ideale Messstrategie dar, vereinfacht aber die Korrelation. Prinzipiell wird Laserradar in den folgenden Modi betrieben:

1) Scannen einer Oberfläche zur Aufnahme von Punktwolken: Diese werden mit CAD-Geometrien gepaart und zur Bestimmung der Messmerkmale anhand einer Verschiebung genutzt. Der Schnittpunkt des Messstrahls mit der Sollgeometrie (links in Abb. 4-1) führt bei direkten Punktzuordnungen zu einem Parallaxenfehler.
2) Messen von Merkmalen anhand definierter Scans: Die Informationen werden erfasst und das Merkmal direkt berechnet. Gegebenenfalls erhöhen weitere Scans die Genauigkeit. So wird z.B. für die Messung des Oberflächenpunkts (Abb. 4-1 links) neben dem eigentlichen Auftreffpunkt auch die Normale der Oberfläche bestimmt. Die Projektion auf die Sollgeometrie oder den Durchstoßpunkt mit einem Sollvektor stellt das Messmerkmal dar.
3) Messen von spiegelnden Objekten (z.B. Tooling Ball, Abb. 4-1 rechts): Durch Maximieren der Kopplungseffizienz wird der Messstrahl unter Nutzung der internen Logik positioniert. Die Geschwindigkeit und Robustheit wird erhöht. Theoretisch erlaubt dieser Modus auch Tracking.

Durch die bidirektionale Nutzung der Messstrecke kann der Laserstrahl durch Spiegel umgelenkt oder transmittiert messen. Die Änderung des optischen Pfades wird kompensiert.

- Messen durch ein Glasfenster (Hadjimichael, et al., 2010)
- Messen durch eine Scheinwerferscheibe eines Autos (Nikon, 2014a).

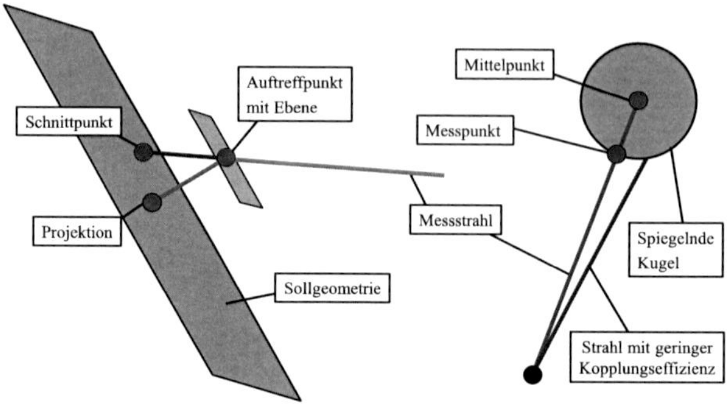

Abb. 4-1: Messen von Oberflächenpunkt und Kugelreflexion für Laserradar

Durch die berührungslose Messung ist Laserradar schnell, vermeidet manuellen Rüstaufwand und misst absolut. Vorteile in Anwendungsszenarien sind:

- Für die Bestimmung der Abweichungen von Reflektoren mit einem Durchmesser von bis zu 13 Metern entfällt das Kleben und Entfernen der Marken für die Anwendung von Fotogrammmetrie (Fratena & Mitchell, 2010).
- Bei der Ausrichtung von Heliostaten für ein Sonnenkraftwerk werden automatisch Kompensationsparameter bestimmt, um die Strahlverteilung am Empfangsturm zu optimieren (Nikon, 2011).
- Für die Ausrichtung von Rumpfsegmenten werden die Fügestellen und Außengeometrie mit Laserradar erfasst und im GRS mit trackingfähiger Messtechnik montiert (Mosqueira, et al., 2012b).
- Im Werkzeug- und Greiferbau wird mit Laserradar ein CAD-Abgleich während des Zusammenbaus dazu genutzt, Einstellarbeiten bei der Inbetriebnahme zu vermeiden und exakte Ersatzgreifer bereitzustellen (Nikon, 2014b).
- Durch flexible Scanpfade sind modellbasiert Abweichungen zu bestimmen (Summers, et al., 2016). Insbesondere durch die zweiseitige Messung bei der Verwendung von Spiegeln wird eine Genauigkeitssteigerung erreicht (Talbot, et al., 2016).

Durch die Positionierung des Laserradar oder Bauteils mittels Roboter, Linearachsen oder Drehtischen kann Sichtbarkeiten sichergestellt werden. Die Inspektion und Inline-Messung von Karosseriebauteilen durch Laserradar als rückgeführter Ersatz von KMG steigert die Messgeschwindigkeit um eine Größenordnung (Nikon, 2016b). In weiteren Ausbaustufen regelt die Integration von Inspektions- und Messaufgaben in der Montagelinie die Qualität.

Laserscanner

Durch die Nutzung von amplitudenbasierten Phasenschiebeverfahren (Peggs, et al., 2009) oder Laufzeitverfahrens (Gao, et al., 2015) erfassen Laserscanner Flächen mit folgenden Eigenschaften (Tab. 4-4) im Vergleich zu Laserradar:

- Geringere Präzision
- Geringeren Kosten,
- Keine wahlfreie Winkeleinstellung
- Große Punkteanzahl

Die Auswertung der Scandaten erfolgt über Kurven-, Oberflächen- oder Punktewolkenverfahren (Teutsch, 2007). Insbesondere durch die Kombination mit fotogrammetrischen Verfahren werden Laserscanner erweitert (Beraldin, 2004). Die Einbindung in GRS erfolgt über die Auswertesoftware. Durch die fehlende wahlfreie Ansteuerung der Winkel wird eine rechnergestützte Auswertung benötigt.

Tab. 4-4: Laserscanner Spezifikationen

Produkt / **Parameter**	**Surphaser 75USR**	**Surphaser 105HSX**	**Leica Scan Station P40**
Typ	Phasenschiebung	Phasenschiebung	Laufzeit
Arbeitsbereich horizontal	360°	360°	360°
Arbeitsbereich vertikal	270°	270°	290°
Messabstand (Radius)	0,25 - 2,5 m	1-110 m	0,4-270 m
Winkelabweichung	120 ppm	70 ppm	40 ppm
Längenabweichung	100 ppm	50 ppm	1,2 mm + 10 ppm
Abweichung 3d			60 ppm
Scanning	208.000 Pkt./s	208.000 Pkt./s - 1 Mio. Pkt./s	1 Mio. Pkt./s
Entfernungsrauschen (RMS, 90 % Reflektivität)	25 µm @ 1 m 70 µm @ 10 m	50 µm @ 10 m 210 µm @ 10m	400 µm @ 10 m 500 µm @ 50 m
Quelle	(Surphaser, 2016b)	(Surphaser, 2016a)	(Leica, 2016)

Fotomischelemente

Über photonische Mischelemente werden modulierte Sender zur Auswertung der relativen Phase und damit der Laufzeit eingesetzt (Schwarte, 1996). Die einzelnen Mischelemente werden als Pixelmatrix in CMOS-Technik ausgeführt (Heinol, 2001). Sie ermöglichen die Bildauswertung unter Einbindung der Helligkeits- als auch der Laufzeitinformationen (Justen, 2001). Die Integration an einen Roboter zeigt die Fähigkeit, Posen zu messen und für die

Lokalisierung einzusetzen (Guðmundsson, 2006). Für die Laufzeitbilder wird eine intelligente Auswertung erfordert. Vorgeschlagen werden folgende Einsatzgebiete:

- Fahrerassistenz (Ringbeck & Hagebeuker, 2007)
- Logistik (Sinnerbrink, 2008)
- Lokalisierung (Kohoutek, et al., 2010).

Durch die Berechnung der Strahllänge für die individuellen Pixel wird das Korrespondenzproblem gelöst und Abschattungen vermieden. Eine aktive Beleuchtung wird benötigt und die Phasenlänge verursacht Mehrdeutigkeiten in der Laufzeit (Hussmann, et al., 2008). Die Winkelauflösung ist aufgrund der Größe eines Pixels gering. Der Rauschanteil von Längen beträgt mehrere Millimetern (Tab. 4-5). Die Extraktion von Merkmalen über Verfahren der Superauflösung (Schuon, et al., 2009) und die Kombination der Tiefenbilder mit hochaufgelösten Kamerabildern zur Rekonstruktion von Objekten inklusive Textur (Langmann, et al., 2011) erhöhen die Fähigkeiten und Einsatzgebiete der Fotomischdetektoren. Für eine Anwendung in der Montage müssen intelligente Auswertealgorithmen entwickelt werden. Im Zusammenspiel mit einer Weiterentwicklung der Sensortechnik stellen diese ein hohes Potenzial für nichtberührende Messverfahren dar.

Tab. 4-5: Fotomischdetektor Spezifikationen

Produkt Parameter	Baumer TZG01	PMDTec CamCube	SwissRanger SR3000
Auflösung	176x144 Px.	160x120 Px.	176x144 Px.
Arbeitsbereich horizontal	43,6°	90°	47,5°
Arbeitsbereich vertikal	34,6°	68°	39,6°
Messabstand (Radius)	0,3 - 5 m	0-2 m	0,3-3 m
Wiederholrate	54 Fps	90 Fps	29 Fps
Entfernungsrauschen (RMS, 70 % Reflektivität)	10 mm	5 mm @ 1,5 m	3 mm @ 0,3 m
Quelle	(Baumer, 2009)	(PMDTec, 2012)	(CSEM, 2006)

Mehrkanalinterferometer

Die Nutzung von frequenzscannenden Interferometern ermöglicht absolute Messungen von Strahlen (Coe, et al., 2004) und bestimmt Verlagerungen von Komponenten zueinander. Durch den Aufbau von Messnetzwerken sind große Strukturen auszurichten (Dale, 2009). Durch den Vergleich von Messstrecken mit Bewegungen von Maschinenachsen werden diese kalibriert (Balsamoa, et al., 2009). Das Prinzip der Definition von Messtrecken im Raum lässt sich auf die Kalibrierung von Robotern übertragen, wenn die Referenzstrecken im Raum positioniert und nachgeführt werden (Schmitt, et al., 2014e). Winkelfehler und Längenfehler des Nachführungssystems wirken dabei auf die Messung ein. Für die absolute Messung ist die Nachführung aber auch aktiv durch den Roboter anhand der Kopplungseffizienz analog zur

Kugelmessung des Laserradars durchführbar. Mit schaltbaren nachgeführten Interferometern (Tab. 4-6) werden Roboter an Positionen ausgerichtet. Bei der Kalibrierung sind zusätzlich zu den Roboterfreiheitsgraden 5 Freiheitsgrade für jeden Kanal vom Interferometer zu bestimmen.

Tab. 4-6: Multiline Spezifikation

Produkt Parameter	Etalon Multiline
Messabstand	0,2 - 20 m
Einkopplungsabstand	0,3 - 5 m
Kanalzahl	8-100
Messrate	500 kHz
Unsicherheit	0,5 ppm
Quelle	(Etalon AG, 2016)

Perzeption mit zentralisierten Systeme

Die überwiegende Anzahl der zentralisierten LVM arbeiten von einem optischen Zentrum aus in einem sphärischen Koordinatensystem. Die Idee eines portablen, einfach zu installierenden Geräts für jeden Einsatzfall hat die Entwicklung zu von Experten bedienten Universalmaschinen getrieben. Beim Einsatz in der selbstreferenziellen Montage stehen für zentralisierte Messsysteme die Verfügbarkeit und Taktzeit im Vordergrund, da aufgrund der hohen Kosten die Anzahl der Systeme klein ist. Die Präzision ist anhand der Marktanforderungen hoch, wobei die Längenunsicherheiten meist kleiner als die Winkelabweichungen sind (Abb. 4-2). Für die weitverbreiteten Lasertracker und Laserscanner existieren erste Standards für die Sicherstellung der Vergleichbarkeit der Systeme. Eine standardisierte Schnittstelle wie bei Industriekameras existiert allerdings nicht.

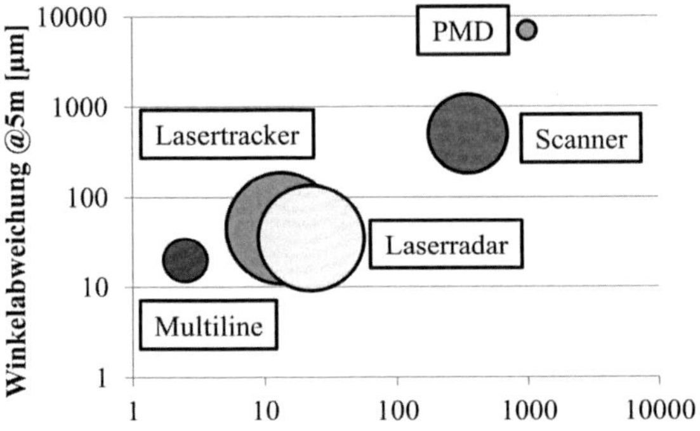

Abb. 4-2: Übersicht zentralisierte Messsysteme

4.1.2 Verteilte Systeme mit Längenmessungen (Multilateration)

Globale Navigationssatellitensysteme stellen ein Netzwerk von Satelliten bereit, welche ein Zeitsignal und Bahndaten senden (Zogg, 2009). Das Zeitsignal vom Navstar-GPS (im Folgenden GPS) synchronisiert Produktionsnetze auf 40 Nanosekunden (USCG, 1996, p. 11.11) genau. Die Signale reichen nicht für die Bestimmung von Posen in einer Montageanlage aus. Die Positionsunsicherheit liegt bei fünf Metern (DoD, 2008), die Orientierung hat eine Unsicherheit von 0,3° (Vertikalachse) und 1,0° (Horizontalachse) bei einer Rate von 20 Hertz (USACE, 2011, p. 4.11). Multilateration ist mit Interferometern in einer Montageanlage zu skalieren (18). Bezogen auf Montageprozesse weisen sie eine ähnliche relative Längenunsicherheit (Schwenke, et al., 2005, p. 2) wie die Signale des GPS im Bezug zum Erdbezugssystem (USACE, 2011, p. 4.18) auf.

$$\text{GPS} \qquad \frac{20m}{20.000km} \Rightarrow 1ppm \tag{18}$$

$$\text{Lasertracer} \qquad \frac{0{,}3\mu m + L * 0{,}5 * 10^{-6}}{L} \xRightarrow{L=1m} \frac{0{,}8\mu m}{1m} \Rightarrow 1ppm$$

Die Algorithmen zur Berechnung von Positionen als Schnittpunkt von Kugeln (Coope, 2000) bei Multilateration vom GPS-Typ müssen das Problem des Pseudoranging lösen. Neben der Position ist ein Offset der relativen Längenmessungen durch die lokale Uhr der Empfänger unbekannt. Das Gleichungssystem ist bei mindestens vier sichtbaren Satelliten lösbar (USCG, 1996, p. 1.16). Die Laufzeit Δt_S wird bei GPS durch den Offset der Sender-Uhr, relativistische Effekte und ionosphärische Signalausbreitungsverzögerungen kompensiert (USCG, 1996, p. 1.14). Beim Interferometer wird die Laufzeit Δt_S durch die Einflüsse des refraktiven Indexes statisch, zeit- und ortsvariant kompensiert (Estler, et al., 2002).

$$R_s - C_B = c\,\Delta t_S - C_B = \sqrt{(X_s - U_X)^2 + (Y_s - U_Y)^2 + (Z_s - U_Z)^2} \tag{19}$$

R_S	Pseudorange für Sender S
C_B	Offset der Empfänger-Uhr
c	Lichtgeschwindigkeit
Δt_S	Gemessene Laufzeit des Signals von Sender S
X_S, Y_S, Z_S	Position von Sender S
U_X, U_Y, U_Z	Position des Empfängers

Beim GPS werden die Bahndaten der Satelliten von einer zentralen Stelle überwacht (USAF, 2013). Kompensationswerte für die Bahndaten der Sender werden bereitgestellt. Ein Empfänger kennt damit die Position der Sender im Raum und löst die Gleichungen mit einer numerischen Newton-Methode (20) zur Bestimmung seiner lokalen Position (Bancroft, 1985, p. 1).

$$x_{n+1} = x_n + H_4^{-1}(t_4 - f_4(x_n)) \quad (20)$$

$$f_4(x_n) = \begin{bmatrix} |P_1 - x_{n,1:3}| + x_{n,4} \\ |P_2 - x_{n,1:3}| + x_{n,4} \\ |P_3 - x_{n,1:3}| + x_{n,4} \\ |P_4 - x_{n,1:3}| + x_{n,4} \end{bmatrix} = \begin{bmatrix} D_{n,1} + x_{n,4} \\ D_{n,2} + x_{n,4} \\ D_{n,3} + x_{n,4} \\ D_{n,4} + x_{n,4} \end{bmatrix}$$

$$H_4 = \begin{bmatrix} \frac{P_{1,1} - x_{n,1}}{D_{n,1}} & \frac{P_{1,2} - x_{n,2}}{D_{n,1}} & \frac{P_{1,3} - x_{n,3}}{D_{n,1}} & 1 \\ \frac{P_{2,1} - x_{n,1}}{D_{n,2}} & \frac{P_{2,2} - x_{n,2}}{D_{n,2}} & \frac{P_{2,3} - x_{n,3}}{D_{n,2}} & 1 \\ \frac{P_{3,1} - x_{n,1}}{D_{n,3}} & \frac{P_{3,2} - x_{n,2}}{D_{n,3}} & \frac{P_{3,3} - x_{n,3}}{D_{n,3}} & 1 \\ \frac{P_{4,1} - x_{n,1}}{D_{n,4}} & \frac{P_{4,2} - x_{n,2}}{D_{n,4}} & \frac{P_{4,3} - x_{n,3}}{D_{n,4}} & 1 \end{bmatrix}$$

$x_n = [U_X, U_Y, U_Z, C_B]^T$	Position und Offset der Uhr des Empfängers im Durchlauf n
$t_4 = [R_1, R_2, R_3, R_4]^T$	Pseudorange bei vier Sendern
$P_S = [X_S, Y_S, Z_S]^T$	Position des Senders S
D_S	Distanz im Durchlauf n
$H_4 = f_{4,x}$	Jakobimatrix der Funktion f_4

Bei mehr als vier Pseudorange-Werten werden die Gleichungen über die generalisierte Inverse der Matrix H gelöst. Für die Gewichtung der Messwerte wird eine positiv definite Gewichtungsmatrix eingeführt (21). Diese entspricht bei gleicher Gewichtung der Messwerte der Einheitsmatrix (Bancroft, 1985). Für GPS-Gleichungen mit einem Offset im Empfänger existiert eine analytische Lösung (Bancroft, 1985). Bei absolut messenden Interferometern erfolgt ebenfalls eine direkte Bestimmung der Positionen.

$$x_{n+1} = x_n + \left(H_G{}^T W H_G\right)^{-1} H_G{}^T W(t_S - f_G(x_n)) \quad (21)$$

$$f_G(x_n) = \begin{bmatrix} |P_1 - x_{n,1:3}| + x_{n,4} \\ \vdots \\ |P_S - x_{n,1:3}| + x_{n,4} \end{bmatrix} = \begin{bmatrix} D_{n,1} + x_{n,4} \\ \vdots \\ D_{n,S} + x_{n,4} \end{bmatrix}$$

$$
\mathrm{H}_G = \begin{bmatrix} \frac{P_{1,1} - x_{n,1}}{D_{n,1}} & \frac{P_{1,2} - x_{n,2}}{D_{n,1}} & \frac{P_{1,3} - x_{n,3}}{D_{n,1}} & 1 \\ \vdots & \vdots & \vdots & \vdots \\ \frac{P_{S,1} - x_{n,1}}{D_{n,4}} & \frac{P_{S,2} - x_{n,2}}{D_{n,4}} & \frac{P_{S,3} - x_{n,3}}{D_{n,4}} & 1 \end{bmatrix}
$$

$\mathrm{x_n} = [U_X, U_Y, U_Z, C_B]^T$	Position und Offset der Uhr im Durchlauf n
$t_s = [R_1, \cdots, R_s]^T$	Pseudorange
$P_S = [X_S, Y_S, Z_S]^T$	Position des Senders S
W	Positiv definite Gewichtungsmatrix
$\mathrm{H}_G = f_{G_x}$	Jakobi-Matrix der Funktion f_G

Bei der Übertragung von GPS-Problemen auf Interferometer ist durch die relative Längenmessung ein Offset für jede Messung unbekannt. Eine Lösung des Systems für einen einzelnen Punkt ist nicht möglich. Die Senderpositionen und Offsets beeinflussen sich und führen zu einem schlecht konditionierten System. Die Sender werden für die Minimierung fixiert: In der Implementierung wird ein Sender im Ursprung, der zweite auf der X-Achse und der dritte in der X/Y-Ebene fixiert. Über eine Basistransformation wird der Bezug zu Sollwerten hergestellt. Die Messungen werden in einem von Sollwerten unabhängigen System in Beziehung gesetzt. Alternativ bezieht das Bezugssystem die Werte des zu vergleichenden Systems in die Minimierung ein (Wendt, et al., 2012).

Die Pseudorange-Messungen lassen sich ebenso wie die GPS Gleichungen in einer Matrixform werden. Die letzte Zeile besteht aus Einträgen für die Sollpositionen der fixierten Sender. Die Lösung des Gleichungssystems erfolgt über ein Newton-Verfahren mittels Normalen-Gleichungen (22) oder einer QR-Zerlegung (23). Dabei werden die Fälle „Senderpositionen unbekannt" und „Senderposition bekannt" unterschieden. Durch bekannte Senderpositionen ist das Gleichungssystem besser konditioniert. Auch in großen Systemen mit vielen Messpunkten und Bewegung wird eine Lösung gefunden.

$$
\mathrm{x_{n+1}} = \mathrm{x}_n + \frac{\left(\mathrm{H}_T{}^T \mathrm{W} \mathrm{H}_T\right)^{-1^*} \mathrm{H}_T{}^T \mathrm{W}\left(t_{P,S} - \mathrm{f}_T(\mathrm{x}_n)\right)}{s_k} \tag{22}
$$

$$
\mathrm{x_{n+1}} = \mathrm{x}_n + \frac{(\mathrm{R}_T)^{-1^*} \mathrm{Q}_T{}^T \left(t_{P,S} - \mathrm{f}_T(\mathrm{x}_n)\right)}{s_k} \leftarrow \mathrm{H}_T = \mathrm{Q}_T \mathrm{R}_T \tag{23}
$$

$$
\begin{aligned}
&\mathrm{f}_T(\mathrm{x}_n) \\
&= \begin{bmatrix} |P_{1,1:3} - x_{n,\mathrm{X}_1}| + x_{n,\mathrm{C}_1} & \cdots & \cdots & |P_{1,1:3} - x_{n,\mathrm{X}_P}| + x_{n,\mathrm{C}_1} \\ \vdots & \ddots & \ddots & \vdots \\ |P_{S,1:3} - x_{n,\mathrm{X}_1}| + x_{n,\mathrm{C}_S} & \cdots & \cdots & |P_{\mathrm{S},1:3} - x_{n,\mathrm{X}_P}| + x_{n,\mathrm{C}_S} \\ w_0 \cdot |x_{n,\mathrm{X}_1,1:3}| & w_0 \cdot |x_{n,\mathrm{X}_2,2:3}| & w_0 \cdot |x_{n,\mathrm{X}_3,3}| & 0 \end{bmatrix} \\
&= \begin{bmatrix} D_{n,1,1} + x_{n,\mathrm{C}_1} & \cdots & \cdots & D_{n,P,1} + x_{n,\mathrm{C}_1} \\ \vdots & \ddots & \ddots & \vdots \\ D_{n,1,S} + x_{n,\mathrm{C}_S} & \cdots & \cdots & D_{n,P,S} + x_{n,\mathrm{C}_S} \\ w_0 \cdot D_{n,1,S+1} & w_0 \cdot D_{n,2,S+1} & w_0 \cdot D_{n,3,S+1} & 0 \end{bmatrix}
\end{aligned}
$$

Fall: Position der Sender bekannt

$$
\mathrm{H}_T = \begin{bmatrix} \frac{P_{1,1} - x_{n,X_1,1}}{D_{n,1,1}} & \frac{P_{1,2} - x_{n,X_1,2}}{D_{n,1,1}} & \frac{P_{1,3} - x_{n,X_1,3}}{D_{n,1,1}} & & 1 & \cdots & 0 \\ \vdots & \vdots & \vdots & & \vdots & \ddots & \vdots \\ \frac{P_{S,1} - x_{n,X_1,1}}{D_{n,1,S}} & \frac{P_{S,2} - x_{n,X_1,2}}{D_{n,1,S}} & \frac{P_{S,3} - x_{n,X_1,3}}{D_{n,1,S}} & & 0 & \cdots & 1 \\ & & & \ddots & & & \end{bmatrix}
$$

$$
= \begin{bmatrix} H_{1,1,1} & H_{1,1,2} & H_{1,1,3} & & 0 & \cdots & 0 & 1 & & \cdots & 0 \\ \vdots & \vdots & \vdots & & \vdots & \ddots & \vdots & \vdots & & \ddots & \vdots \\ H_{S,1,1} & H_{S,1,2} & H_{S,1,3} & & 0 & \cdots & 0 & 0 & & \cdots & 1 \\ & & & \ddots & & & & & & & \\ 0 & \cdots & 0 & & H_{1,P,1} & H_{1,P,2} & H_{1,P,3} & 1 & \cdots & \cdots & 0 \\ \vdots & \ddots & \vdots & & \vdots & \vdots & \vdots & \vdots & \ddots & \ddots & \vdots \\ 0 & \cdots & 0 & & H_{S,P,1} & H_{S,P,2} & H_{S,P,3} & 0 & \cdots & \cdots & 1 \end{bmatrix}
$$

Fall: Position der Sender unbekannt → X_{n,P_S} ersetzt die P_S Terme

$$H_T = \begin{bmatrix} H_{1,1} & 0 & 1 & \cdots & 0 & -H_{1,1} & \cdots & \cdots & 0 \\ \vdots & 0 & \vdots & \ddots & \vdots & \vdots & \ddots & \ddots & \vdots \\ H_{S,1} & 0 & 0 & \cdots & 1 & 0 & \cdots & \cdots & -H_{S,1} \\ & \ddots & & & & & & & \\ 0 & H_{1,P} & 1 & \cdots & 0 & -H_{1,P} & \cdots & \cdots & 0 \\ 0 & \vdots & \vdots & \ddots & \vdots & \vdots & \ddots & \ddots & \vdots \\ 0 & H_{S,P} & 0 & \cdots & 1 & 0 & \cdots & \cdots & -H_{S,P} \\ 0 & 0 & 0 & \cdots & 0 & \frac{w_0 \cdot x_{n,\mathrm{X}_1,1:3}}{D_{n,1,S+1}} & 0 & 0 & 0 \\ \vdots & \vdots & \vdots & \ddots & \vdots & 0 & \frac{w_0 \cdot x_{n,\mathrm{X}_2,2:3}}{D_{n,2,S+1}} & 0 & \vdots \\ \vdots & \vdots & \vdots & \ddots & \vdots & 0 & 0 & \frac{w_0 \cdot x_{n,\mathrm{X}_3,3}}{D_{n,3,S+1}} & \vdots \\ 0 & 0 & 0 & \cdots & 0 & 0 & \cdots & \cdots & 0 \end{bmatrix}$$

$\mathrm{x_n} = [\mathrm{X}_1 \cdots \mathrm{X}_P, \mathrm{C}_1 \cdots \mathrm{C}_S]^T$ — Positionen der Empfänger und Offset im Durchlauf n bei bekannter Senderposition

$\mathrm{x_n} = [\mathrm{X}_1 \cdots \mathrm{X}_P, \mathrm{C}_1 \cdots \mathrm{C}_S, P_1 \cdots \mathrm{P}_S]^T$ — Positionen der Empfänger und Offset und Positionen der Sender im Durchlauf n bei unbekannter Senderposition

$\mathrm{X}_P = \left[U_{P,X}, U_{P,Y}, U_{P,Z}\right]^T$ — Position des Empfängers am Messpunkt P

$$t_{P,S} = \begin{bmatrix} R_{1,1} & \cdots & R_{1,S} \\ \vdots & \ddots & \vdots \\ R_{P,1} & \cdots & R_{P,S} \end{bmatrix}^T$$

Pseudorange Messungen der Sender S an den Messpunkten P (werden bei der Rechnung spaltenweise in einen Vektor umgewandelt)

$P_S = [X_S, Y_S, Z_S]^T$ — Position des Senders S

w_0	Gewichtungsfaktor für die Basis des Sendersystems
$C_S = [C_1, \cdots, C_S]^T$	Offset der Uhr des Senders S
$\mathrm{H}_T = f_{T_x}$	Jakobi-Matrix der Funktion f_T
$W = cov\left(H_T{}^T\right)^{-1^*}$	Positiv definite Gewichtungsmatrix wird zur Pseudoinversen der Kovarianz-Matrix gesetzt
$\left(\mathrm{H}_T{}^T \mathrm{W} \mathrm{H}_T\right)^{-1^*} \mathrm{H}_T{}^T \mathrm{W}$	Generalisierte Inverse der Messmatrix H_T von f_T
$\mathrm{Q}_T \mathrm{R}_T$	QR-Zerlegung von H_T
s_k	Dämpfung für den Newton-Schritt

Die Konvergenz des Gleichungssystems muss durch geeignete Startwerte sichergestellt werden. Durch eine erste Kalibrierphase mit Schätzungen für die Offsets und Sollpositionen der Empfänger werden Annäherungen für die Senderpositionen berechnet. Aufgrund der unvollständigen Auflösung der Zeitbeziehungen werden Mittelwerte im Stillstand genutzt. Zufällige und zeitabhängige Einflüsse auf die Längenmessung beeinflussen damit nicht die Kalibrierung. Die Schätzwerte werden in das Basissystem des Sendersystems transformiert. Die Lösung des Gleichungssystems über eine QR-Zerlegung nutzt die Pseudo-Inverse. Die Stabilität des Verfahrens hängt von der Unsicherheit der relativen Längenmessungen, der Startwerte und dem Dämpfungsfaktor ab. Ein Dämpfungsfaktor 2 sichert bei den durchgeführten Untersuchungen mit Multiline die Konvergenz des Systems bei Startwerte mit einer Variation von 10 Millimeter ab. In dem Bereich sind Startwerte in einer Montageanlage bekannt. Zufallszahlen unterstützen die Suche in einem globalen Parameterraum und führen bei einer genügend großen Anzahl von Versuchen zur Konvergenz.

Zentralisierte sphärische Systeme (Kapitel 4.1.1) sind über die Auswertung der Länge auch für Multilateration einzusetzen. Allerdings unterliegen zentralisierte Systeme Einschränkungen bei der Längenunsicherheit durch Kompromisse für die Bereitstellung eines alleinstehenden Systems. Die Vorteile dieser Systeme werden bei der Einbindung in Messnetzwerke (Forbes, 2012) effektiver genutzt. Unter Multilateration werden in dieser Arbeit Systeme beschrieben, welche nur durch Längen global referenziert werden.

Frequenzscannende Interferometer

Durch die Aufspaltung und Teilspiegelung eines Lasers am Ende einer Glasfaser entsteht ein interferometrisches Messsystem mit sich aufweitenden Strahlen, welche über Retroreflektoren in das Ende der Glasfaser zurückgespiegelt werden (Hughes & Warden, 2013). Bei Nutzung von frequenzmodulierten Lasern ist eine Selbstkalibrierung möglich. Durch verschiedene frequenzmodulierte Laserstrahlen werden atmosphärische Effekte verringert (Campbell, et al., 2015a), was ebenfalls durch ein weniger aufwändiges Vier-Wellen-Mischverfahren erreicht wird. Das resultierende System führt auch bei Vibration und in Bewegung rückgeführte Messungen durch (Campbell, et al., 2015b), ist aber auf Messbereiche bis 0,5 m begrenzt. Durch folgende Maßnahmen sind Messbereiche bis 8,5 m möglich (Campbell, et al., 2016):

- Die geringe Rückstrahlöffnung von Retroreflektoren wird durch Glaskugeln erhöht.
- Intensitätsverluste aufgrund der Strahlaufweitung und Begrenzung aufgrund der Anforderungen nach Augensicherheit werden durch optische Modulation anstelle eines Objektivs verringert. Ein Stereokamerasystem steuert die Strahlmodulation.

In einem GRS stehen für das Prinzip der räumlichen und frequenzmodulierten Laserstrahlen auch Positionen aus der idealisierten Planung, den Maschinenzuständen oder einem weiteren globalen Messsystem zur Verfügung. Kritische Stellen der Montage sind mit einem rückgeführten Messsystem zu überwachen. Über feste Reflektoren oder die Synchronisation mit Sollbewegungen wird die Referenzierung durchgeführt.

Ultraschall- und ultrabreitband-basierte Systeme

Die Strahlaufweitung und komplexe Strahlführung durch Umlenksysteme bei der Nutzung von Interferometern wird durch punkt- und linienförmige Strahlquellen verringert. Ultraschall bildet ein Sensornetz (Franceschini, et al., 2009), in dem Transceiver für Ultraschall oder Funkkommunikation für Laufzeitmessungen synchronisiert werden (Franceschini, et al., 2010). Die Messunsicherheit des Systems wird durch die Schallwellen, Umgebungs-, Reflektions- und Erkennungseinflüssen auf 20 mm (Franceschini, et al., 2011). begrenzt. Weiterentwicklungen fokussieren sich auf den Einsatz hochwertiger Transceiver und erweiterter Methoden zum kompensieren von Umwelteinflüssen.

Weitere punkt- und linienförmige Sender sind mittels Ultrabreitband zu realisieren. Diese weisen im Vergleich zu schmalbandigen Systemen (z.B. Wi-Fi, Bluetooth) präzisere Längenmessungen, weniger Rauschen und Reflektionen auf (Connell, 2015). Die erreichbaren Unsicherheiten liegen im Bereich von 100 mm (Malajner, et al., 2015) und sind durch die Nutzung hochwertiger Receiver und erweiterter Auswertemethoden bis 10 mm zu verringern (Tüchler, et al., 2005). Reflektionseffekte und die Kompensation von Umgebungseinflüssen erfordern hohe Datenraten im Ultraweitbandsignal.

Trackingfähige Interferometer

Nachführende Interferometer (Tracer) als schnelle, rückgeführte Längenmesssysteme ermöglichen eine Koordinatenmessung (Zhang, et al., 2003). Vier Tracer werden für die Selbstkalibrierung, das Einkoppeln bei Strahlunterbrechung und das Umsetzen benötigt. Lasertracker im Längenmessmodus (Zhang, et al., 2005) steuern durch das mechanische System zur Nachführung einen Unsicherheitsbeitrag bei. Die Nutzung einer Präzisionskugel als optisches Zentrum verringert den Unsicherheitseinfluss (Schwenke, et al., 2005). Durch Multilateration mit mehreren Tracern sind Längenmessunsicherheiten von 0,4 µm zu erreichen (Wendt, et al., 2012). Durch die Nutzung von Monte-Carlo-Methoden ist den Ergebnissen der Multilateration eine Unsicherheit zuzuordnen (Sładek, et al., 2013). Durch die kleine Unsicherheit sind Tracer-Systeme z.B. zur Qualifizierung von KMG einzusetzen (Gąska, et al., 2014). Die Messrate der Zählerkarten von Interferometern erlaubt bei Bewegungen eine Auswertung mit rückgeführter Genauigkeit.

Für die Untersuchung der kinematischen Untersicherheit von Lasertrackern in Bewegung wird in der iGPS-basierten Roboterzelle ein Messaufbau (Abb. 4-3) mit folgenden Komponenten implementiert:

- 6 Lasertracer der Firma Etalon
- Zählerkarten an den Diagnoseausgängen
- Leica AT901
- Leica LTD800
- Faro Tracker3
- Nikon Metrology iGPS

Die Empfänger bestehend aus iGPS-Detektoren, einem 1,5“-CCR, Leica- und Etalon-CatEyes sind an einem absolutgenauen Kuka KR60 Roboter am Flansch befestigt. Der Roboter führt die Kalibrier- und Messbewegungen aus. Die Lasertracker und Lasertracer sind über eine Trigger-Kette synchronisiert. Die Auswertung erfolgt zeitgestempelt. Die Systeme melden im GRS ihre Messwerte einem Datenlogger. Dieser ergänzt die empfangenen Signale mit einem Zeitstempel (Empfangszeit) und speichert sie für die Auswertung.

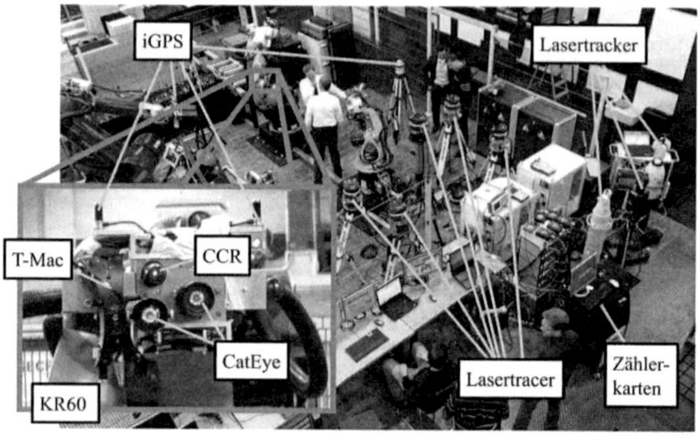

Abb. 4-3: Multilateration-Testaufbau in der iGPS-basierten Roboterzelle

Für die Kalibrierung wird ein zweistufiges Verfahren angewendet, um aus der Beobachtung eines Quaderprogrammes 25 Positionen im Stillstand aufzunehmen. Diese weisen durch Mittelwertbildung keine zeitabhängigen Effekte auf und sind zuzuordnen. Für den ersten Schritt der Bestimmung der Startwerte für die Tracer wird deren Position relativ zu den untersuchten Lasertrackern, iGPS oder Roboters bestimmt. Das Residuum beinhaltet die Unsicherheiten des untersuchten Systems. In dem Beispiel (Abb. 4-4) wird ein Leica AT901 verwendet. Der zweite Schritt der Kalibrierung besteht in der Ausführung des Minimierungsschritts nach Formel (23), der nur Längenmessungen der Tracer nutzt. Die Positionen, Offsets und Reflektorpositionen an den Stillständen werden bestimmt.

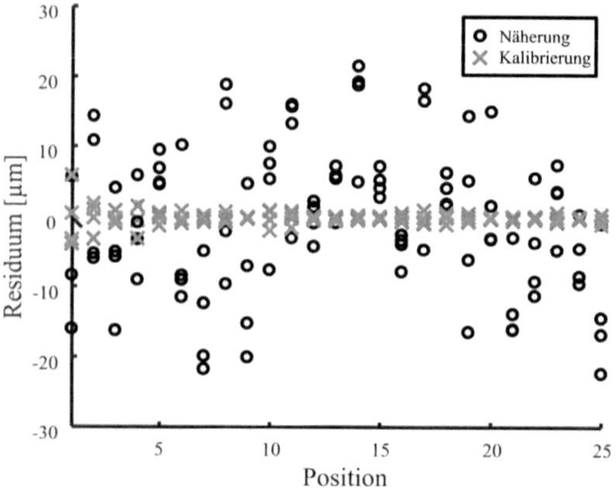

Abb. 4-4: Näherung (RMS: 11,0 µm) und Kalibrierung (RMS: 1,0 µm) von Multilateration

Zum Auflösen des Problems zwischen Fehlerverstärkung und Abhängigkeit von weiteren Systemen wäre der Einsatz absoluter Interferometer in den Tracern sinnvoll. Bei kontinuierlichen Messungen werden über einen Anstieg des numerischen Residuums für einzelne Tracer Fehlerzustände detektiert:

- Verlagerungen einzelner Sender
- Sprünge in den Zählerkarten der Interferometer
- Zeitliche Verschiebungen der Signale aufgrund übersprungener Trigger

Bei kalibrierten Senderpositionen werden Messpunkten numerisch stabiler bestimmt und sind weniger anfällig für die Verstärkung systematischer Fehler. Durch die Kalibrierung der Tracer-Positionen sind mehrere Targets verwendbar. Eine Bestimmung der Pose ermöglicht erweiterte Antaststrategien und Abweichungsbestimmungen in der Montage.

Die gemessenen Bahnen von Lasertracer-Multilateration weisen eine hohe Dynamik und ein geringes Rauschen durch präzise Trigger auf. Im Beispiel (Abb. 4-5) wird das Positionieren eines Roboters an einem Punkt des Quaderprogrammes mit Lasertracer und Lasertracker aufgenommen. Beide Systeme zeigen das prinzipielle Verhalten des Kuka-Roboters: Vor Erreichen des Punktes wird eine aktive Stoppbewegung ausgeführt, die ohne Überschwingen die Positionierzeit minimiert. Mit dem Tracer-Signal sind die Effekte deutlicher zu erkennen, weil ein deutlich geringeres Rauschen im Signal ist. Durch die direkte Kopplung der Interferometer in den Tracern an Zählerkarten sind die Signale prinzipiell in die Robotersteuerung zurückzuführen. Sehr dynamische Regelungen sind zu implementieren.

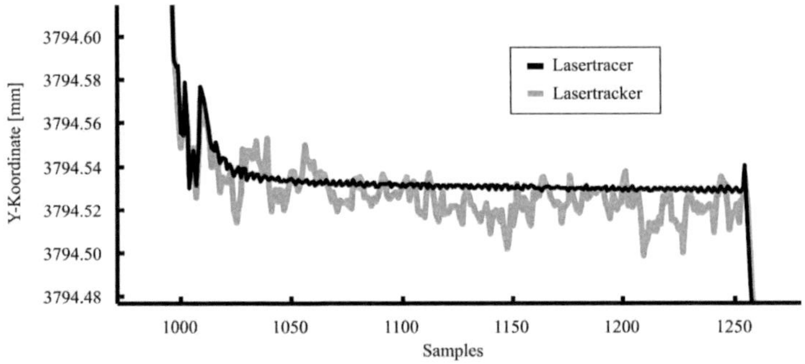

Abb. 4-5: Roboterpositionierung mit Lasertracer-Multilateration und Lasertracker

Perzeption mit Multilateration

Längenbasierte Systeme weisen die geringsten Unsicherheiten in Messumgebungen auf. Beim Einsatz in der Montage in unkontrollierten Umgebungen verstärkt sich dieser Effekt. Durch direkte Messungen wird die Fehleraddition vermieden. Die Umgebung begrenzt die Messunsicherheit. Die rückgeführte Unsicherheit von Interferometern liefert präzise Informationen mit hohen Messraten. Allerdings weisen die Systemkomponenten Einschränkungen bei der Datenaufnahme auf. Häufig sind die Systeme schlecht konditioniert und unflexibel. Die Unsicherheitsbeiträge für die Bestimmung von Positionen und Posen verstärken die Unsicherheit der Längenmessungen (<1 ppm), wenn dieses relativ sind. Eine generelle Anwendbarkeit und der Einsatz in industriellen Montageprozessen sind aufgrund der trotz hohen technischen Aufwands nur unwesentlich besseren Messunsicherheit (5 ppm) eingeschränkt. Der größte technische Nutzen entsteht bei Multilateration durch hohe Messraten für die Beobachtung und quantitative Erfassung dynamischer Vorgänge.

4.1.3 Verteilte Systeme mit Winkelmessungen (Multiangulation)

Bei der Multiangulation werden Schnittpunkte und Abstände von Lichtstrahlen ausgewertet, welche in ausreichender Näherung lineare Problemstellungen beschreiben. In dieser Arbeit werden optische Systeme betrachtet, bei denen der Strahlverlauf durch Kompensation von Stör- und Strahlformeinflüssen auf Ebenen und Geraden zurückzuführen ist. Die Kompensation benötigt iterative Verfahren, während die Schnittpunktberechnung direkte Lösungen ermöglichen:

- Schnitt von drei Ebenen
  Drei Ebenen schneiden sich in einem Punkt P, wenn das Spatprodukt der Normalenvektoren n_i ungleich Null ist. Andernfalls sind die Normalen paarweise parallel. Das Spatprodukt stellt in Relation zur Güte der Schnittpunktberechnung dar. In der Normalenform ist ein lineares Gleichungssystem analytisch zu lösen (Weisstein, 2002).

$$\begin{vmatrix} {n_1}^T \\ {n_2}^T \\ {n_3}^T \end{vmatrix} P = \begin{vmatrix} -d_1 \\ -d_2 \\ -d_3 \end{vmatrix} \tag{24}$$

$$P = \frac{-d_1(n_2 \times n_3) - d_2(n_3 \times n_1) - d_3(n_1 \times n_2)}{{n_1}^T(n_2 \times n_3)}$$

n_i	Normalenvektor der Ebene i
d_i	Orientierter Abstand vom Ursprung der Ebene i
P	Schnittpunkt der Ebenen

- Schnitt von zwei Ebenen
  Zwei Ebenen schneiden sich in der Geraden G, wenn das Kreuzprodukt der Normalenvektoren n_i ungleich dem Nullvektor ist, also nicht parallel sind (Weisstein, 2002).

$$G = P_0 + \lambda a \quad \text{mit} \quad \begin{vmatrix} {n_1}^T \\ {n_2}^T \end{vmatrix} P_0 = \begin{vmatrix} -d_1 \\ -d_2 \end{vmatrix} \quad \text{und} \quad a = n_1 \times n_2 \tag{25}$$

Ein Punkt auf der Geraden ist die partikuläre Lösung

$$P_0 = \frac{(d_1 n_2 - d_2 n_1) \times a}{a^T a}$$

n_i	Normalenvektor der Ebene i
d_i	Orientierter Abstand vom Ursprung der Ebene i
P_0	Punkt auf der Schnittgeraden
a	Richtungsvektor der Schnittgeraden
λ	Freier Parameter der Schnittgeraden

- Schnittpunkt von Gerade und Ebene
  Eine Gerade G schneidet eine Ebene im Punkt P, wenn der Richtungsvektor nicht senkrecht zum Normalenvektor der Ebene steht. Die Geradengleichung wird in die Normalform der Ebene eingesetzt und algebraisch aufgelöst.

$$G = g_0 + \lambda g_1 \text{ eingesetzt in } \left(G - u_{0,i}\right) \cdot n_i = 0 \quad \text{mit} \quad u_{0,i} = n_i \cdot d_i \tag{26}$$

Das Auflösen nach λ führt zu dem Schnittpunkt

$$P_i = g_0 + \lambda_{S,i} g_1 = g_0 + \frac{(n_i \cdot d_i - g_0) \cdot n_i}{g_1 \cdot n_i} g_1$$

g_0	Punkt auf der Geraden
g_1	Richtung der Geraden
n_i	Normalenvektor der Ebene i
d_i	Orientierter Abstand vom Ursprung der Ebene i
$u_{0,i}$	Hilfspunkt auf der Ebene i
P_i	Schnittpunkt der Geraden mit der Ebene i

- Schnittpunkt von Geraden
  Zwei Geraden G und H sind im dreidimensionalen Raum meist windschief. Die kürzeste Verbindungslinie zwischen den Geraden G und H steht senkrecht auf beiden Richtungsvektoren bei nicht parallelen Geraden G und H.
  - Nach Lösung des Gleichungssystems zur Verbindung der Ursprungspunkte über den Vektorzug wird der Mittelpunkt der Verbindungslinie als Schnittpunkt definiert (27).
  - Die Interpretation der Aufgabenstellung als Minimierungsproblem durch Ableiten der Abstandsfunktionen (Traa, 2013) oder durch Betrachtung der Projektionsbedingungen (Slabaugh, et al., 2001) führt zu einem Lösungsansatz, um den Schnittpunkt mit minimalem Abstand zu mehreren Linien zu bestimmen (28).

$G = g_0 + \lambda_g g_1 \qquad H = h_0 + \lambda_h h_1 \qquad L_n = l_{\mathrm{n},0} + \lambda_{n,h} l_{n,1}$

g_0	Punkt auf der Geraden G
g_1	Richtung der Geraden G
h_0	Punkt auf der Geraden H
h_1	Richtung der Geraden H
$l_{n,0}$	Punkt auf der Geraden L mit Nummer n
$l_{n,1}$	Richtung der Geraden L mit der Nummer n

$$\begin{pmatrix} {g_1}^T \\ {h_1}^T \\ (g_1 \times h_1)^T \end{pmatrix}^T \begin{pmatrix} \lambda_g \\ \lambda_h \\ \lambda_{gh} \end{pmatrix} = h_0 - g_0 \tag{27}$$

$$\Rightarrow \quad P_{gh} = g_0 + \lambda_g g_1 + \frac{\lambda_{gh}}{2}(g_1 \times h_1) = h_0 - \lambda_h h_1 - \frac{\lambda_{gh}}{2}(g_1 \times h_1)$$

$\lambda_g, \lambda_h, \lambda_{gh}$	Parameter der Geraden G, H und der senkrechten Hilfsgeraden
P_{gh}	Schnittpunkt der Geraden G und H

$$\sum_n \left(I - l_{n,1} \cdot l_{n,1}^T\right) \cdot P = \sum_n \left(\left(I - l_{n,1} \cdot l_{n,1}^T\right) \cdot l_{n,0}\right) \tag{28}$$

P	Optimaler Schnittpunkt der n Geraden L
I	Einheitsmatrix

- Abstand von Punkt zu Gerade und Ebene
  Die Definition der Ebene in Normalenform ergibt den Abstand von einem Punkt (29). Für den Abstand von einem Punkt zu einer Geraden wird über die Berechnung der Dreiecksfläche die Formel (30) hergeleitet.

$$d_{EP} = (P - X_E) \cdot n_E \tag{29}$$

Mit der Geraden $G = g_0 + \lambda_g g_1$ ergibt sich der Abstand zu (30)

$$d_{GP} = |(P - g_0) \times g_1|$$

P	Punkt zur Bestimmung des Abstandes
X_E	Punkt auf der Ebene E
n_E	Normalenvektor der Ebene E

g_0 Punkt auf der Geraden G
g_1 Richtung der Geraden G
d_{EP} Abstand vom Punkt P zur Ebene E
d_{GP} Abstand vom Punkt P zur Geraden G

Mögliche Triangulationssystemen sind u.a. Kameras, Projektoren und Theodolite. Diese weisen systematische Abweichungen der Strahlengänge auf und sind auf idealisierte lineare Elemente zurückzuführen. Multiangulation nutzt keine Längenmessung entlang der Strahlen. Eine direkte Messung der Skalierung des Systems ist durch folgende Maßnahmen möglich:

- Integration von Bezugslängen (z.B. Länge eines Stabes, bekannte Bauteildimension)
- Schätzung der Basis- (und Werkzeug-) Verschiebung

Bei der Multiangulation werden Positionen der Sensoren und Punkte in einem Bündelblockausgleich berechnet. Große wenig belegte Gleichungssystemen entstehen und werden über effiziente mathematische Algorithmen gelöst. Ein Überblick über Verfahren und Vorgehensweisen zeigt deren Eigenschaften (Triggs, et al., 2002) (Hartley & Zissermann, 2004). In dieser Arbeit werden die Gleichungen über ineffiziente Minimierungsverfahren gelöst. Dieses Vorgehen liefert numerisch gleichwertige Ergebnisse, ist aber direkter zu implementieren und an Problemstellungen anzupassen ist. Für die Berechnung von Startwerten werden analytische Methoden wie z.B. nach (Stewenius, et al., 2006) angewendet.

Kamerabasierte Systeme

Photogrammmetrie nutzt die innere Orientierung (Luhmann, 2010) der Kameras, um Bildmerkmale auf das Modell der Zentralprojektion zurückzuführen. Über die extrinsischen Kameraparameter sind diese mit den Strahlen in Weltkoordinaten verknüpft (31). Die Zentralprojektion lässt sich auf den Fall „Schnittpunkt von Geraden" zurückführen. In dieser Arbeit wird das Modell nach (Brown, 1971) für das optische System verwendet (32). Es wird ebenfalls in der weitverbreiteten „Camera Calibration Toolbox" verwendet (Bouguet, 2010). Für die Kalibrierung werden bekannte Artefakte wie präzise belichtete Glasplatten (Weng, et al., 1992) oder gedruckte Schachbretter verwendet (Zhang, 2000). Pixelkoordinaten sind aus Weltkoordinaten direkt zu berechnen. Für die Umrechnung der Pixelwerte in Strahlen muss ein iteratives Vorgehen wegen dem nichtlinearen Kompensationsmodell der inneren Orientierung gewählt werden. Die Parameter des intrinsischen Kameramodells werden in einem Vektor (Bouguet, 2010) für die spätere Minimierung zusammengefasst. Einträge des Vektors können konstant gehalten oder erweitert werden. Die Kalibrierung von Zeilenkameras erfolgt z.B. durch eine angepasste Datenaufnahme (Horaud, et al., 1993) oder durch eine matrixbasierte Bestimmung der extrinsischen Orientierung (Hui, et al., 2013).

$$\begin{bmatrix} x \\ y \\ z \end{bmatrix} = R_i \begin{bmatrix} X \\ Y \\ Z \end{bmatrix} + t_i \text{ daraus folgt } \begin{bmatrix} X \\ Y \\ Z \end{bmatrix} = R_i^{-1} \left(-t_i + \lambda_g \begin{bmatrix} x \\ y \\ z \end{bmatrix} \right) = g_0 + \lambda_g g_1 \tag{31}$$

$$x' = \frac{x}{z} \leftarrow x'' = x'(1 + k_1 r^2 + k_2 r^4 + k_3 r^6) + 2p_1 x'y' + 2p_2(r^2 + 2x') \tag{32}$$

$$y' = \frac{y}{z} \leftarrow y'' = y'(1 + k_1 r^2 + k_2 r^4 + k_3 r^6) + 2p_2 x'y' + 2p_1(r^2 + 2y')$$

mit: $r^2 = x'^2 + y'^2$

$$u = f_x(x'' + sy'') + c_x \qquad v = f_y y'' + c_y$$

$$c_c = [f_x, f_y, c_x, c_y, k_1, k_2, p_1, p_2, k_3, s]$$

x, y, z	Objektkoordinaten im Kamerasystem
X, Y, Z	Objektkoordinaten im Weltsystem
R_i, t_i	Extrinsische Transformation
g_0, g_1, λ_g	Punkt, Richtung und Länge auf der Geraden g
x', y'	Bildkoordinaten
x'', y''	Verzerrte Bildkoordinaten
u, v	Pixelkoordinaten
f_x, f_y	Brennweite
c_x, c_y	Bildhauptpunkt
k_i	Radiale Verzerrungsparameter des Abbildungssystems
p_i	Tangentiale Verzerrungsparameter des Abbildungssystems
s	Verzerrungsparameter des Bildsensors
c_c	Kameraparameter nach (Bouguet, 2010)

Kamerabasierte Systeme werden unterschieden in Off- und On-Line Systeme (Luhmann, 2016). Für den Einsatz in der Montage ist eine laufzeitparallele Auswertung und Einbindung zu bevorzugen. Off-Line Systeme nutzen häufig eine serielle Aufnahme von verschiedenen Positionen für die Bestimmung der Koordinaten wie z.B. bei (Schneider, 2012). Die größte Verbreitung weisen markerbasierte Tracker auf (Tilch & Mautz, 2010a), welche unterschiedlich ausgeführt sind z.B.:

- Reflektierend (GSI, 2016b), (Galetto, et al., 2011)
- Selbstleuchtend (Nikon, 2016), (NDI, 2016)
- Projizierend (Tilch & Mautz, 2010a)

Dabei kommen sowohl matrix- als auch linienbasierte Kameras zum Einsatz, was insbesondere auf das Verhältnis von Messrate und Genauigkeit Einfluss hat (Tab. 4-7). Die Bestimmung der Längenmessabweichung (VDI/VDE, 2002a), Antast-/Kugelstands-/Ebenenabstandsabweichung in flächenhaft mit Einzelaufnahmen arbeitenden Systemen (VDI/VDE, 2002b) sowie Systemen mit mehreren Einzelansichten (VDI/VDE, 2008) erlaubt einen übertragenden Vergleich mit KMG (ISO, 2001).

Tab. 4-7: Optische Tracker Spezifikationen

Produkt / Parameter	Nikon Metrology K610	NDI Pro CMM Model 2000	GSI V-Stars D5	GSI V-Stars D12
Kamera	Linie	Linie	Matrix	Matrix
Messrate	<1000 Hz	<4500 Pkt./s	10 Hz	3 Hz
Messvolumen	17 m^3	20 m^3		
Messabstand (Radius)	6,0 m	1,5-6,0 m		
Volumetrische Präzision	60 µm	95 µm + 25 ppm	14µm + 14 ppm	10µm + 10 ppm
Quelle	(Nikon, 2016)	(NDI, 2016)	(GSI, 2013)	(GSI, 2013)

Für den Einsatz von Kameras für das Tracking von Bauteilen eignen sich CMOS-Kameras, da diese Pixel direkt adressieren. In einem kleinen Bereich des Bildes, welcher die zu erwartende Position darstellt, werden mit einer hohen Aufnahmerate dynamische Messungen ermöglicht (Abb. 4-6 rechts unten). Durch den Einsatz der Bibliothek ARToolkitPlus (Wagner & Schmalstieg, 2007) werden die Bildkoordinaten von BCH-codierten Markern von mehreren Kameras aufgenommen. Die Kalibrierung des intrinsischen Systems und die extrinsische Orientierung der Kameras wird ermöglicht (Schmitt, et al., 2013b). Das kalibrierte Kamerasystem ermöglicht das Tracking von Markern, Kreisen (Dornieden, 2012) reflektierenden Markern oder Lichtquellen (Light, et al., 2013). Dabei erfolgt die Auswertung der Kamerabilder über die direkte Koordinatenbestimmung über die ARToolkitPlus-Bibliothek. Alternativ werden sie über die Berechnung der Schnittpunkte von mehreren Kameras in den jeweils zugordneten Eckpunkten der Marker bestimmt (Abb. 4-6).

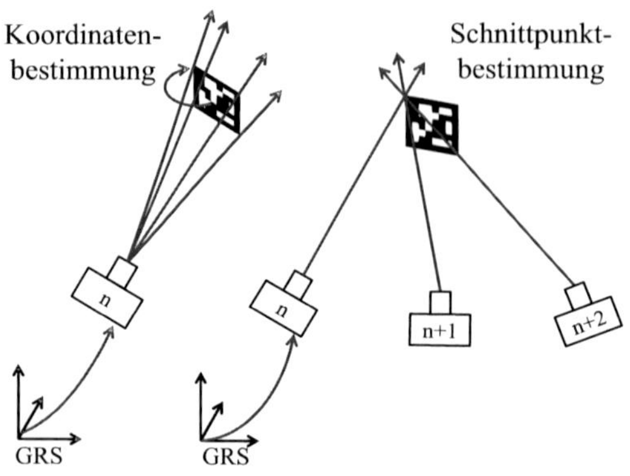

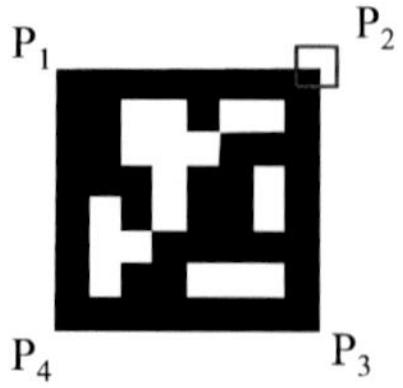

Videoformat	Bilder/s
2594x1944	6
1280x960	19
1024x768	26
640x480	52
320x240	127
96x96	370

Abb. 4-6: Koordinaten- und Schnittpunktberechnung für Kameras **(Dornieden, 2012)**

Das Tracking kleiner Bildbereiche wird über die angenäherte Position des Markers im Robotersystem möglich. Diese wird in den auszuwertenden Bereich der Kamera transformiert. Dies erhöht die Redundanz der Informationen und ermöglicht einen Plausibilitätscheck. Bei der Nutzung nicht-codierter Lichtquellen ist eine eindeutige Zuordnung möglich. Die Erhöhung der Bildaufnahmerate erlaubt eine Mittelung der Sensorwerte für eine präzisere Bahnbestimmung. Das Ergebnis der Beobachtung einer Roboterbahn von einem Fanuc Mi3 ist in Tab. 4-8 angegeben. Die Bahn 3 steht weitgehend senkrecht zur Bildhauptachse der Kameras und ist am weitesten entfernt. Sichtbar wird die Abhängigkeit der Abweichungen von der Entfernung und von der Geschwindigkeit der verfolgten Bahn.

Tab. 4-8: Erfassung einer Dreiecksbahn mit optischem Tracker **(Dornieden, 2012)**

Berechnung	**Schnittpunkt**			**Koordinate**		
	statisch	**50 mm/s**	**100 mm/s**	**statisch**	**50 mm/s**	**100 mm/s**
1. Gerade	0,120	0,092	0,158	0,069	0,136	0,223
2. Gerade	0,151	0,438	1,068	0,136	0,342	0,924
3. Gerade	0,281	1,239	1,174	0,180	1,070	1,080
	Residuum in mm					

Projektionsbasierte Systeme

Projektionssysteme werden als inverse Kamera für Multiangulation eingesetzt. Eine naheliegende Lösung ist der Einsatz von Projektoren auf Basis von Flüssigkristallen (LCD) oder Mikrospiegeln (DLP), die durch Ansteuerung von Pixelreihen analog zu Kameras zu kalibrieren sind (Shen & Menq, 2002). Beim Einsatz von Multimedia-Projektoren ist für das Kalibrieren des optischen Modells der stark verschobene Hauptpunkt im Vergleich zu klassischen Messprojektoren zu berücksichtigen (Mulsow, 2007). Die Winkelgenauigkeit liegt bei ungefähr 10 ppm (Tab. 4-9, Beamer). Vereinfachte Verfahren nutzen die für Kameras üblichen Schachbrettmuster auch für die Plausibilität der Projektorkalibrierung (Moreno & Taubin, 2012). Projektoren müssen für die Einbindung in Multiangulation nicht unbedingt als programmierbares System ausgelegt werden (Tilch & Mautz, 2010a)

Starre Laserstrahlen (Tilch & Mautz, 2010b) definieren Punkte an der Decke und den Wänden im Messvolumen, die durch Kamers für die ungefähre (Tab. 4-9, CLIPS) Pose aufgenommen werden (Tilch & Mautz, 2013). Weitere mögliche Strahlprojektionen ist die Laserprojektoren mit beweglichen Spiegeln (VIRTEK, 2014), welche einen einzelnen Strahl auf einer programmierbaren Bahn abbilden (Tab. 4-9, VIRTEK). Ein neueres Verfahren stellt den Einsatz optische Schalter (McManamon, et al., 1996) dar, welches über Flüssigkristalle (Shi, et al., 2016) die Phase von Laserstrahlen beeinflusst und so zu einer definierten Ablenkung führt (Tab. 4-9, Phased Array). Bei der Nutzung optischer Schalter entsteht ein stabiler Strahlengang, welcher auch für die Auswertung der Phasenlage des reflektierten Strahls nutzbar ist (siehe Kapitel 4.1.2).

Tab. 4-9: Spezifikationen von Projektionssystemen

Produkt / Parameter	Liquid Chrystal Optical Phased Array	Projektor VIRTEK Iris SPS	Beamer EPSON EMP 710	Laser Pointer CLIPS
Winkelabweichung	38 ppm	63 ppm	10 ppm	640 ppm
Quelle	(Shi, et al., 2016)	(VIRTEK, 2014)	(Mulsow, 2007)	(Tilch & Mautz, 2013)

Durch Dispersion entsteht ein räumlich verteiltes Wellenlängenspektrum (Kohlrausch, 1871) und codiert die Winkelinformation. Der Schnitt mehrerer dispergierender Lichtquellen aufgenommen von Farbkameras (Bertelsmeier, 2012) definiert eine Pose (Abb. 4-7). Durch den Einsatz optischer Gitter und Multispektralkameras wird die Winkelauflösung des Systems erhöht (Isenberg, et al., 2016). Mit mehreren Kameras wird die Redundanz in Montagesituationen erhöht. Stationäre Winkelcodierung erhöht Messraten und ermöglicht robuste Tracker.

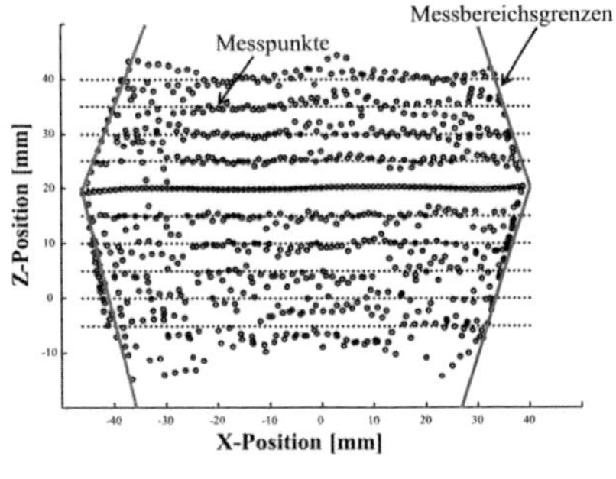

Z [mm]	ΔX [mm]	ΔZ [mm]	Δd [mm]
40	0,53	1,18	1,37
35	0,50	1,34	1,48
30	0,43	0,99	1,13
25	0,37	0,95	1,05
20	0,13	0,13	0,22
15	0,21	0,84	0,88
10	0,30	1,10	1,15
5	0,49	1,97	2,07
0	0,68	2,83	2,94
-5	0,78	3,26	3,38
RMS	**0,48**	**1,72**	**1,82**

Abb. 4-7: Positionsabweichung Dispersion zu XZ-Tisch nach **(Bertelsmeier, 2012)**

iGPS

Die Kodierung von Winkeln im Raum wird beim iGPS der Firma Nikon Metrology (vormals ArcSecond, Metris) über rotierende Zylinder mit geneigten Laserfächern realisiert (Automatische Rotations-Theodolite, R-LAT) und durch Kegelmathematik ausgewertet (Hedges, et al., 2003). Die Nulldurchgänge der rotierenden Transmitter werden durch einen Lichtpuls markiert. Der Lichtpuls wird zusammen mit den Laserfächern durch optische Detektoren erfasst und auf der Zeitachse mit einer Auflösung von 20 Nanosekunden abgebildet (Metris, 2007). Die Winkelunsicherheit der R-LAT liegt bei der Mittelung über 2 Sekunden bei ungefähr einer Bogensekunde (Muelaner, et al., 2009) entsprechend 5 ppm. Der Bündelblockausgleich (Bundle Adjustment, BA) und das Systemlayout haben einen Einfluss auf die Positionsbestimmung. Der maximale Fehler liegt in der Größenordnung von 160 µm (Ferri, et al., 2010). Verschiedene Fähigkeitsuntersuchungen bestimmen die Messunsicherheit von iGPS in der Größenordnung von 0,2 - 0,3 mm (Tab. 4-10), wobei insbesondere Bewegungen schneller als 100 mm/s eine Limitierung der Auswertesoftware zeigen (Wang, et al., 2011). Bei der Auswertung kooperierender Roboter wird ein geringerer Fehler sichtbar (Norman, et al., 2012), was auf systematische Fehler bei Bewegungen hinweist.

Tab. 4-10: Fähigkeitsstudien zu Nikon Metrology iGPS

Vergleichssystem **Unsicherheit (2σ)**	**Laser-tracker/ Radar**	**Laser-tracker**	**Laser-tracker**	**Laser-tracker**	**Laser-tracker**
X/Y	120 µm	130 µm	140 µm	340 µm	
Z	190 µm	110 µm	100 µm	200 µm	
Länge	170 µm				
Winkel	5 ppm				2,5 ppm
3d		203 µm	160 µm	420 µm	250 µm
Quelle	(Hughes, et al., 2010, pp. 32-33)	(Schmitt, et al., 2010b, p. 453)	(Schwendemann & Müller, 2011, p. 45)	(Franceschini, et al., 2011, p. 31)	(Muelaner, et al., 2012, p. 13)

Lichtsignale werden von Siliziumplättchen und einer Verstärkerkette detektiert und in eine analoge (Detektor der Generation 5) oder digitale (Generation 6, Abb. 4-8 links) Auswertelogik geleitet. Die analoge Auswertung erfolgt über die steigende und fallende Flanke an einer festen Amplitude (Level). Die digitale Auswertung erfolgt über einen digitalen Signal Prozessor und liefert ein stabileres Zeitsignal. Eine Beschreibung der inneren Funktion existiert nicht. Über die Programmierschnittstelle ist kein Zugriff auf die Rohsignale vom iGPS möglich. Zur Diagnose von Umgebungsbedingungen erstellen die Empfänger Kurzzeitprotokolle mit einer Dauer von jeweils 400 Millisekunden.

Die Uhren der Empfangseinheiten arbeiten mit einer Frequenz von 50 Megahertz. Bei einer Analyse der digitalen Rohsignale sind signifikante Hintergrundeffekte sichtbar. Die Hallenbeleuchtung vom Forschungsgroßgerät besteht sowohl aus Leuchtstoffröhren als auch aus Gasdrucklampen. Aus einer Frequenzanalyse ergeben sich die dominierenden Frequenzen zu 100, 300 und 200 Hertz sowie einem Gleichanteil. In der aktuellen Generation der Empfangseinheiten wird eine Abschätzung des Gleichanteils und des Rauschens für die Bestimmung der Pulse herangezogen. Durch eine Frequenzanalyse werden Flanken deutlicher und eine präzise Uhrensynchronisierung ist möglich. In Abb. 4-8 rechts zeigen sich im Verzögerungsbild die Vorteile des Kompensierens der Hintergrundschwingungen. Während die in der aktuellen Softwareversion Pulse einen weiten Abstand zum nicht kompensierten Level haben, werden die kompensierten Pulse mit einer geringeren Unsicherheit identifiziert.

Im logarithmisch dargestellten Bild des ersten Pulses von Abb. 4-9 auf der rechten Seite wird die Bestimmung des Schwerpunktes verdeutlicht. Eine stabile Definition des Schwerpunktes über einen gewichteten Mittelwert ist auch bei unterschiedlichen Pulsformen durch gekippte Laserfächer und unsymmetrischen Konstellationen möglich. Die Pulsform und dessen physikalische Beziehung ergeben sich durch das Überstreichen der zylinderförmigen Siliziumfläche durch die Laserfächer. Die Korrektur wird durch ein Kompensationsverfahren basierend auf der relativen Orientierung des Empfängers zur Achse des Transmitters bestimmt. In der Software vom iGPS wird ein Modell mit den Parametern Distanz, Roll- und Nickwinkel sowie einem der Kegelmathematik des iGPS (Hedges, et al., 2003) zugeordneten Ebenen-Abstand verwendet. Für die Kalibrierung in dieser Arbeit wird dieses Modell durch ein Polynom-Ersatzmodell angenähert.

Durch die unterschiedlichen Drehraten der Transmitter erfolgt eine Zuordnung der Peaks zu den Transmittern. Die Software verfolgt dabei einzelne Kandidaten der Peak-Transmitter-Zuordnung und aktualisiert das Überwachungsfenster entsprechend der aktuellen Situation. Wenn zwei Peaks sehr nah aufeinanderfolgen, markiert die Software eine Kollision und verhindert die Auswertung. Die Auswertung der Peaks erfolgt alternativ über eine Histogramm-Analyse der Differenzen der Peaks. Während der Kalibrierung weisen alle Peaks die Intervalle der Transmitter auf, wodurch je nach Periodenunterschied ein Vielfaches des Intervalls sichtbar wird (Abb. 4-10 links). Die Mehrdeutigkeiten sind durch Unwrapping aufzulösen. Die Differenzen werden durch die wahrscheinlichste Periode geteilt und einem Histogramm mit einem Mittelungsverfahren ausgewertet (Abb. 4-10 links).

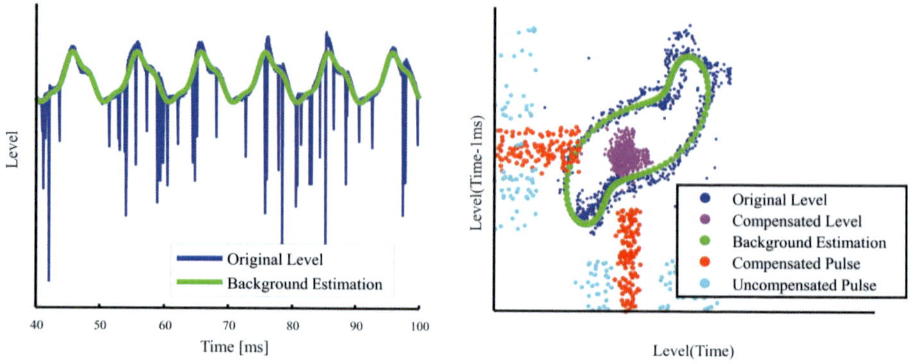

Abb. 4-8: Hintergrund-Kompensation und Pulsbestimmung im Verzögerungsbild

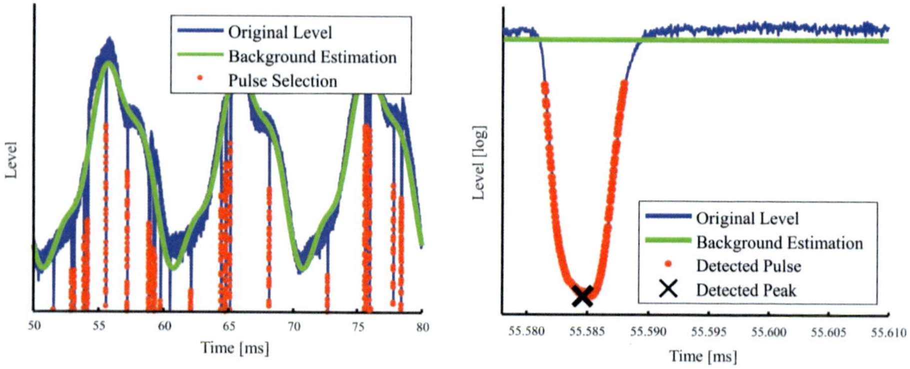

Abb. 4-9: Bestimmung des Schwerpunkts von einem Puls

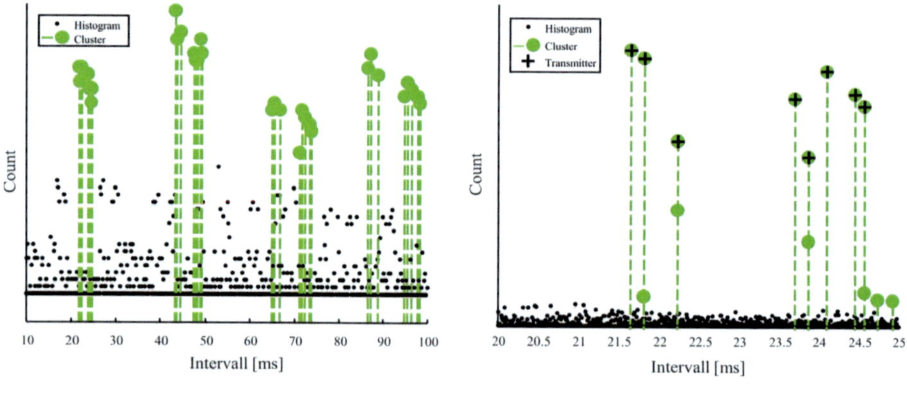

Abb. 4-10: Erkennung von Transmittern (links: Absolut, rechts: Periodisch zugeordnet)

Der Matlab-Code zum Extrahieren der Transmitter ist in Tab. 4-11 aufgeführt, um die Funktionsweise zu verdeutlichen.

Tab. 4-11: Matlab-Code für das Extrahieren der Transmitter

```
%% Peak extrahieren

peak_time=peaks(:,4)

%% Differenzen bilden
peak_intervalls=nan(size(peak_time,1),size(peak_time,1));
for m=1:size(peak_time,1)
    for n=1:size(peak_time,1)
        if(m~=n)
          peak_intervalls(m,n)=(peak_time(m)-peak_time(n));
        end
    end
end

%% Intervall unwrappen
intervall=abs(round((peak_intervalls)/25+0.5))+1
peak_intervalls1=peak_intervalls./intervall
peak_intervalls2=abs(peak_intervalls1(:));

%% Histogramm erstellen
[counts,values]=hist(peak_intervalls2,linspace(20,25,50001));
step=values(2)-values(1);
counts(1)=0; counts(end)=0;

%% Sortieren und Transmitter auswählen
[counts, index]=sort(counts,'descend');
select=8; selected=values(index(1:select))';

%% Feinauswertung
Transmitter=zeros(select,1); Height=zeros(select,1);
for m=1:select
    Transmitter(m)=nanmean(peak_intervalls2 ...
        (abs(peak_intervalls2-selected(m))<2*step));
end

%% Frequenz bestimmen
Transmitter=[Transmitter Transmitter.^-1*1000]
```

Die Transmitter werden durch einen Vergleich mit den Kalibrierdaten des Herstellers zugeordnet (Tab. 4-12). Für die Transmitter liegen die relativen Abweichungen im Bereich weniger PPM (Parts-Per-Million), was auf die prinzipielle Eignung der Auswertemethode mittels Histogramm in einem Fenster von 400 ms schließen lässt. Die Signalauswertung und die Zugriffsmöglichkeit verhindern diesen Betriebsmodus zurzeit.

Tab. 4-12: Transmitter Vergleich von Kalibrierung und Histogramm

	Kalibrierung		Histogramm		Delta	
	Intervall	Frequenz	Intervall	Frequenz	Absolut	Relativ
Transmitter	[ms]	[Hz]	[ms]	[Hz]	[µs]	[ppm]
1192702	24,5705	40,6992	24,5702	40,6998	0,3253	13,2415
1187798	24,4503	40,8994	24,4503	40,8994	-0,0059	-0,2398
1194188	24,0976	41,4980	24,0963	41,5001	1,2148	50,4142
1190544	23,8675	41,8979	23,8663	41,9001	1,2692	53,1777
1181529	23,6965	42,2002	23,6962	42,2008	0,3405	14,3710
1188049	22,2226	44,9993	22,2227	44,9990	-0,1023	-4,6034
1188034	21,8101	45,8503	21,8101	45,8502	-0,0101	-0,4625
1195218	21,6460	46,1979	21,6449	46,2002	1,0875	50,2449

Mit den Intervallzeiten der Transmitter werden die Peaks kategorisiert. Jeder Transmitter besitzt einen Nulldurchgang und zwei Laserfächer, welche die Winkelstellung des rotierenden Transmitterkopfes beschreiben. Der Nulldurchgang definiert den Azimut-Winkel und unterliegt bei fixiertem Transmitter keiner Bewegung. Damit ist der Nulldurchgang zur Überwachung der Transmitterdrehung und deren Kompensation einzusetzen. Relativ zu dem Nulldurchgang werden die beiden Fächer bestimmt, welche bei Bewegung der Empfänger zeitabhängige Stellungen aufweisen. Bei der in Abb. 4-11 gezeigten Stillstandsmessung sind diese ebenfalls statisch. Die Winkel der Peaks im Stillstand zeigen die Unsicherheit der Einzelmessung im Bereich von 1/1000°. Der Nulldurchgang hat eine geringfügig stabilere Lage als die Fächer.

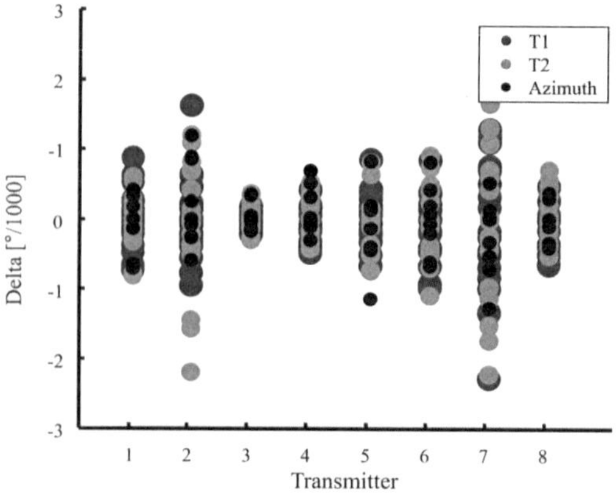

Abb. 4-11: Stabilität der Winkel von Laserfächern und Nulldurchgang

Der Matlab-Code für die Winkelstellung des Transmitters ist in Tab. 4-13 aufgeführt.

Tab. 4-13: Matlab-Code für das Bestimmen des Rotationswinkels

```
%% Peak extrahieren
peak_time=peaks(:,4)
%% Durch Transmitter iterieren
peak_h=nan(8,13)
for m=1:8
    tx_intervall=Transmitter(m)

    %% Modulus des Intervalls ergibt Phase
    tx_detect=mod(peak_time,tx_intervall)/tx_intervall*360;

    %% Histogramm sortieren, Nulldurchgang hat nur halbe Anzahl an Peaks
    [tx_peak,tx_angle]=hist(tx_detect(:),36001);
    step=tx_angle(2)-tx_angle(1);
    [tx_counts, tx_index]=sort(tx_peak,'descend');

    %% Je nach Phasenlage muss Fächer sortiert werden
    [peak_h(m,1:2),idx]=sort(tx_angle(tx_index(1:2)),'descend');
    peak_h(m,3)=tx_angle(tx_index(3));

    %% Mittelung der Winkelstellungen
    factor=2;
    peak_a=tx_angle(tx_index(1:3))
    peak_h(m,6)=nanmean(tx_detect(abs(tx_detect  ...
        -peak_a(idx(1)))<factor*step),1);
    peak_h(m,7)=nanmean(tx_detect(abs(tx_detect  ...
        -peak_a(idx(2)))<factor*step),1);
    peak_h(m,8)=nanmean(tx_detect(abs(tx_detect  ...
        -peak_a(3))<factor*step),1);
end
```

Da eine Auswertung der Zeitsignale auf dem Detektor vom iGPS nicht möglich ist, wird die Zuordnungsfunktion von Nikon weiterverwendet. Erkannte Peaks werden als „Revolution" zur Verfügung stellt und bestehen aus:

- Zeiten der Laserfächer
- Zeiten des Nulldurchgangs
- Informationen zum Zustand der Fächer
- Winkel der Fächer benannt als „Theta 1" und „Theta 2".

Nachteilig an den Revolution-Werten ist Zeitverzögerung des Zuordnungssystems, da diese immer volle Umdrehungen der Transmitter beschreiben. Die Stabilität der Theta-Zeitwerte im Stillstand beträgt ungefähr 100 Nanosekunden (Abb. 4-12 rechts). Das entspricht den beobachteten Werten der eigenen Signalanalyse durch Umrechnen in Winkel (0,00144°). Der Winkelfehler entspricht in 10 Meter Abstand und einer Drehrate der Transmitter von 40 Hz 0,25 mm. Den zugeordneten Thetas wird ein Frame zugewiesen. Frames kombinieren mehrere Detektoren und weisen im untersuchten Stillstand ein RMS von 85,6 µm auf. Dies lässt ebenfalls einen Fehler von 0,25 mm erwarten. Im Histogramm (Abb. 4-12 links) ist eine geringere Abweichung parallel zu den Drehachsen der Transmitter (Z-Achse) ersichtlich.

Die Fächer des iGPS, die Zylinderform der Detektoren und die unstetige Datenerfassung in einem redundanten Netzwerk erschwert die Bestimmung von Messwerten. Für eine Kalibrierung müssen die Zeitpunkte der Thetamessung auf eine gemeinsame Basis bezogen werden. Beim Verrechnen der Signale treten sonst Abweichungen durch unterschiedliche Aufnahmezeiten auf. Bei der Aufnahme der Werte für die Kalibrierung (Bundling) wird eine bilineare Anpassung der Strahlen an den Zeitpunkt eines Punktes durchgeführt. Punkte werden mit einem Intervall von 1 Sekunde aufgenommen

- Für die Kalibrierung mit einem Scale-Bar muss dieser im Raum bewegt werden und eine möglichst vollständige Abdeckung des Volumens aufweisen („Free-Scale“)
- Eine weitere Möglichkeit des Bundlings besteht in der Nutzung eingemessener Punkte (Monumente). Diese geben feste Positionen im Raum vor, definieren das Koordinatensystem und kompensieren Drift.

Das System in der „Indoor-GPS basierten Roboterzelle“ ist ohne Monumente ausgestattet und nutzt ein „freies Netzwerk“. Im Anschluss an die Aufnahme von Kalibrierpunkten wird die Kalibrierung durchgeführt. Die Informationen zu den Messpunkten und der Kalibrierung werden in einer Textdatei (in neueren Softwareversionen als XML) gespeichert.

Das Einlesen der Kalibrierdatei bildet den Start der Untersuchung der geometrischen Beziehungen des iGPS. Diese werden an den entscheidenden Schritten dargestellt. Die Kompensation der zylinderförmigen Detektoren reduziert die Schwerpunkte von Peaks durch unterschiedlich orientierte Sensorflächen. Die Parameter des Bundlings sind nur wenig aussagekräftig und eine Modellbeschreibung fehlt. Deshalb wird über eine Simulation in Form eines Halbzylinders die Situation beim Auftreffen eines Laserfächers auf den Detektor in verschiedenen Posen simuliert. Mit der Simulation wird ein Ersatzmodell numerisch definiert (Abb. 4-13 links) und ausgewertet (Abb. 4-13 rechts). Die simulierten Schätzwerte ermöglichen die Kalibrierung. Weitere Untersuchungen zur Validierung müssen durchgeführt.

Das dargestellte Bundle ist am 30. August 2014 mit der Surveyor Version 2.3 aufgenommen worden und weist für die 8 Transmitter einen mittleren Bundle-Error von 0,345 auf. Nach einer Sortierung Transmitter wird das Bundle auf einen Transmitter bezogen, um das Koordinatensystem zu fixieren. Für den Einsatz der Polynomanpassung wird die Ordnung über die Berechnung des Residuums der Anpassung bestimmt. Für den Azimut ist ein lineares Modell ausreichend, welches aber nicht im Ursprung der Drehung liegt (Abb. 4-14 links). Für die Elevation kompensiert ein Polynom 3. Ordnung bereits die systematischen Fehler (Abb. 4-14 rechts). Ein Polynom vierter Ordnung hat zwar ein kleineres Residuum, allerdings sinkt die Stabilität bei der Auswertung.

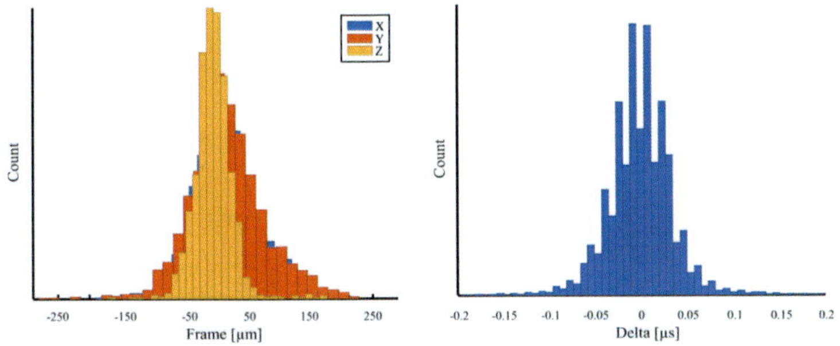

Abb. 4-12: Laserfächer (RMS: 0,036 µs) und Frames (RMS: 85,6 µm) im Stillstand

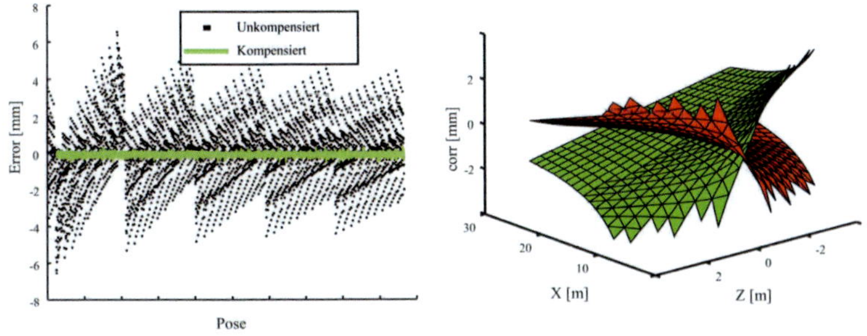

Abb. 4-13: Bestimmung und Einsatz des Ersatzmodells für iGPS

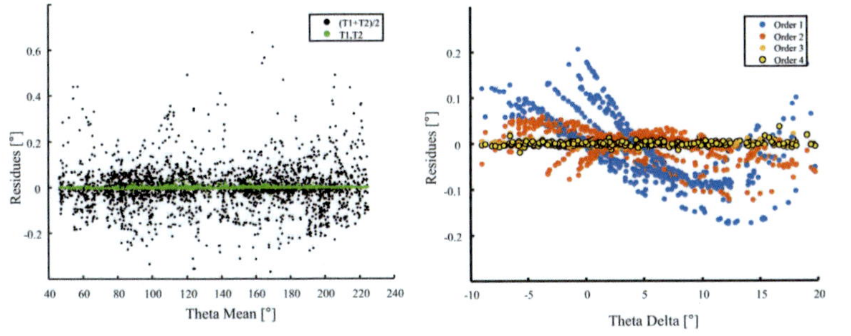

Abb. 4-14: Azimut- und Elevation-Bestimmung für iGPS

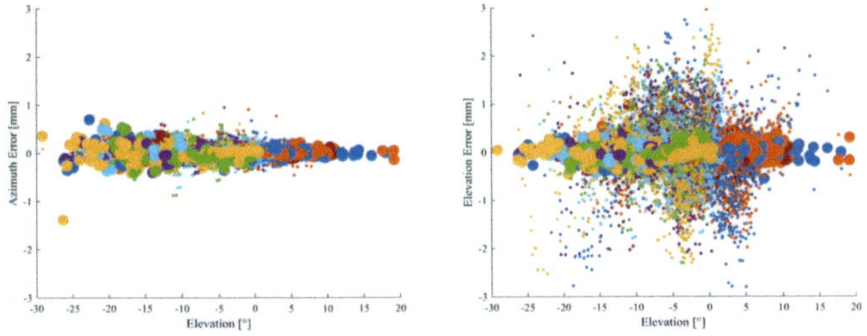

Abb. 4-15: Korrektur für Azimut (RMS: 64 µm) und Elevation (RMS: 132 µm)

Für die Berücksichtigung von Zusatzparametern in einer Polynomanpassung wird eine Funktion mit Singulärwertzerlegung (Whitehead, 2011) um den Parameter Distanz in der ersten bis dritten Ordnung ergänzt. Der Versatz des Ursprungs der Fächer von der Drehachse ist ein weiterer Parameter. Als Polynomparameter gehen die Theta-Werte mit einer Korrektur für die Zylinderform der Detektoren und eine Korrektur des Drehwinkels aufgrund der Lichtlaufzeit in der 3. Ordnung ein. Für den Azimut verringert die Korrektur die Residuen um den Faktor zwei (Abb. 4-15 links). Für die Elevation beträgt er 5,75 (Abb. 4-15 rechts). Durch den Abgleich der Modelle zwischen Surveyor und dem Polynomansatz sind die Ergebnisse zur Kalibrierung vergleichbar und die Daten wahrscheinlich korrekt interpretiert.

Für die Bestimmung der Schnittpunkte der Laserfächer werden Punkte gewählt, an denen mindestens eine bestimmte Anzahl von Transmittern einen Wert für den Frame liefert. Im Beispiel werden 10 von 16 möglichen Sichtbarkeiten (ein Scale-Bar hat zwei Empfänger) vorausgesetzt. Von den 5619 Strahlen werden 296 ausgewählt. Die Skalierung des Systems wird angepasst, sodass zwischen Transmitter 1 und Transmitter 2 die dimensionslose Länge 1 entsteht. Der Abstand von 15475,399 mm aus dem Bundle wird für die Rekonstruktion gespeichert. Für die Minimierung wird eine Fehlerfunktion eingesetzt, welche an- und abwählbar Modellparameter für in die Fehlerbestimmung aufnimmt:

1) die Transmitterpositionen
2) die Azimut-Parameter
3) die Theta-Parameter
4) die Zylinder-Kompensation
5) die Pose von Detektoren

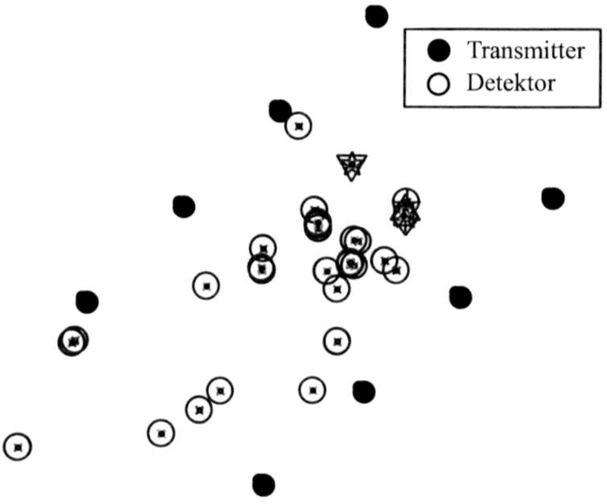

Abb. 4-16: iGPS-Kalibrierbeispiel

Im Kern prüft die Fehlerfunktion den Schnittpunkt der Strahlen durch den Empfänger, den Abstand der Fächerebene zu den Detektoren, die Abstände der Empfänger der Detektoren und mittelt diese aus. Für das Beispiel ergibt sich eine durchschnittlicher minimaler Abstand zwischen zwei sich schneidenden Strahlen von 163 µm, was im erwarteten Bereich liegt und die weiteren Untersuchungen zur Optimierung der Kalibrierung ermöglicht. Die Kalibrierung aller Parameter zur gleichen Zeit hat im Beispiel 1118 teilweise korrelierte Freiheitsgrade.

Mit den kalibrierten Laserfächern werden erweiterte Auswerteverfahren für das iGPS realisiert. Diese gehen über das Nutzen der Frames hinaus und lösen verschiedene Probleme:

- Durch das Warten und Auswerten einer kompletten Umdrehung des Transmitters wird eine Totzeit in das System eingebracht. Eine geometrisch anspruchsvolle Aufgabe bei dem Zuordnen eines Korrekturvektors zu den Sichtstrahlen wegen der unterschiedlichen Orte des Auftreffens der Laserfächer ist die Folge. Diese Probleme werden behoben, wenn das System die Drehwinkel bei Erkennung eines Peaks bereitstellt. Die Auswertung erfolgt in dem Fall über zwei Modi im GRS:

    a) Drei Ebenen mit genügend kleinem Zeitabstand werden zu einem Schnittpunkt vereint. Dessen Güte definiert sich über die Winkel der Ebenen zueinander, den zeitlichen Abstand und bei mehr als drei Ebenen über den Abstand der entstehenden Schnittpunkte. Durch die Schnittpunkte entsteht eine Punktewolke, welche dynamisch anzupassen und für die Extraktion von Punkten und Bahnen zu nutzen ist.
    b) Über ein Partikelsystem für die Detektoren sind bei genügend kleinem Abstand Federelemente zwischen Laserebene und Partikel am Ort des Zeitpunktes einzufügen. Die Detektoren würden dadurch ebenfalls die Aufgabe der Tracker übernehmen, weil ungültige Ebenen keinen systematischen Bezug ausüben.

- Durch eine digitale Auswertung ist die Signalaufnahme in der Lage, einen Puls präziser zu bestimmen und die Zeitkompensation einzubeziehen. Über die periodischen Signale der Hallenbeleuchtung sind die Uhren präziser zu synchronisieren. In den präziser synchronisierten Zeitdaten sind Überlagerungen, falsche Zuordnungen, Vibrationen und Unwucht der Transmitter zu erkennen.
- Für Messaufgaben wird die Datenaufnahme von der Auswertung entkoppelt, um einen Bündelblockausgleich analog zur Fotogrammmetrie zu ermöglichen. Die Präzision wird insbesondere in freien Netzwerken steigern.
- Das Konzept monumentbasierter Netzwerke ist prinzipiell stabil und vereinfacht Probleme mit Drift oder die Referenzierung. Allerdings sind das Vorhalten der Empfänger und deren Überwachung kostenintensiv ohne einen Mehrwert für Prozesse. Besser wäre eine Kopplung der vorhandenen Empfänger am Roboter, IDUs oder Handgeräte an definierten Orten, welche zur Überprüfung als „virtuelles" Monument eingesetzt werden. Für die Überprüfung der Spezifikation ist mit einem rückgeführten System eine Vergleichsmessung durchzuführen.
- Beim Bundling erzeugt der Nutzer durch Stoppen der Bewegung aktiv einen Aufnahmepunkt. Aufgrund der langsamen Bewegung erfolgt eine präzisere Messung der Winkelstellungen ohne Zeiteinflüsse. Zudem teilen z.B. Roboter bei der Referenzierung ihre Sollposition mit und integrieren neben der Basisfestlegung eine Werkzeugmessung.

Perzeption mit Multiangulation

Winkelbasierte Systeme weisen in der industriellen Montage eine weite Verbreitung und dementsprechende Vielfalt auf. Sie sind flexibel an die Aufgaben und die jeweiligen Anforderungen an die Genauigkeit anpassbar. Größter Nachteil der winkelbasierten Systeme ist die fehlende Rückführbarkeit in den Einzelmessungen. Für Messaufgaben fällt ein erhöhter Aufwand zum Einbringen eines Längennormals an. Der Wettbewerbsdruck führt zu einer hohen Reife der Systeme, weshalb eine Anwendung auch für kritische Montageprozesse möglich ist. Kleine Messbereiche werden effizient mit Matrix-Kameras erfasst. Diese sind in ihrer Winkelauflösung aufgrund der einzelnen Pixel begrenzt. Durch den Einsatz von Linien-Kameras wird die Winkelauflösung aufgrund der höheren Pixelzahl ebenso wie die Messrate erhöht. Aktive Targets müssen eingesetzt werden und eine Verbindung zwischen Empfänger und Kamera wird benötigt. Für eine Steigerung des Messvolumens werden Projektionssysteme benötigt, welche die Referenzierung im Raum vorgeben. Die projizierten Informationen werden lokal von Sensoren ausgewertet. Durch die Einflüsse von der Positionierung der Komponenten und Refraktion weisen winkelbasierte Systeme eine höhere Unsicherheit (20 ppm) als längenbasierte Systeme auf. Die Absicherung durch Redundanz in der Montage lässt einen stabileren Einsatz zu.

4.2 Wahrnehmung durch lokale Sensorik

In der Wirkzone von Montage werden Bauteile mechanisch heraus (z.B. durch Anschläge, Fädelkonzepte, Passsysteme) oder sensorisch unterstützt (z.B. Best-Fit) ausgerichtet. Beim Montieren von Bauteilen in bestehende Strukturen findet eine Toleranzaddition statt. Lokale Sensorik verringert den mechanischen Aufwand von Fügeprozessen und stellt die wirtschaftliche Montage komplexer Bauteile sicher. Drei Prinzipien sensorgestützter Endeffektorbewegungen werden unterschieden (Tab. 4-14).

Tab. 4-14: Übersicht der lokalen Sensorik nach **(Gevatter & Grünhaupt, 2006)**

Prinzip	Untersuchte Sensorik	Kapitel
Kraftdosierung zwischen Endeffektor und Arbeitsobjekt	Kraftsensoren	4.2.1
Annäherung des Endeffektors an Ziele	Kamerabasierte Sensoren	4.2.2
Annäherung des Endeffektors an Ziele	Projektionsbasierte Sensoren	4.2.3

Lokale Sensoren werden meist für die Absicherung von Prozessen ohne globale Referenzierung eingesetzt. Die Sensordaten erfassen damit Abweichungen von Robotern und Prozessen. Durch eine Datenanalyse mit Einbindung von Stichproben-Messungen werden in der Großserie Einzeleinflüsse isoliert und für die Prozessregelung eingesetzt. In GRS werden lokale Sensordaten zu der idealisierten Planung referenziert, was die Trennung zwischen Roboter-, Bauteil- und Prozessabweichungen vereinfacht. Die Bestimmung von Abweichungen wird beispielhaft in Anwendungsszenarien (Kapitel 7) implementiert.

4.2.1 Kraftsensoren

Die Einbindung von Kräften und Momenten ermöglicht ein definiertes Fügen von Bauteilen unter Krafteinflüssen oder bei undefinierten Bauteildimensionen. Zentrales Element der Einbindung von Kraftsensoren ist die Transformation des Kraft-/Momententupels (33) an einen gemeinsamen Bezugspunkt (Spiller, 2014). Über Gleichgewichtsbedingungen erfolgen eine Kalibrierung und die Berechnung von Kontaktkräften und -momenten. In einem freigeschnittenen System ist die Summe aller Kräfte und resultierender Momente null. Das resultierende Kraft-/Momententupel stellt die zu minimierende Abweichung dar. Ein Endeffektor an einem Roboter wird durch Integration eines 6D-Kraft-/Momentensensors zu einem freigeschnittenen System. Die Kalibrierung erfolgt durch Nutzung der Gravitation, dessen Richtung bekannt ist (34). Bestimmt werden die folgenden Parameter in Formel (35):

- Schwerpunkt und Masse des Greifers
- Offsets für die Koordinatenkomponenten
- Optional die Position des Sensors relativ zum Flansch

$$
{}_{N}\underline{FT} = \begin{bmatrix} {}_{N}F_X \\ {}_{N}F_Y \\ {}_{N}F_Z \\ {}_{N}M_X \\ {}_{N}M_Y \\ {}_{N}M_Z \end{bmatrix} = \begin{bmatrix} {}^{N}_{M}R & 0 \\ \Omega\left({}^{N}_{M}\vec{t}\right) & {}^{N}_{M}R \end{bmatrix} \begin{bmatrix} {}_{M}F_X \\ {}_{M}F_Y \\ {}_{M}F_Z \\ {}_{M}M_X \\ {}_{M}M_Y \\ {}_{M}M_Z \end{bmatrix} = {}^{N}_{M}T^{f} \cdot {}_{M}\underline{FT} \tag{33}
$$

$$
mit \quad \Omega\left({}^{N}_{M}\vec{t}\right) = \Omega\begin{pmatrix} x \\ y \\ z \end{pmatrix} = \begin{bmatrix} 0 & -z & y \\ z & 0 & -x \\ -y & x & 0 \end{bmatrix}
$$

$$
{}_{TCP}\underline{FT}_{res} = \begin{bmatrix} {}^{TCP}_{S}R & 0 \\ \Omega\left({}^{TCP}_{S}\vec{t}\right) & {}^{TCP}_{S}R \end{bmatrix} {}_{S}\underline{FT} - \underline{O_S} + \begin{bmatrix} {}^{TCP}_{0}R^{T} & 0 \\ \Omega\left({}^{TCP}_{G}\vec{t}\right) & {}^{TCP}_{0}R^{T} \end{bmatrix} \begin{bmatrix} 0 \\ 0 \\ -m \cdot g \\ 0 \\ 0 \\ 0 \end{bmatrix} \tag{34}
$$

$$
mit \quad {}^{TCP}_{S}T = \begin{pmatrix} {}^{TCP}_{S}R & {}^{TCP}_{S}\vec{t} \\ 0 & 1 \end{pmatrix} = \left({}^{TCP}_{F}T\right)^{-1} \cdot {}^{S}_{F}T
$$

$$
und \quad {}^{TCP}_{G}\vec{t} = \left({}^{TCP}_{F}T\right)^{-1} \cdot \left({}^{TCP}_{0}T \cdot \left({}^{TCP}_{F}T\right)^{-1} \cdot {}^{G}_{F}\vec{t}\right)
$$

$$f\left({}_{F}^{G}\vec{t}, m, \underline{O_S}, {}_{F}^{S}T\right) = \sqrt{\sum_{TCP}\left(\left\|{}_{TCP}\underline{FT}_{res}\right\|\right)^2} \rightarrow min \tag{35}$$

${}_{N}\underline{FT}$	Kraft-/Momententupel im Bezugssystem N
${}_{N}^{M}T^{f}$	Tansformation vom Bezugssystem M nach N
${}_{N}F_X, {}_{N}F_Y, {}_{N}F_Z$	Kraftkomponenten im Bezugssystem N
${}_{N}M_X, {}_{N}M_Y, {}_{N}M_Z$	Kraftkomponenten im Bezugssystem N
$\Omega({}_{M}^{N}\vec{t})$	Linksseitiges Vektor-Kreuzprodukt $\Omega(\vec{a}) \cdot \vec{b} = \vec{a} \times \vec{b}$
${}_{M}^{N}T$	Transformation vom Bezugssystem M nach N
${}_{M}^{N}R$	Rotation vom Bezugssystem M nach N
${}_{M}^{N}\vec{t}$	Translation vom Bezugssystem M nach N
x, y, z	Translation ${}_{M}^{N}\vec{t}$ vom Bezugssystem M nach N
${}_{TCP}\underline{FT}_{res}$	Resultierende Kraft am Arbeitspunkt vom Endeffektor
${}_{F}^{G}\vec{t}, m$	Schwerpunkt zum Flansch und Masse des Endeffektors
$\underline{O_S}$	Offset der Koordinaten vom Sensor
0	Ursprung
TCP	Arbeitspunkt vom Endeffektor
F	Flansch
G	Schwerpunkt
S	Sensor

Durch die Integration dynamischer Anteile lassen sich auch nicht-(quasi-)statische Fälle für die Kraftregelung einbinden. Direkte und indirekte Regelverfahren werden über die theoretischen Grundlagen (Spiller, 2014) sowie einer Entkoppelung der nichtberührenden Kräfte (Kubus, et al., 2008) umgesetzt. Mögliche Szenarien sind das kraftgeführte Bewegen des Roboters zum Programmieren oder Bearbeiten (Winkler, 2006). Das Fügen von Bauteilen mit einer Kraftvorgabe (Kapitel 7.2.1) implementiert die Kraftregelung als quasistatischen direkten Fall mit einem Kontakt und konstanter Masse.

4.2.2 Kamerabasierte Sensoren

In enger Anlehnung an die qualitative Sichtprüfung durch einen Werker ermöglicht Bildverarbeitung die Ableitung quantitativer Informationen. Kamerabasierte Messtechnik wird wegen der Schnelligkeit und Zerstörungsfreiheit für folgende Aufgaben eingesetzt:

- Fertigungsintegrierte Prüfung von Qualitätsmerkmalen
- Eingreifen bei Fertigungsabweichungen
- Regelung von Prozessen

Durch die zunehmende Leistungsfähigkeit der Komponenten, modularen Schnittstellen und hohem Innovations- und Wettbewerbsdruck erweitern sich Anwendungsmöglichkeiten für Bildverarbeitung kontinuierlich. Dabei ergeben sich beim Einsatz von Bildverarbeitung besondere Anforderungen an die Integration und Abstimmung der beteiligten Komponenten eines Bildverarbeitungssystems. Die Bereitstellung qualitativ und quantitativ hochwertiger Bilder ist dabei ein wesentlicher Baustein für die Effizienz und damit Wirtschaftlichkeit eines Bildverarbeitungssystems. Die Komponenten eines Bildverarbeitungssystems lassen sich in folgende Kategorien einordnen (Jähne, 2005):

- **Beleuchtungen** stellen Licht bereit und sind entweder durch Eigen-/ Fremd-/ Umgebungslicht passiv an der Auswertung beteiligt oder aktiv durch die Projektion von Mustern als virtuelle Kamera eingebunden
- **Kamera-Optik-Systeme** projizieren Lichtstrahlen auf eine Sensorfläche und stellen die gemessene Lichtintensität in einer numerischen Struktur bereit
- **Schnittstellen** transferieren die Strukturen von den Kameras in die Auswerteeinheit und entkoppeln so die Bildaufnahme von der Bildauswertung
- In der **Auswerteeinheit** werden die Intensitätsverteilungen von einem oder mehrerer Sensoren zu einem Messwert abgeleitet
- Die Nutzung der Messergebnisse für die Handhabung von Bauteilen, die Dokumentation oder Kompensation von Prozessen erfordert ebenfalls angepasste **Schnittstellen**

Bildverarbeitungssysteme führen eine Abfolge von aufeinander aufbauenden Operationen während eines Messvorgangs durch. Die Aufgabe der Sensoren ist die Erfassung der Lichtinformationen und dessen Umwandlung in ein digitales Format. Die Vorverarbeitung der Signale verstärkt relevante Merkmale der Lichtintensitäten. Die Merkmalsextraktion ordnet einzelnen Bildelementen oder lokalen Bereichen Suchkriterien zu und erlaubt im Anschluss die Messwertbestimmung. Das Zusammenspiel von Beleuchtung und Kamera-Objektiv-System ermöglicht das Abbilden von Merkmalen der Werkstücke auf der Sensorfläche. Dabei werden auch optische Effekte wie z.B. die Nutzung der Tiefenschärfe für die Merkmalshervorhebung eingesetzt (alicona, 2008).

Die Sensordaten werden in der Auswerteeinheit durch numerische Operatoren verstärkt die Merkmale für deren Extraktion und damit zur Ableitung eines Messwertes. Bei Punktoperationen haben einzelne Punkte keinen Einfluss aufeinander. Nachbarschaftsoperationen wie z.B. Filter werden für Mittelungen, Kantenbestimmungen oder Merkmalshervorhebungen angewendet. Sie falten eine Maske und ein Bild (36). Durch Anpassung der Filtereinträge werden Ableitungen approximiert, wobei eine Richtungsabhängigkeit durch numerische Kompensation möglich ist (Scharr, 2007).

$$g'_{mn} = \sum_{m'=-r}^{r} \sum_{n'=-r}^{r} h'_{mn} g_{m-m', n-n'} \qquad (36)$$

g_{mn} Wert am Pixel (m,n)

h_{mn} Filtermaske an Position (m,n)

r Maskenbreite für den symmetrischen Filter

Neben den numerischen Nachbarschaftsverfahren führt die Erkennung und Zuordnung bekannter Strukturen zu weiteren Verfahren der Bildverarbeitung (Szeliski, 2011). Über strukturierte Muster wie Bauteilumrisse, Bohrbilder oder weitere Merkmale auf den Bauteiloberflächen sind Merkmale in Bildern eindeutig zuzuordnen. Neben den direkten Bauteilmerkmalen sind standardisierte Strichmuster zu messen z.B.:

- QR-Code (ISO/IEC, 2000)
- Daten-Matrizen (GS1, 2016a)
- AR-Markern (Wagner & Schmalstieg, 2007)
- BCH-Codes (Bose & Ray-Chaudhuri, 1960)

Aus den Markern werden die geometrischen und beschriebenen Informationen extrahiert. Die Pixelkoordinaten der Merkmale lösen aufgrund ihrer eindeutigen Codierung das Korrespondenzproblem für mehrere Kameras. Eine Rückführung der Probleme auf Multiangulation (Kapitel 4.1.3) ist möglich. Für die Erhöhung der Präzision werden die Informationen einer Nachbarschaft kombiniert. Die Ecken der Marker werden durch eine Analyse der lokalen Orientierung (OpenCV, 2016) präziser erfasst (Schmitt, et al., 2013b).

4.2.3 Projektionsbasierte Sensoren

Bei projektionsbasierten Systemen wird im Gegensatz zur reinen Fotogrammmetrie mindestens eine Lichtquelle in Form eines Lichtstrahls, eines Laserfächers (Lichtschnitt) oder einer strukturierten Beleuchtung eingesetzt (Wiora, 2001). In Lichtschnittsensoren werden Laserstrahlen zu Fächern oder anderen Mustern geformt und auf ein Bauteil projiziert. Messwerte werden als Teil der Laserfächer in der Messebene aufgefasst. Der Messabstand, Messbereich und die Empfindlichkeit (DIN, 2000) ist je nach Lasersensor unterschiedlich. Bei der Einrichtung von Lichtschnittsensoren ist die Kompensation folgender Abweichungen notwendig:

- Strahlintensitätsverteilung (Zhang, et al., 2015)
- Optischen Abbildungseigenschaften
- Tiefenschärfe optimierte Optiken (Scheimpflug, 1904)

Zur Kalibrierung von Lichtschnittsensoren (Schmitt, et al., 2013b) werden die Erkennung von Markern mit denen der Laserlinien kombiniert. Eine Kalibrierung mehrerer Kameras mit einem Mehrlinien-Projektor wird möglich (Abb. 4-17).

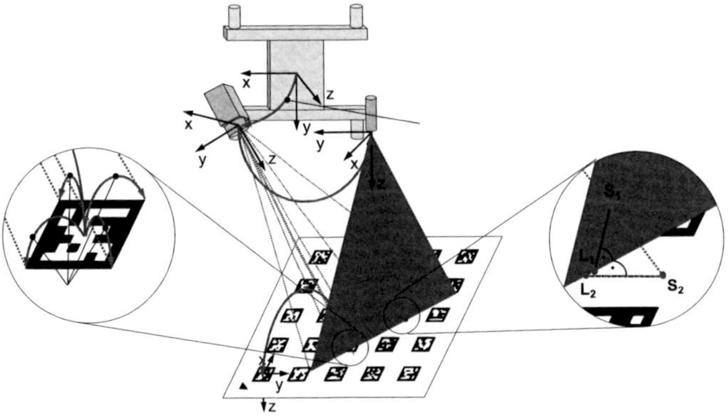

Abb. 4-17: Prinzip des kombinierten Tracker-Lichtschnittsensors **(Schmitt, et al., 2013b)**

4.3 Beobachtbarkeit selbstreferenzieller Montage

Die Wirkzonen von Montageprozessen sind mit Sensorik beobachtbar und charakterisierbar. Einflussmöglichkeiten durch Beobachtbarkeit auf Produktebene bestehen durch

- die komplexe Struktur und Anforderungen durch die zunehmende Individualisierung
- und die Opportunität entlang der Wertschöpfungskette.

Dabei benötigen Sensoren beim Einsatz in der Montage Verfahren zum Schutz vor Umgebungseinflüssen, zur Absicherung der Verfügbarkeit und zur Definition von Strategien zur Aufrechterhaltung von Produktion im Fehlerfall. Die Verfahren für den Einsatz von Sensorik in industriellen Anwendungen werden von den Systemintegratoren und Herstellern beim Einsatz wie z.B. in den Anwendungsszenarien (Kapitel 7) entwickelt. Die ursprünglich meist für manuelle und in Laborumgebungen ausgelegten Messsysteme werden erweitert.

Zentralisierte Systeme wie Lasertracker und Laserradar liefern rückgeführte Messwerte. Aufgrund der direkten Eignung zum direkten Positionieren von Bauteilen mit einer absoluten Unsicherheit in der Größenordnung von 10 ppm haben sie die höchste Verbreitung und industrielle Reife. Aufgrund der Investitionskosten zentralisierter Systeme wird der Aufbau von redundanten Systemen erschwert, was einen Nachteil gegenüber verteilten Systemen darstellt. Multiangulation weist die höchste Prüfdichte bei einem höheren Unsicherheitsniveau in der Größenordnung 20 ppm aus. Die komplexere Struktur, die geringere Verbreitung und die geringere Rückführbarkeit erfordern Entwicklungen für die Anwendbarkeit in der industriellen Montage. Die höchste rückgeführte Präzision in der Größenordnung 5 ppm weisen längenbasierte Systeme auf. Die komplexe Gerätetechnik und anspruchsvolle Auswertetechnik führt zu geringer industrieller Reife. Die Prüfdichte ist begrenzt. Die lokale Sensorik stellt ein aufgrund der weiten Verbreitung breites Anbieterfeld mit vielen Marktteilnehmern und hohem Wettbewerbsdruck bereit. Geometrie- und kraftmessende Sensoren kommen in vielen Montageprozessen zur Anwendung.

Durch die Einbindung der Komponenten in GRS werden Montagesysteme befähigt, ihr eigenes Verhalten ausgerichtet an einer idealisierten Planung zu beobachten. Die einzelnen Einflüsse auf die Montageergebnisse werden sichtbar. Aufbauend auf dem Verständnis der Entstehung von Abweichungen erfolgt eine Kompensation. Diese erfolgt entweder bereits bei der Auslegung (Qualitätsregelkreisen) oder aus den Fähigkeiten des Montagesystems (Selbstreferenz). Ergänzt durch das Erschließen neuer vorher nicht erwarteter Verbesserungspotenziale (*Begeisterung*) und den Einsparungen bei der Infrastruktur und im Betrieb stellt die Beobachtbarkeit den betriebswirtschaftlichen Ordnungsrahmen von Selbstreferenz für die automatisierte Inbetriebnahme gewandelter Montagezellen dar.

5. Kompensation von Montageabweichungen

Die Beobachtung der Montage stellt die Informationsgrundlage für die Kompensation dar. Mit ihr werden die Abweichungen idealisiert geplanter Montage verringert (Demeester, et al., 2011). Klassische Montagesysteme stellen durch kontrollierte und deterministische Montageprozesse die Wiederholbarkeit sicher. Iterative Verfahren befähigen dann die Prozesse. Wirtschaftliche Vorteile entstehen durch die Reduktion von Iterationsschritten unterstützt z.B. durch Charakterisierung der Fehler oder Adaption (Schwenke, et al., 2008).

Die theoretischen Grundlagen der Kompensation sind analog zu Strukturgleichungsmodelle abzuleiten und einzuordnen. Komplexe Zusammenhänge werden durch Modelle mit statistisch geschätzten Parametern beschreibbar. Sie dienen zur automatischen Zentrierung von Prozessen bei der Inbetriebnahme. Anhand von Korrelationen auf Kausalitäten zu schließen ist hinsichtlich der Validität problematisch (Buch, 2007). Beim Wandel von Montageprozessen werden Modellfehler aktiviert und die Prozessfähigkeit verringert. Die Bewertung der Modellgüte beschreibt die Validität von Strukturgleichungsmodellen (Fuchs, 2011). Bei einfachen Zusammenhängen wird über die Beobachtung der Konsistenz der erwarteten und erfassten Parameter eine Fehleranalyse (Wolff, 2010) durchgeführt. Selbstreferenz überträgt die potenzielle in die tatsächliche Prozessfähigkeit durch Zentrierung.

Übertragen auf den Wandel roboterbasierter Großbauteilmontage werden die Mechanismen zur systeminhärenten Kompensation durch Selbstreferenz thematisch eingeordnet und für die Implementierung aufgearbeitet:

- *Roboter (Kapitel 5.1)*
- *Bauteile und Umgebung (Kapitel 5.2)*
- *Prozesseinflüsse (Kapitel 5.3)*
- *Messsysteme (Kapitel 5.4)*

Abschließend werden die Mechanismen zur Kompensation hinsichtlich des Einsatzes von Selbstreferenz in Form der erreichbaren Grenzpräzision dargestellt (Kapitel 5.5).

5.1 Kompensation von Roboterabweichungen

Roboter sind aufgrund ihrer offenen kinematischen Struktur weniger steif als z.B. Werkzeugmaschinen. Demgegenüber bieten sie gute Erreichbarkeiten und sind frei programmierbar. Je nach Anwendungsfall werden Fähigkeiten der Roboter benötigt, welche durch Leistungskenngrößen beschrieben und überprüfbar sind (DIN, 1998). Die Unterteilungen (Tab. 5-1) für Anwendungen mit Einfluss auf Kenngrößen sind:

- Punkt- oder Bahnbezogenen Positionieraufgaben
- Offline-Programmierung, Positionieren (durch Teachen) oder Prozessanforderungen.

Die theoretischen Zusammenhänge für die numerische Kompensation von Roboterabweichungen werden analog zu den Verfahren für Koordinatenmesstechnik und Werkzeugmaschinen (Schwenke, et al., 2008) als Grundlage zusammengefasst und abgeleitet. Fehlerursachen sind folgenden Kategorien zuzuordnen:

- Kinematische Fehler
- Thermo-Mechanische Fehler
- Belastung
- Dynamische Beanspruchung

Die Zuordnung der geometrischen Fehler für die Kompensation erfolgt zu den einzelnen Komponenten, dem Aufbau des Maschinen-Koordinatensystems und den resultierenden Positionierfehlern:

- Direkte Positionierfehler
  - Positionierfehler
  - Geradheitsfehler
  - Winkelfehler
  - Rechtwinkligkeit
  - Rotationsachse
- Indirekte Positionierfehler
  - Antastartefakte
  - Relative Längenmesssysteme

Die Positionierfehler sind mit Sensoren (Kapitel 4) aufzunehmen. Die Unsicherheit der Kompensation wird den folgenden Kategorien zugeordnet:

- (In)direkte Messunsicherheit
- Wiederholbarkeit
- Normalenunsicherheit
- Kalibrierfehler
- Umgebungseinflüsse
- Korrelationseffekte
- Unvollständigkeit der Modelle
- Monte-Carlo-Abschätzungen

Zur Bewertung der Kompensation werden neben der Unsicherheit, Rückführbarkeit und Vollständigkeit weitere Faktoren herangezogen. Diese umfassen die Messzeit, den Bedienereinfluss, Schnittstellen, Universalität und Skalierbarkeit. Zur Bewertung bzw. in der Normierung werden die Faktoren für Abnahme-/Rezertifizierungstest und Funktionstests vergleichbar gestaltet (Schwenke, et al., 2008).

Tab. 5-1: Leistungskenngrößen für typische Anwendungen nach **(DIN, 1998, p. 34)**

Angewendete Kenngrößen O Offline-Programmierung P Nur Position Teachen X Generell		**Punktanwendungen**				**Bahnanwendungen**					
		Punktschweißen	Handhabung, Laden	Montage	Inspektion	Montage	Inspektion	Entgraten, Schneiden	Farbspritzen	Lichtbogenschweißen	Auftragen Dichtmittel
Posekenngrößen	Genauigkeit	O	O	O	O	O	O			O	
	Wiederhol-Genauigkeit	P	P	P	P	P	P			P	
	Mehrfachrichtung		O	O	O	O	O				
	Abstands-/Wiederhol-G.	O	O	O	O	O	O				
	Stabilisierungszeit	X	X	X	X	X	X				
	Pose-Überschwingen	X	X	X	X	X	X			X	
	Drift Genauigkeit	O	O	O	O	O	O			O	
	Drift Wiederhol-G.	P	P	P	P	P	P			P	
Bahnkenngrößen	Bahn-Genauigkeit					O	O	O	O	O	O
	Bahn-Wiederhol-G.					P	P	P	P	P	P
	Abweichungen Ecken					X	X	X			X
	Geschwindigkeits-G.							O	O	O	O
	Geschw.-Wiederhol-G.							X	X	X	X
	Geschw.-Schwankung							X	X	X	X
Mindestpositionierzeit		X	X	X							
Statische Nachgiebigkeit		X	X	X		X		X			
Abweichungen beim Pendeln										X	

Die numerische Kompensation in der Montage und Inspektion hat unterschiedliche Auswirkungen auf die reale Bewegung der Roboter. So erfolgt ein Inspektionsprozess auch mit einer nicht-kompensierten Roboterbewegung, und nur die Messwerte werden kompensiert. Eine programmatische Offline-Kompensation systematischer Bahnabweichungen erfolgt durch:

- Manipulation der Endpunkte (Ersatz der Punkte in Abb. 5-1 durch Punkte mit Offset)
- Einfügen von Stützpunkten („circ“-Befehl mit C statt „lin“ in Abb. 5-1)
- Einfügen von linearen Geradenabschnitten (Mehrere „lin“-Befehle in Abb. 5-1)
- Einfügen von Kurvenabschnitten („spline“-Befehl in Abb. 5-1)

Die Korrekturpunkte ergeben sich aus den an der Roboterbahn gespiegelten Messpunkten M (C in Abb. 5-1 rechts). Neben der Korrektur von einzelnen Punkten ist die kontinuierliche Kompensation der Roboterbewegung ein weiterer Modus. Bei diesem wird der Roboterbefehl nicht geändert, sondern durch eine Überlagerung die Bahn kompensiert.

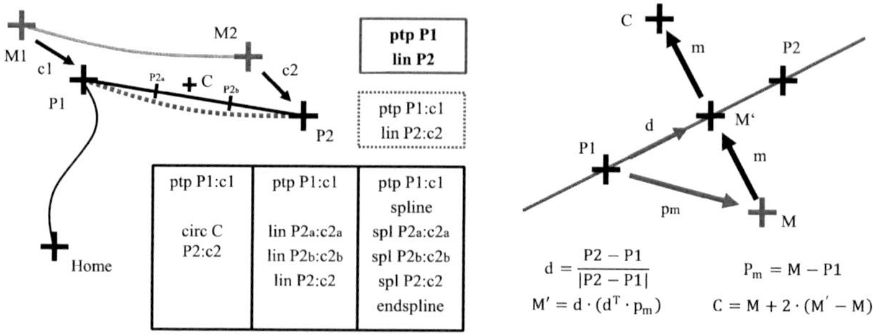

Abb. 5-1: Kompensation an End- und Stützpunkten am Beispiel Kuka-KRL

Für die Einordnung der Kompensationsverfahren wird im Folgenden eine Unterteilung von *Offline-* (nicht direkt prozessbeeinflussend) und *Online-* (direkte Prozessbeeinflussung) *Verfahren für Einzelroboter* vorgenommen. Anschließend an die Einzelroboter werden auf die Besonderheiten *kooperierender Roboter* eingegangen, welche weiterführende Kompensationsstrategien benötigen.

Offline-Verfahren für Einzelroboter

Bei den Offline-Verfahren werden in einem von der Montage entkoppelten Kalibrierprozess die Messwerte aufgenommen und für die Kalibrierung ausgewertet. Unterschieden werden unterschiedlich Stufen (Roth, et al., 1987) durch Zuordnung der Encoderwerte:

1) Achsdrehung einzelner Achsen
2) Achsstellung bei Annahme steifer Komponenten
3) Achsstellung bei Annahme elastischer Komponenten

Die kinematische Kalibrierung (Wiest, 2001) der Stufen 1 und 2 ist Gegenstand vieler Untersuchungen. Durch Weiterentwicklungen wächst der Anteil von Stufe 3 Verfahren (Müller, 1996) (Elatta, et al., 2004), die z.B. betriebsabhängige Einflüsse betrachten (Bongart, 2003). Offenen und geschlossene kinematische Ketten unterschiedlicher Freiheitsgrade und Einzelachsmessungen (Hollerbach & Wampler, 1996) unterscheiden sich hinsichtlich der numerischen Stabilität und Robustheit der Kalibrierung. Durch optimale Gelenkstellungen gestaltet die Kalibrierung serieller Kinematik robuster (Veryha & Kurek, 2003). Die Kalibrierung von Parallelkinematiken stellt einen Sonderfall dar, weil neben geschlossener Kalibrierketten auch geschlossene Kinematikketten entstehen (Müller, 1996) (Beyer, 2004).

Eine Genauigkeitsanalyse schätzt den Einfluss von einzelnen Abweichungen auf die kinematische Abweichung ab (Gossel, 1996). Vereinzelte theoretische Untersuchungen zeigen z.B. die Einflüsse kinematischer Fehler von Rotationsachsen auf Mehrkörpersysteme (Choi, et al., 2008). Thermo-mechanische Modelle von Robotern reduzieren die Abweichungen insbesondere bei Inspektions- und Präzisionsmontage-Anwendungen (Gräser, 1999) und verringern die Abweichungen in variierenden Umgebungen und bei Aufwärm- und Abkühlphasen (Gong, et al., 2000). Die vorwiegende Nutzung der Roboter zum Punktschweißen im Automobilbau mit einem Fokus auf Kostenreduktion der Standardausführungen verhindert Optimierungen des Verhaltens in folgenden Dimensionen:

- Kinematik
- Thermo-mechanische Einflüsse
- Elastizität
- Dynamik

Zur Vereinfachung der Offline-Verfahren werden für den Großteil der Präzisionsanwendungen die Kompensationsverfahren in die Online-Verfahren verlagert. Die Offline-Kalibrierung stellt vor dem Betrieb die Achsen ein (Settele, et al., 1997) oder erfasst kinematische Veränderungen im Betrieb (Rawiel, et al., 1999). Diese Veränderungen umfassen:

- Schätzen der kinematischen Parameter mittels Kamera
    - zweidimensionale Artefakte (English, et al., 2002)
    - dreidimensionale Artefakte (Radkhah, et al., 2008)
    - Laserstrahl am TCP für die Projektion der Bewegungsachse (Gatla, et al., 2007)
    - Einbinden des Robotermodells in den Bündelblockausgleich (Pradeep, et al., 2014).
- Einbindung von Interferometern (Castro & Burdekin, 2003) als Längennormale
- Einsatz von Lasertrackern
    - Punkt- (Alici & Shirinzadeh, 2005)
    - Pose-Messungen (Nguyen, et al., 2013)
- iGPS (Lee, et al., 2009)

Die Aufnahme relativer Längenänderungen z.B. durch einen Ball Bar oder einer erweiterten Version (Heisel, et al., 2012) ist ebenfalls für die Aufnahme der Messwerte für die kinematische Kalibrierung eines Roboters geeignet und ermöglicht Bahnkompensationen.

Ausgehend von den Systemen der Offline-Kalibrierung werden für die Durchführung des Verfahrens die folgenden Schritte nacheinander oder parallel ausgeführt (Wollnack, 2009):

- Interne/externe Sensorkalibrierung
- Werkzeug-Basis-Kalibrierung

- Artefaktkalibrierung
- Steuerungskalibrierung

Die Datenaufnahme für die Parameteridentifikation verringert durch Einbeziehung der Länge und die Vermeidung korrelierter Messwerte durch unabhängige Objekte (Radkhah, et al., 2010) die Unsicherheit. Zusammenfassend wird die Pose-Genauigkeit um den Faktor 3 bis 30 verbessert, was unterschiedliche Anforderungsprofile und die generelle Anwendbarkeit aufzeigt (Tab. 5-2).

Tab. 5-2: Offline-Verfahren für die Kompensation von Einzelrobotern

Messsystem / **Genauigkeit**	**Kamera**	**Laser-tracker**	**Laser-strahl TCP**	**Kamera**	**iGPS**	**Laser-tracker**
Typ	Position	Pose	Streuung	Pose	Pose	Pose
Ohne Kalibrierung	0,390 mm	8,34 mm	5,64 mm	0,8 mm		3,66 mm
Mit Kalibrierung	0,125 mm	3,32 mm	1,05 mm	0,25 mm	0,20 mm	0,13 mm
Faktor der Verbesserung	3	3	5	3	4	30
Referenzsystem	Keines eingesetzt					
Quelle	(Rawiel, et al., 1999)	(Alici & Shirinzadeh, 2005)	(Gatla, et al., 2007)	(Radkhah, et al., 2008)	(Lee, et al., 2009)	(Nguyen, et al., 2013)

Online-Verfahren für Einzelroboter

Die Online-Verfahren zur Regelung von Robotern im Betrieb weisen Funktionen auf den Ebenen Datentransfer, Einfachfunktionen (z.B. Vergleiche, Arithmetik) und Komplexfunktionen (z.B. Bahnkorrektur, Geschwindigkeitsführung) auf (Meier, et al., 1984). Eine modellbasierte Regelung von Robotern benötigt analytisch hergeleitete inverse Modelle. Adaptive Regelmodelle sind aufgrund von Sekundäreffekten notwendig:

- Reibungs- und Coriolis-Kräften
- Schwankende Eigenschaften der Komponenten
- Unvollständige Modelle der Nutzlast

Eine Annäherung mit neuronalen Netze vereinfacht die Einbindung der Effekte (Schürmann, et al., 1993). Neben der geometrischen Regelung werden Online-Verfahren bei Kontaktvorgängen und kraftgesteuerten Prozessen eingesetzt, welche mit der Kinematik eines Roboters schwer zu kontrollieren sind (Faure, et al., 1997). Für die Nutzung von Simulationsdaten für die Roboterprogrammierung muss eine Regelungsarchitektur entwickelt werden, welche die Einbindung der Aktuatoren und Sensoren unterstützt. Die Simulation muss für Roboterregelung aufbereitet werden, bzw. die Regelung ermöglichen (Sciavicco & Siciliano, 2000). Ein von den Fügeprozessen unbeeinflusstes Referenzsystem projiziert einem Roboter die Vorgaben zur Bewegungsführung (Faber, et al., 2001), oder überträgt die Sensordaten zur Überlagerung auf die Roboterbahn (Born, et al., 2001). Je nach Anwendungsfall müssen Sensoren mit unterschiedlichen Eigenschaften bezüglich Echtzeit eingebunden werden (Xiaoa, et al., 2004), die neben der Online-Regelung auch eine Gewichtung der beteiligten Sensoren erfordern (Kroger & Wahl, 2008).

Bei der Auslegung von Online-Verfahren für die Kompensation der nicht für bahntreue oder geregelte Bewegung ausgelegten Industrieroboter sind die Grenzen der eingesetzten linearen Regler (Boyd & Barratt, 1991) zu beachten. Aufgrund der korrelierten Achsen weisen diese eine unzureichende Linearität auf. Hohe Latenz und geringe Antriebsleistungen begrenzen die Regelung. Die mathematische Kontrolltheorie unterteilt die Arbeitsgebiete (Sontag, 1998, p. 1) in die Regelung mit folgenden Ausprägungen:

- Präzise Modelle und deren optimale Auslegung
- Unsicherheit und deren Verringerung der Einflüsse

Die unterlagerten Regelungsmechanismen bestimmen die Grenzen der Kompensation durch Online-Verfahren. Sie müssen für die Anwendungen spezifisch ausgelegt werden (Aström & Murray, 2012). Beispiele für die Online-Verfahren werden in Kapitel 7 implementiert und die erreichbare Präzision ohne theoretische Herleitung abgeleitet (Tab. 5-3).

Tab. 5-3: Online-Verfahren für die Kompensation von Einzelrobotern

Messsystem **Genauigkeit**	**iGPS**	**Lasertracker AT901 + T-Mac**	**iGPS**	**Lasertracker AT901 + T-Mac**
Typ	Pose-Genauigkeit		Formabweichung zur Gerade bei 50 mm/s	
Ohne Kompensation	2,45 mm + 0,22°		0,31 mm	
Mit Kompensation	0,25 mm + 0,02°	0,06 mm + 0,05°	0,07 mm	0,05 mm
Faktor der Verbesserung	10	40	4	6
Referenzsystem	Lasertracker LTD800			
Quelle	(Norman, et al., 2012)			

Eine Problematik der Online-Verfahren sind die fehlenden Schnittstellen für die eingesetzte Sensorik (Gonzales-Banos, et al., 2013) und für die Bewegungsführung (Gonzales-Banos, et al., 2011). Die implementierten Funktionen der GRS (Kapitel 3) stellen die herstellerspezifischen Schnittstellen der Roboter- und Sensortypen für die Bearbeitung der Forschungsfrage bereit. Dementsprechend wird für Roboter der Firma ABB das „Robot

Reference Interface“ (ABB, 2015b) für die Datenübertragung und eine Werkzeugkorrektur mit Hilfspunkten oder die Option „External Guided Motion“ (ABB, 2015b) zur Beeinflussung der Roboterbahn eingesetzt. Die Roboter der Firma Fanuc werden über „User Socket Messaging“ (Fanuc, 2010) im GRS angesprochen. Diese Option ist robuster als die ebenfalls verfügbare Serverlösung. Neben der Werkzeug- und Basis-Korrektur (Abb. 5-2) wird die Bahnsteuerung in neueren Anwendungsszenarien (Schönberg & Wehn, 2016) über die Option „Dynamic Path Modification“ (Fanuc, 2012) realisiert. Für Roboter der Firma Kuka existiert neben der auf der Robotersteuerung vorhandenen .Net-Schnittstelle (Kuka, 2013b) das „Robot Sensor Interface“ (Kuka, 2013a). Dies ermöglicht die Datenübertragung und auch die Bahnbeeinflussung.

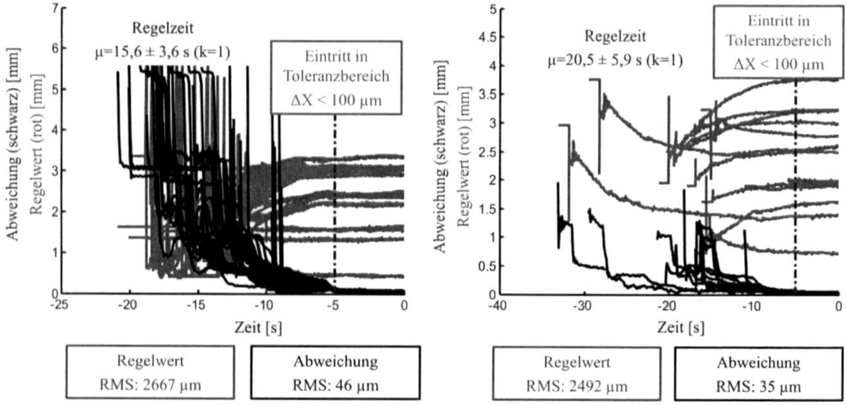

Abb. 5-2: Online-Kompensation mit Fanuc Socket (links: Geometrie, rechts: Prozess)

Kooperierende Roboter

Die Zusammenarbeit von Robotern in einem gemeinsamen Arbeitsraum (Kooperation) ist in Montageanlagen häufig gegeben. Bei sich überschneidenden Arbeitsräumen ist eine Organisation in der Planungsphase zu lösen und in der realen Anlage von der Zellensteuerung zu überwachen. Wartezeiten entstehen durch Doppelbelegungen von Schutzräumen. Sensorik wird bei mobilen Robotern oder bei Anwesenheit von Menschen (Kollaboration) im Schutzraum notwendig. Die Bewegung von Robotern in einer geschlossenen kinematischen Kette (Koordination) wird rein geometrisch unterschiedlich realisiert (Norman, et al., 2010):

- Gemeinsame Berechnung der Kinematik in einer Steuerung
- Übertragung der Flanschpose /-bahn

Eine herstellerübergreifende Koordination ist aufgrund fehlender Standardisierung nur über Sonderlösungen möglich (Schmitt, et al., 2012a).

Ein Anwendungsfeld koordinierter Roboter ist die Lastaufteilung für die Handhabung von Bauteilen. Diese überschreiten entweder die Kraftgrenzen der Roboter oder die Kraftgrenzen der Krafteinleitung. In diesen Szenarien ist die Last oft nicht bekannt und muss über Kraftsensoren geschätzt werden. Alternativ wird die Kompensation über einen Nachführprozess mit Master- und Slave-Robotern ausgeführt (Kim, 1999). Die kinematischen Beziehungen aus Kontakten und Gelenken der koordinierten Systeme müssen hinsichtlich ihrer aktiven, passiven und internen Eingriffsmöglichkeit und Dualität bewertet werden (Bicchi & Prattichizzo, 2000). Eine entsprechend der Konformitätsanforderungen ausgelegte Koordinationsstrategie (von Albrichsfeld & Tolle, 2002) ist notwendig. Koordinierte Bewegung von Robotern erfordern folgende Fähigkeiten (Braun, et al., 2004):

- Programmstruktur: Definition und Parametrierung
- Zeitliche Synchronisation
- Objekt-Koordinatensystem: Definition und Distribution
- Konforme Bahnregelung: Kraftbegrenzung
- Adaptive Regelung: Parameteranpassung
- Stoppverhalten: Beendigung der Koordination

Für die Einbindung dynamischer Regelungsstrategien werden die geometrischen Regelgrößen mit den internen Kräften überlagert. Das überbestimmte System wird als Grundlage der Regelung eingebunden (Swain & Morris, 2004). Herausforderungen bei der Regelung koordinierter Roboter bestehen in folgenden Situationen:

- Behebung und Vermeidung von Fehlerzuständen
  - Position
  - Geschwindigkeit von Achsen
- Verhalten passiver Gelenke oder dem Blockieren von Gelenken (Tinos, et al., 2007)
- Kontaktverhalten (Wimböck, et al., 2007) bei der Handhabung von Bauteilen

Durch impedanz-basierte Regelung realisieren koordinierte Roboter bei verteilten Lasten Montageaufgaben wie Schrauben und Handhaben. Diese wären mit einzelnen Robotern aufwendig oder umständlich zu implementieren (Caccavale, et al., 2008).

Die Kompensation koordinierter Bewegungen ist im GRS neben der geometrischen Synchronisation durch die Synchronisation der Startbewegungen, der Anpassung der Geschwindigkeitsführung, der direkten Bahnbeeinflussung einzelner Roboter und der Roboterregelung koordinierter Bewegungen möglich. Diese Zustände sind mit iGPS mit hinreichender Präzision zu erfassen (Abb. 5-3).

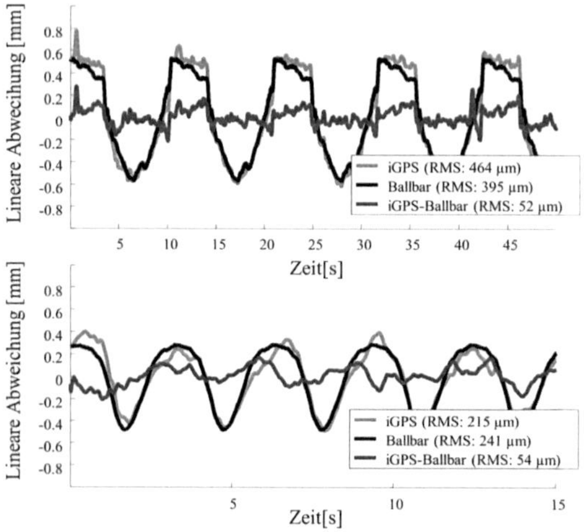

Abb. 5-3: Kooperierende Bewegung mit Ballbar und iGPS nach **(Norman, et al., 2012)**

5.2 Kompensation von Bauteil- und Umgebungsabweichungen

Roboterbasierte Montage findet in definierten aber im Vergleich zu den Toleranzen stark variierenden Umgebungen statt. Montage erfordert den Einsatz von lokaler Sensorik für:

- Bewegte Bauteile (Antoszewski, et al., 1987)
- Toleranzbehaftete Bauteile (Terada, 1996)
- Arbeitsräume mit Hindernissen (Schlemmer, et al., 1999)
- Flexible Bauteile (Kim & Cho, 2000)

Die Betriebseinflüsse der Umgebung auf die Bauteile und Roboter (Bongart, 2003) und die lokale Ausrichtung (Dreckmann, et al., 2003) müssen bei der Montage kompensiert werden, insbesondere wenn die Effekte in Bewegung überlagert wirken (Werner, 2009). Demgegenüber werden durch globale Sensorik Abweichungen zur Informationswelt absolut erfasst und über Prozessmodule kompensiert:

- Überwachung der Messsystemabweichungen (Schwendemann, et al., 2010)
- Kalibrierung der Roboter in der Prozessumgebung (Li & Zhang, 2011)
- Erfassung der Bauteillage im Prozess (Zatarain, et al., 2012)

Basis-/Werkzeuganpassung

Die Aufnahmen und Toleranzen von Bauteilen haben einen hohen wirtschaftlichen Einfluss auf die Montage. Eine Erhöhung der Präzision hat eine überproportionale Kostenerhöhung zur Folge. Die Aufnahmestrategie sorgt dafür, dass ein Bauteil wie z.B. ein Türrahmen einer Schutzeinrichtung (Kapitel 7.1.2) von dem Roboter und seinem Endeffektor prozesssicher gegriffen wird (Schmitt, et al., 2014d). Im Beispiel (Abb. 5-4) sind folgende Annahmen getroffen:

- Geometrie des Doppel-Greifers ist unbekannt („Manuell eingestellt")
- Bauteile sind auf dem Aluminiumrahmen undefiniert positioniert
- Bauteile weisen Toleranzen durch den Sägeprozess auf

Durch die Einbindung von lokalen Kameras und globalem iGPS werden über die Anpassung von Werkzeug und Basis die Abweichungen auf folgende Arten kompensiert:

- Anpassung des Roboter-Tools vom Greifer zur Kompensation von Abweichungen vom Flansch des Roboters oder Messsystems (iGPS am Roboterflansch) über eine Werkzeuganpassung. Über die Bildauswertung wird der Bezug der verschiebbaren Greifer zum Grundkörper des Endeffektors bestimmt, welcher starr mit dem iGPS-Frame verbunden ist.
- Anpassung der Roboter-Base zur Kompensation von Lagetoleranzen des Bauteils zur Einsparung der Referenzierung in der Aufnahme über eine Basisanpassung. Über eine Kamera werden die Bauteile erfasst und deren Lage relativ zum Frame des Roboters bestimmt. Auch bei Bauteilverschiebungen oder Roboterabweichungen wird der Greifprozess sichergestellt.
- Anpassung des TCP aufgrund des Greifzustands zur Flexibilisierung des Greifers und dem Wegfall von Aufnahmen für die Referenzierung durch Werkzeuganpassung. Nach der Aufnahme wird das Bauteil erneut mit der Kamera erfasst und eventuelle Abweichungen durch das Greifen im Tool des Roboters hinterlegt. Dadurch bewegt der Roboter das Bauteil wie in der Simulation geplant, allerdings mit leicht veränderten Achsstellungen.
- Anpassung des Koordinatensystems zur Kompensation von Bauteil und Umgebungsabweichungen durch Speichern der Ablage-/Montageposition für die spätere Prozessführung durch eine Basisanpassung. Die Fügestellen der Bauteile werden bei der Aufnahme vermessen und stehen nach der Positionierung des Bauteils in der Einbauposition für weitere Berechnungen zur Verfügung. Dieser Schritt hängt von der mechanischen Eignung des Greifers ab, das Bauteil bis zur Fixierung definiert zu greifen. Dies kann z.B. durch einen kraftbasierten Positionierprozess erfolgen, um die Ober- und Unterteile der Türen zu spannen.

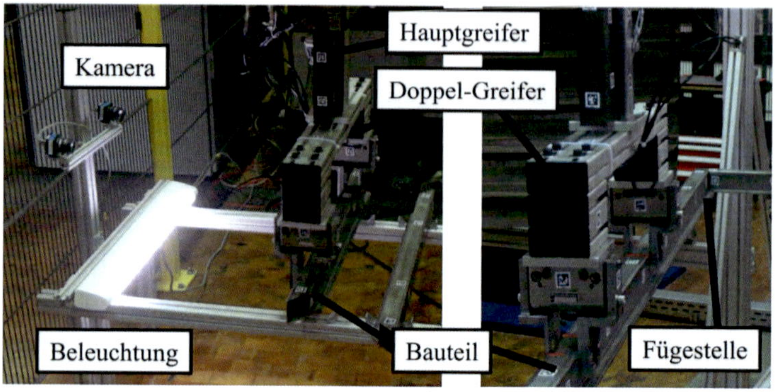

Abb. 5-4: Kamerageführtes Greifen und Werkzeuganpassung nach **(Schmitt, et al., 2014d)**

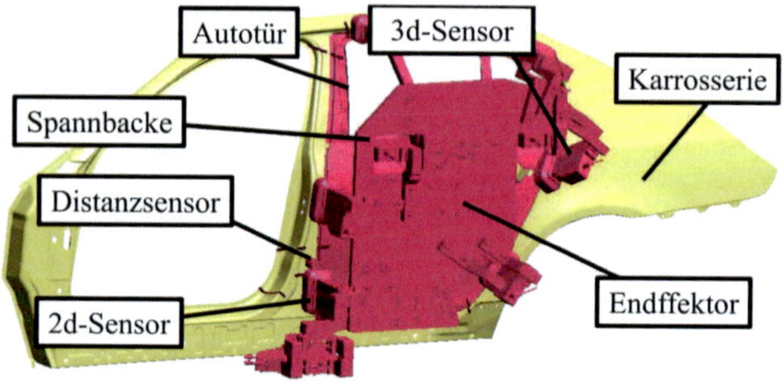

Abb. 5-5: Best-Fit für Autotüren nach **(Schönberg & Wehn, 2016)**

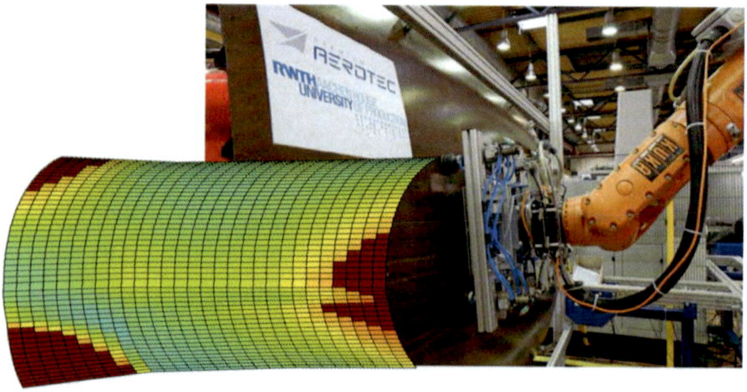

Abb. 5-6: Montage am verformten Bauteil nach **(Bertelsmeier, 2013)** / eigenes Bild

Best-Fit und Vorhaltewerte

Für die Zentrierung eines Prozesses entlang der Prozesskette und zum Ausgleich von Toleranzen müssen Bauteile anhand der lokalen Strukturen ausgerichtet werden. Die Anforderungen nachfolgender Prozessschritte erfordern die Montage mit einem Vorhaltewert. Die Toleranz des Bauteils im Verbund wird erst in späteren Prozessschritten sichtbar. Bei der Montage definiert ein Regelwerk das Zusammenspiel der lokalen Abweichungen und führt entsprechend den Montageprozess. Im Beispiel des Einbaus einer Autotür (Abb. 5-5) mittels Best-fit werden die Referenzierung des Bauteils und die Formerstellung über das kombinierte Spann- und Sensorkonzept ermöglicht. Die Ausrichtung der lokalen Struktur wird sichergestellt und wird mit spezifischen den einzelnen Kriterien zugeordneten Sensoren für qualitätsrelevante Parameter unterstützt. Entsprechend der Kundenforderungen werden die Bauteiltoleranzen zur Erreichung der gewünschten Spaltgeometrie ausgemittelt. Sie werden ebenfalls mit den Vorhaltewerten für die Schraub-, Ausstattungs- und Lackierprozesse verrechnet. Iteratives Vorgehen ermöglicht die Nutzung weitgehend linearer Modelle. Ein Einschrittverfahren verringert den Taktzeitverlust und erhöht damit die Wirtschaftlichkeit.

Bauteilmodellierung

Die Wirtschaftlichkeit eines Spannkonzepts ist insbesondere bei großen oder sehr flexiblen Bauteilspektren begrenzt. Unter Umständen ist eine Montage am verformten Bauteil (Kapitel 7.2.2) wirtschaftlich. Im Beispiel (Abb. 5-6) einer Flugzeugschale, welche teilweise mehrere hundert Quadratmeter aufweist, sollen lokale Verbindungselemente eingebracht werden. Diese stellen im späteren Zusammenbau die Außenform des Flugzeugs sicher. Durch die Ableitung lokaler Verschiebe-Koordinatensysteme wird an einer in einem Transportrahmen oder frei hängenden Schale gearbeitet. Der Aufwand für die Referenzierung ist deutlich reduziert und ermöglicht einen wirtschaftlichen Fügeprozess. Im Anschluss an die Einbringung der Fügeelemente werden im Beispiel von Abb. 5-6 die Spante über ein Einfädelkonzept eingefügt. Das Bauteil wird mit fortschreitendem Prozess in seine eigentliche Form gebracht und nur lokal in der aktuellen Wirkzone verformt.

5.3 Kompensation von Prozessabweichungen

Die Prozessführung innerhalb der Montage unterliegt Schwankungen aufgrund der Prozesskräfte, undefinierten/unbekannten Eigenschaften der Bauteile, der Umgebung, der Roboter oder den Endeffektoren. Eine Integration von *Kraft-* und/oder *Kamerasensoren* (Xiaoa, et al., 2004) wird ebenso wie eine *modellbasierte Strategie* für die Kompensation von Prozessabweichungen eingesetzt. Dabei liegt der Fokus bei wandlungsfähigen Montagesystemen auf der effizienten Anpassung der Parameter an die geänderten Prozesse und deren Auswirkungen, da häufige Inbetriebnahmen durchgeführt werden müssen.

Impedanzregelung

Durch die Einbindung von Kraftsensoren reagieren Roboter auf Kontakte mit Bauteilen oder Prozesseinwirkungen. Sie passen ihr Verhalten entsprechend den Vorgaben der Prozesse an (Chan & Liaw, 2000). Die Endeffektoren werden aufgrund der Erfassung und Regelung des Bauteilkontaktes positioniert (Schimmels, 2001a) oder die Prozessführung z.B. das Entgraten (Schimmels, 2001b) geregelt. Herausforderungen bei der kraftbasierten Prozessregelung ergeben sich durch die Eliminierung von Kräften, welche nicht durch Bauteilkontakt verursacht sind und die Prozesskräfte überlagern (Kubus, et al., 2008) und die Sensordatenfusion für die Ableitung der Reaktionskräfte (Garcia, et al., 2008). Mögliche Ansätze für die Bestimmung einer prozessangepassten Regelabweichung bestehen in der Nutzung neuronaler Netze für die Sensordatenfusion (Garcia-Rodriguez & Parra-Wega, 2009) oder beim Lernen einer gewünschten Nachgiebigkeit (de Gea & Kirchner, 2008). Wird in Prozessen eine Nachgiebigkeit gefordert, erfolgt diese durch das Weichschalten einzelner Achsen als Reaktion auf die mit den Kraftsensoren erfassten Zustände (Ott, et al., 2008) .
Neben der Anpassung der Roboterbewegung aufgrund von Kraftwerten ist ebenfalls die Nutzung von aktiven Endeffektoren z.B. beim Stabilisieren der Fräsbewegung durch einen Piezo-Aktuator möglich (Puzik, 2011). Dieser gleicht die geringe Steifigkeit und hohe Trägheit des Roboters aus und ermöglicht eine für den Fräsprozess geeignete Bahnführung.

Visionregelung

Die Einbindung von Kameras in die Prozessführung ermöglicht die lokale Nachführung von Robotern zur Absicherung der Prozesse bei undefinierten Prozesspositionen (Dalziel, et al., 1996) oder zur Generierung von Roboterbewegungen anhand realer Bauteilgeometrien (Krause, et al., 2012). Dabei wird aufgrund der eingesetzten Sensorik das lokale Verhalten des Roboters angepasst, indem z.B. beim Nieten das Positionieren oder beim Schweißen mit relativen Randabstand eine Bauteilkante erkannt wird und der Roboter relativ zu diesem Merkmal ausgerichtet wird. Ebenso werden über Sensoren die Parameter eines Prozesses überwacht und an die Anforderungen eines Bauteils angepasst. Eine Sicherstellung einer ausreichenden Klebermenge für die Montage von Scheiben oder das Abziehen eines Kernes beim Radialflechten mit einer kamerabasierten Aufnahme des resultierenden Flechtwinkels sind möglich. Die Kompensation von Bauteilabweichungen mittels Visionregelung ist weit verbreitet, weist allerdings wirtschaftliche Hemmnisse auf und erfordert neben der technischen Implementierung auch eine entsprechende Einrichtung. Aufgrund notwendiger manueller Eingriffe wird die Automatisierung von Wandel begrenzt.

Modellbasierte Prozessführung

Eine statistische Prozessregelung vereinfacht die Prozessführung von Montage, insofern die Anzahl der Stichproben eine statistische Auswertung ermöglicht. Regelkreise führen zur

Einhaltung der Anforderungen durch eine Prozessregelung (Kovac, 2004). Ein zunehmender Trend ist die Einführung von In-Line-/ und In-Prozess-Messtechnik in die Montagelinien und der damit entstehenden höheren Datendichte bei geringerer Latenz. Die Einbindung von lernenden Verfahren ermöglicht die effizientere Formkorrektur und Lageführung von Bauteilen (Wollnack & Stepanek, 2004a) oder die Kalibrierung von Aktuator/Sensorsystemen (Wollnack & Stepanek, 2004b). Durch die Einführung erweiterter Auswerte- und Regelungsmethoden werden die Informationen zur Prozessregelung herangezogen, wie z.B. durch die Anwendung von partikelschwarmoptimierten Fügepositionen zur Steigerung der Robustheit von Großbauteilmontageprozessen (Zheng, et al., 2013).

5.4 Kompensation von Messsystemen

Für die Beurteilung von Prozessen werden geeignete Prüfprozesse benötigt, welche eine ausreichend kleine Messunsicherheit aufweisen oder deren Prüfmittelfähigkeit nachgewiesen wird. Die Berechnung der Messunsicherheit folgt der Wahrscheinlichkeitstheorie und ordnet Messgrößen einen repräsentierenden Messwert zu (Krystek, 2012). Verfahren für diesen Nachweis werden je Branche an die Anforderungen der Anwender angepasst. Statistische Kenngrößen sind in folgenden Kategorien vergleichbar (Linß, et al., 2005):

- Auflösung
- Kalibrierunsicherheit
- Prüfmittelpotenzial, -fähigkeit
- Wiederholbarkeit
- Bedienereinfluss
- Objekteinfluss
- Umgebungseinfluss
- Kriterien für Prüfmittel und -prozesse

Für die Einordnung und Bewertung von Messsystemen müssen diese vergleichbar anhand eines Referenzmodells (Forbes, et al., 2011) eingeordnet werden, damit eine systematische Ableitung von Verbesserungspotenzialen möglich ist. Für den Einsatz in der Großbauteilmontage reichen die Fähigkeiten einzelner Messsysteme oft nicht aus und eine Kombination führt zu folgenden Herausforderungen (Weckenmann, et al., 2009):

- *Erhöhung der holistischen Messinformationen*
- *Erhöhung der Zuverlässigkeit*
- *Reduktion der Unsicherheit*

Mögliche Strategien zur Kompensation von Messsystemen fassen ein Messsystem als geregeltes System auf, welches mittels Fuzzy-Logik, neuronalen Netzen, genetischen Verfahren, Simulated Annealing oder prädiktiven Schätzern (Ponce-Cruz & Ramírez-Figueroa, 2010) optimiert wird.

Erhöhung der holistischen Messinformation

Die Kombination von Messungen verschiedener Sensoren zur Ableitung eines Messergebnisses erfolgt kooperierend, ergänzend oder konkurrierend (Weckenmann, et al., 2009). Für Roboteranwendungen ist die Nutzung von Kalman-Filtern vielversprechend (Jeon, et al., 2009). Diese berücksichtigen die Bahndaten von Endeffektoren als interpolierte Sollbahnen oder als hochfrequente Encoderwerte. Die Eigenschaften z.B. von iGPS als Vielstellenmesssystem und die Dynamik von Lasertrackern lassen sich optimieren:

- Mehrere Tracker verursachen hohe Investitionskosten (Wang, et al., 2011)
- Die Orientierung von iGPS ist stabiler als ein 6D-fähiger Tracker (Norman, et al., 2012).
- Latenz aus Regelkreisen wird reduziert und steigert die Dynamik (Rehbein, 2015).

Die Nutzung von Schätzungen der Messpositionen ermöglicht die Erweiterung von Messsystemen und erweitert deren Einsatzszenarien. So ist z.B. die Strahlführung von Mehrkanalinterferometern entlang einer Roboterbahn umzulenken (Schmitt, et al., 2014e). Auch außerhalb der statischen Sichtstrahlen ist bei ausreichender Präzision der Kopplung in Bewegung eine Messung möglich. Ein weiteres Beispiel ist die Erhöhung der Messrate eines kamerabasierten Systems wie z.B. der Tracker aus Kapitel 4.1.3 (Schmitt, et al., 2013b), der über eine ROI-Auswertung statt 6 Bildern pro Sekunde (FPS) auch 370 FPS (Abb. 4-6) erfasst. Die Messunsicherheit der einer Einzelmessung zugeordneten Messunsicherheit wird von einem ROI nicht beeinflusst.

Erhöhung der Zuverlässigkeit

Messungen in einer Atmosphäre und in unkontrollierten Umgebungen führen zu einer unteren Grenze der Messunsicherheit (Swyt, 2001), welche durch die Modellierung angenähert wird:

- Refraktion
- Antasteffekte
- Temperaturzustände

Durch die Messstrategie und der Einbindung von z.B. Hygrometern (Pollinger, et al., 2012) oder entlang der Messstrecke angeordneten Ultraschall-Temperatursensoren nähert die tatsächliche Atmosphäre an. Dies wird zur Kompensation eingesetzt. Verfahren zur Kompensation von Messsystemen aufgrund von Umgebungs- und Bauteilabweichungen sind aus den Verfahren für Werkzeugmaschinen (Jatzkowski, 2011) abzuleiten. Eine höhere Messunsicherheit ist für die Montage zugelassen. Aufgrund der größeren Messvolumina ist eine stärkere Beeinflussung der Messsysteme zu erwarten.

Messsysteme sind komplexe Systeme. Aufgrund ihrer modellbasierten Auswertesysteme durch die Anforderungen der Vorgaben für die Bestimmung der Messunsicherheit weisen sie eine hohe Diagnosefähigkeit auf. Durch den Vergleich der tatsächlichen Systemparameter mit dem erwarteten Modell erkennt das Messsystem oder das Prozessmodell Fehler frühzeitig und behebt den Zustand (Wolff, 2010). Dabei muss beachtet werden, dass die vielfältigen Einflüsse auf ein Messergebnis (Neukirch & Dietrich, 2011) wahrscheinlich nicht vollständig modellierbar sind und teilweise mit denen der Montage korrelieren. Der Ansatz einer Diagnose mittels Abgleich von erwarteten mit tatsächlichem Prozessdaten ist als eigenständiges selbstreferenzielles Modul in GRS einzufügen.

Reduktion der Messunsicherheit

Durch redundante Informationen werden die den Messwerten zugeordneten Unsicherheiten reduziert und die Erkennung von Messfehlern vereinfacht. Durch den Aufbau von Messnetzwerken werden die Informationen mehrerer Messsysteme oder aus den Aufnahmen von mehreren Positionen kombiniert. Sie werden entsprechend ihrer Unsicherheitsbeiträge für die Punktbestimmung eingesetzt (Calkins & Salerno, 2000). Die Idee Gewichtung von Aufnahmen schätzt die Unsicherheitsparameter nach ihrer Aufnahme (Forbes, 2012) für:

- Einzelne lineare Sensoren anhand der Merkmalsauswertung (z.B. Linie)
- Mehrere lineare Sensoren durch Minimierung der Fehlerschätzung
- Mehrere nichtlineare Sensoren durch Minimierung der linearisierten Fehlerschätzung

Durch die Umkehr der Unsicherheitsbetrachtung sind Messungen hinsichtlich ihrer Gewichtung einzuordnen. Durch die Modellierung der Messmodelle und Zuordnung von Unsicherheitsparametern z.B. über Monte-Carlo Methoden (Zhang & Qu, 2012) werden Gewichtung zugeordnet und Plausibilitätsgrenzen abgeleitet. Durch die Gewichtung der Messungen weisen die fusionierten Messwerte geringere Unsicherheiten auf. Ausreißer werden erfasst und gefiltert. Die kooperierende Fusion von Messwerten ermöglicht im Vergleich zur kompetitiven Fusion folgende Erweiterung (Galetto, et al., 2015):

- Effizientere Nutzung der Informationen
- Schätzung von über die Fähigkeiten der Einzelsysteme hinausgehende Merkmale
- Nutzung von Teilinformationen der Messsysteme, wenn Fehler erkannt werden
- Nutzung von ohnehin redundanten Systemen wie z.B. Fotogrammmetrie
- Nutzung bereits bei der Auslegung vorliegender Simulationsdaten

In GRS stehen virtuellen Messsystemen die kooperierend fusionierten Informationen als selbstreferenzielles Modul bereit. Montageprozesse und -Roboter profitieren von der gesteigerten Präzision und Zuverlässigkeit. Eine Untersuchung der zu erwartenden Messunsicherheit in realen Montageszenarien stellt bei den in Kapitel 7 untersuchten Anwendungsszenarien mögliche Ansätze zur Optimierung bereit. Wenn die Fähigkeiten einzelner Systeme nicht ausreichen, werden anstelle der eingebundenen Messsysteme die virtuellen Messsysteme angesprochen. Die für die Kompensation der Prozesse eingesetzten Informationen werden präzisier, zuverlässiger oder mit erweiterten Fähigkeiten ausgestattet.

5.5 Grenzpräzision selbstreferenzieller Montage

Durch Kompensation wird die Präzision selbstreferenzieller Montage gesteigert, sodass der Montageprozess das automatische Wandeln zulässt. Durch Kompensationsverfahren erreichen Roboter beim Positionieren die Wiederhol-Genauigkeit auch weitgehend absolut. Die Steigerungsfähigkeit beträgt je nach Anwendungsfall einen Faktor 5-30. Für Offline-verfahren liegt die Pose-Unsicherheit in der Größenordnung unter 1,0 mm, für Online-Verfahren in der Größenordnung unter 0,2 mm. In der Bewegung ist die Kompensationsfähigkeit geringer, wobei aber auch hier eine Steigerung um eine Größenordnung erreicht wird. Durch die Reaktion auf Bauteil- und Umgebungseinflüsse werden die Fähigkeit und die Möglichkeit der Prozessregelung erhöht, die Steigerung der Präzision ergibt sich aus den Forderungen der Prozesse und den umgesetzten Maßnahmen. Durch die Kompensation von Prozessabweichungen steigt die Effizienz der Montage. Passive Maßnahmen wie hohe Steifigkeit oder der Einsatz von mechanischen Verriegelungen und Vorrichtungen entfallen. Der Einfluss der Verlagerung von mechanischen Aufgaben in die numerischen Kompensationsverfahren auf die Stabilität bestimmt in Kombination mit den beschriebenen Verfahren den technischen Ordnungsrahmen für die automatische Inbetriebnahme durch Selbstreferenz. Neben den Robotern sind auch Messsysteme zu kompensieren (z.B. durch Verringerung des Rauschens von iGPS um den Faktor 10) und durch neue Funktionen zu erweitern.

Selbstreferenzielle Systeme haben neben der Kernaufgabe Einflüsse auf ein über die Zelle hinausgehendes Montagesystem. Die Taktzeit setzt sich aus der Zeit zum Referenzieren und der Montage zusammen. Diese ändert sich durch Selbstreferenz je nach Anwendung. Ebenso werden bei der Integration von ursprünglich für andere Aufgaben entwickelter Messtechnik und der Änderung von Fügestrategien / Toleranzkonzepten erweiterte Verfahren für die Absicherung der Verfügbarkeit notwendig. Die Anforderungen der Prozesse gehen teilweise über die Fähigkeiten der Einzelsysteme hinaus. Das entstehende System funktioniert nur im Verbund, worin aber ebenfalls das Potenzial zu einer Erhöhung der Montagequalität liegt.

6. Bewertung selbstreferenzieller Montage

Die der Automatisierung des Wandels zugrunde liegenden Beziehungen und die Einflüsse der einzelnen Komponenten einer Montagezelle variieren. Basierend auf den vorangegangenen Untersuchungen und Ableitungen werden die Merkmale mit einem Beitrag zur automatischen Inbetriebnahme thematisch in Gebiete eingeordnet. Die Gebiete werden den Kategorien **Organisation**, **Technik** und **Betriebswirtschaft** zugewiesen. Im Anschluss werden die Einzelmerkmale einem technischen und wirtschaftlichen Paarvergleich unterworfen. Bei diesem wird in den Abstufungen „gleicher Beitrag" (0), „höherer Beitrag" (1) und „deutlich höherer Beitrag" (3) zur automatisierten Steigerung der Prozessfähigkeit unterschieden. Beim unterlegenen Merkmal wird die Punktzahl negativ gewertet.

Die mittlere Ausprägung des Beitrags zur Automatisierungsgradsteigerung wird für jedes Merkmal, jedes Gebiet und jede Kategorie bestimmt. Im Anschluss wird anhand der mittleren Ausprägung eine Gewichtung anhand der Formel (37) errechnet. Dabei wird über Normierungsfaktoren des Angleichungsanteils und dem Exponent die relative Angleichung der Ausprägungen kompensiert. Der Exponent E ist in allen Fällen zu 4 gewählt. Der Angleichungsfaktor N ist für die Merkmale (60 %), Gebiete (40 %) und Kategorien (30 %). Dies führt zur Spreizung der Gewichtung zur Verringerung von Mittelungseffekten.

$$W_i = \left(1 + \frac{A_i - \frac{\sum_n A_n}{\sum_n 1}}{\max\limits_n A_n - \min\limits_n A_n} \cdot N\right)^E \tag{37}$$

A_i Ausprägung von Merkmal, Gebiet oder Kategorie i

W_i normierte Gewichtung für Ausprägung i

N Gewichtungsfaktor Angleichungsfaktor

E Gewichtungsfaktor Exponent

Für die Berechnung der technischen, wirtschaftlichen und gesamten Steigerungsfähigkeit (ST, SW, SG) werden die Einzelausprägungen der Merkmale (AT, AW) in den Gebieten gewichtet gemittelt (BT, BW). Entsprechend wird für die gewichtete Gebietswertung (GT, GW) und die gewichtete Kategorienwertung (KT, KW) verfahren (Formel (38)-(42). Die Gesamtbewertung der automatisierten Steigerung der Prozessfähigkeit (SG) ergibt sich aus der Summe der technischen und wirtschaftlichen Steigerungsfähigkeit (ST, SW). Das Gewichtungssystem bewertet die automatisierte Wandlung in den Anwendungsszenarien unter Berücksichtigung von Quereinflüssen und zeigt den Beitrag einzelner Merkmale auf.

$$B_{TW,i} = A_{TW,i} W_{TW,i} \tag{38}$$

$$G_{TW,j} = \frac{\sum_i {}_jB_{TW,i}}{\sum_i {}_jW_{TW,i}} \tag{39}$$

$$K_{TW,k} = \frac{\sum_j {}_kG_{TW,j}}{\sum_j {}_kW_{TW,j}} \tag{40}$$

$$S_{TW} = \frac{\sum_k K_{TW,k}}{\sum_k W_{TW,k}} \tag{41}$$

$$S_G = S_T + S_W \tag{42}$$

$A_{TW,i}$	Technische/Wirtschaftliche Ausprägung von Merkmal i
$W_{TW,i}$	Technische/Wirtschaftliche Gewichtung von Merkmal i
$B_{TW,i}$	Technische/Wirtschaftliche Bewertung von Merkmal i
${}_jB_{TW,i}$	Bewertungen von Merkmal i im Gebiet j
${}_jW_{TW,i}$	Gewichtung von Merkmal i im Gebiet j
$G_{TW,j}$	Technische/Wirtschaftliche Bewertung von Gebiet j
${}_kG_{TW,j}$	Bewertungen von Gebiet j in Kategorie k
${}_kW_{TW,j}$	Gewichtung von Gebiet j in Kategorie k
$K_{TW,k}$	Technische/Wirtschaftliche Bewertung von Gebiet j
$W_{TW,k}$	Technische/Wirtschaftliche Bewertung von Kategorie k
S_{TW}	Technische/Wirtschaftliche Steigerungsfähigkeit
S_G	Gesamte Steigerungsfähigkeit aus Technik T und Wirtschaft W

6.1 Organisatorische Kriterien

Die organisatorischen Grundlagen selbstreferenzieller Montagesysteme ermöglichen das Ineinandergreifen der Komponenten und der Fachbereiche. Dies gilt sowohl für Anlagenbetreiber als auch Systemintegratoren und ermöglicht die Generierung und Nutzung von Wissen in der Inbetriebnahme. Dabei sind vor allem in der **Kommunikation** auch technische Aspekte zu berücksichtigen. Aus der Perspektive der selbstreferenziellen Montage stehen die Wahrnehmungs- und Eingriffsmöglichkeiten im Vordergrund. Die eingesetzten Lösungen sind bereits verfügbar und müssen in das Kommunikationsschema eingebunden werden. Die Einflüsse der beteiligten **Fachbereiche** sind schwer zu quantifizieren. Bei einer einheitlichen Kommunikation sind die Querabhängigkeiten geringer und die Fachbereiche legen präziser ihre Aufgaben und Budgets fest. Der Einfluss der Wissensbereiche ist umso höher, je größer der Änderungsanteil ist. Bei gewandelten Anlagen werden meist nur in geringem Umfang neue Technologien und radikale Konzeptänderungen umgesetzt. Das verfügbare **Wissen** trägt zum Betreiben einer Anlage bei, dessen Einfluss ist aber begrenzt.

Für die **Kommunikation** innerhalb einer Montageanlage stellen GRS einen Kommunikationsrahmen auf. Dieser vernetzt die Komponenten miteinander (*Vernetzungsgrad*, siehe Kapitel 3). Die ausgetauschten Informationen beziehen sich auf die idealisierten Planungsdaten und den realen Zustand der Anlagen. Die abgeleiteten Wahrnehmungen (*Perzeptionsfähigkeit* siehe Kapitel 4) werden verarbeitet und für das Anpassen des eigenen Verhaltens genutzt (*Grenzpräzision* siehe Kapitel 5). Weitere Kommunikationskanäle ergeben sich bei der Einbindung von vorgelagerten Prozessschritten sowohl innerhalb eines Betriebs als auch zu den Lieferanten von Bauteilen (*Zuliefereinbindung*). Ebenso wird die Weiterleitung von Informationen an nachgelagerte Prozessschritte und Abnehmer sowie die Einholung von Produktanforderungen (*Kundeneinbindung*) erhöht.

Für die Planung, der Umsetzung und das Betreiben einer Montageanlage sind unterschiedliche **Fachbereiche** mit teils breiten Überschneidungsbereichen eingebunden. In den betrachteten Szenarien übernimmt meist die *Entwicklung* im Vorfeld einer Planungsphase die Durchführung einer Machbarkeitsstudie. Parallel zur planenden Phase findet häufig eine Technologieentwicklung statt. In die Vorstudie sind bereits Teile der weiteren Fachbereiche eingebunden und liefern zu. Die Ergebnisse der Vorstudie befähigen den Einkauf eines Kunden sowie den Vertrieb eines Systemintegrators (*Beschaffung*) zum Festlegen von Randbedingungen. Projektdefinition, Angebot und Beauftragung fixieren diese. Nach Auftragsvergabe erstellt die *Konstruktion* das Layout. Ab einem bestimmten Meilenstein wird diese als Grundlage für die *Programmierung* bereitgestellt. Die Gesamtanlage wird konzipiert und die weitere Beschaffung und Fertigung angestoßen. Parallel führt die *Elektrik* die Schnittstellenentwicklung durch und bereitet die *Inbetriebnahme* vor. Bei der Einrichtung der Anlage werden die einzelnen Teile der Anlage zu einem Gesamtsystem vereint. Die Anbindung an das Produktionsnetzwerk befähigt die *Instandhaltung* und *Qualitätssicherung*. Für Wandlungsprozesse werden nicht alle Fachbereiche gleichermaßen beteiligt, da die Aufgaben und das Wissen von anderen Bereichen übernommen werden. Der Abstimmungsbedarf wird verringert. So führt z.B. für die Erhöhung der Prüfdichte eine Einbindung eines Messsystems am Roboterkopf ein Projekt allein durch die *Qualitätssicherung* und die *Instandhaltung* durch. Für einen Anlagenbetreiber ist die Abhängigkeit vom Systemintegrator reduziert. Die Beziehungen der Fachbereiche untereinander sind komplex. Allerdings wird tendenziell beurteilt, welcher Fachbereich in Wandlungsszenarien einen größeren Beitrag zur Steigerung des Automatisierungsgrades beiträgt oder ihn behindert.

Der erfolgreiche Einsatz einer Montageanlage hängt zu großen Teilen vom verfügbaren und einsetzbaren **Wissen** über die Teilaspekte ab. So wird durch Wissen über die Prozesse und die Vorgaben und Wünsche des Kunden eine zielgerichtete *Planung* durchführbar. Aus der bestehenden Anlage heraus wird z.B. eine Abschätzung über die Machbarkeit einer Wandlung abgeleitet. Die Durchführung und Betreuung des *Anlaufs* stellt einen Wissensbereich dar, ohne den nur mit großem Aufwand und vielen kostspieligen Iterationsschleifen ein gewünschter Sollzustand erreicht wird. Das Hochlaufen einer Anlage wird begleitet von einer kontinuierlichen *Optimierung* aufgrund von Wissen über das Verhalten der Anlage. Bei der Wandlung von Anlagen ruft eine angepasste Planung weniger Risiko oder geringere Aufwände hervor. Das Betreiben einer Anlage über einen längeren Zeitraum führt zu dem Wissensbereich der *Absicherung*. Beim Entscheiden zum Wandeln vermeidet dies Risiken oder sieht anstehende Umstellungen oder Reparaturnotwendigkeiten vor und bezieht sie optimal ein. Beim Einsatz von *Messtechnik* sind der Schulungsbedarf und die Einbindung in das Produktionssystem ein Wissensbereich. Dieser erfordert in der praktischen Arbeit Aufmerksamkeit, da die Verbreitung relativ gering ist. Die Anforderungen an Handhabung und Bedienung unterscheiden sich von denen anderer Anlagen und Informationssystemen.

6.2 Technische Kriterien

Die technischen Grundlagen einer Montageanlage ermöglichen die Ausführung der Montageaufgabe. Sie laufen in einer automatisierten Anlage aufgrund der schwierigen Zusammenarbeit von Menschen und Maschinen maschinell. Dabei teilen sich die technischen Ausprägungen auf die Vorgaben der Prozesse auf. Sie sind teilweise organisatorischer und betriebswirtschaftlicher Art. Die Kenndaten der **Montageprozesse** hinsichtlich Aufgabeneinhaltung garantieren einen stabilen Arbeitspunkt. Eine automatisierte Anlage weist eine ausgeprägte Verkettung auf, wodurch Ausfälle und Fehler Auswirkungen auf die **Verfügbarkeit** haben. Verschiedene Strategien reduzieren die Auswirkungen und die Kopplung der Systeme untereinander. Bei der Inbetriebnahme muss schnell Prozessfähigkeit erreicht werden. Die zeitlichen Eigenschaften einer Anlage werden über die **Taktzeit** definiert. Eine automatisierte Anlage weist im Regelfall eine statistisch relevante Ausbringmenge auf. Diese bestimmt die wirtschaftliche Kalkulation. Die **Montagequalität** beschreibt die Auswirkung der Montage auf die vor- und nachgelagerten Kunden- und Zulieferprozesse.

Die Kennzahlen zur Beschreibung der **Montageprozesse** drücken sich für klassische Prozesse in der *Stabilität* aus. Diese beschreibt die Fähigkeit, einen Prozess reproduzierbar und steuerbar auszuführen. Durch die Steuermechanismen wird die *Fähigkeit* des Prozesses soweit erhöht, dass wirtschaftliches Erstellen der geforderten Ausbringung sichergestellt ist. Die Erhöhung der *Präzision* durch selbstreferenzielle Systeme ersetzt die aufwendige Zentrierung und erleichtert den Wandel einer Anlage. Eine weitere Einflussnahme wird durch die Möglichkeit der *Prozessregelung* erreicht. Die Anforderungen an eine Langzeitstabilität sind hier nicht so hoch sind und erfordern weniger Aufwand bei der Planung und Inbetriebnahme. Auch wenn es wirtschaftlich nicht erforderlich ist, wird im Sinne der gleichmäßigen Auslastung die *Effizienz* der Anlage und aller Komponenten angestrebt.

Die **Verfügbarkeit** einer Montageanlage bestimmt sich aus der *Ausfallwahrscheinlichkeit* der Einzelkomponenten und des Verbundsystems sowie teilweise der Zuliefer- und Kundenprozesse. Um die Auswirkungen eines Gesamtausfalls zu vermeiden wird die *Redundanz* innerhalb der Anlage erhöht. Einzelne Störungen beeinflussen nur begrenzt den Prozess. Beim Ausfall eines kritischen Teils der Anlage muss über *Notstrategien* die Produktion bis zur nächsten Reparaturmöglichkeit sichergestellt sein. Dies geschieht zum Beispiel über eine statistische Prognose von Drift innerhalb der Bauteilchargen oder der Maschinen und Werkzeuge. Sollten Bauteilchargen Abweichungen aufweisen und nicht innerhalb der Vorgaben sein, wird über die *Fehlertoleranz* ein Prozess abgesichert. Ein Verbau ist weiterhin möglich und die Produktion wird nicht unterbrochen. Für eine durchgehend stabile Produktion der Anlage muss die *Wartung* entsprechend geplant und ausgeführt werden. Die Nutzung von erprobten Systemen erhöht die Zuverlässigkeit der Wartungsaufgaben und reduziert sie auf das notwendige Maß. Im Schadensfall stellt die *Reparatur* als ungeplante Eingriffsnotwendigkeit die schnelle Wiederherstellung der Produktion sicher. Während in der Inbetriebnahme die Organisation von Reparaturen unorganisiert abläuft und durch Anpassung der Vorgehensweise kompensiert wird, stellt die Reparatur im späteren Betrieb der Anlage ein Risiko dar. Reaktions- und Lieferzeiten werden nicht durch Redundanzen oder Notstrategien kompensiert. Hier ergibt sich insbesondere für den Wandel einer Anlage die Situation, dass eine Umstellung auf einen neuen Arbeitspunkt im laufenden Betrieb der Anlage erfolgt. Dabei wird die Inbetriebnahme-Strategie zwar angewandt, aber entspricht nicht der Situation.

Die **Taktzeit** einer Montageanlage bestimmt die Ausbringung und muss für verkettete Anlagen das effiziente Betreiben sicherstellen. Eine gleichmäßige Auslastung ist anzustreben. Kleine Änderungen wie das *Referenzieren* von selbstreferenziellen Systemen zu Prozessbeginn stören die Auslastung einer Anlage. Sie liefern einen negativen Beitrag zur automatisierten Inbetriebnahme von Wandel. Ein Verschieben in die Nebenzeiten ist in vielen Fällen möglich und verringert den Einfluss auf die Taktzeit. Selbstreferenzielle Montage ruft aufgrund der Perzeptions- und Kompensationsfähigkeit eine Änderung der *Montagezeit* aufgrund der Erreichung eines geforderten Präzisionsgrads hervor. Dieser Einfluss ermöglicht die Einrichtung von Prozessen, welche vorher nicht automatisiert werden konnten. Allerdings geschieht dies häufig in direkter Konkurrenz zu manuellen Prozessen und verhindert aufgrund wirtschaftlicher Erwägungen die Automatisierung. Wird nur ein bestimmter Teil einer verketteten Anlage gewandelt, kommt der Beibehaltung der Gesamttaktzeit eine besondere Bedeutung zu. Diese definiert den möglichen Anteil an Haupt- und Unterstützungsprozessen und beeinflusst die Maßnahmen der zu wandelnden Anlage.

Die **Montagequalität** beschreibt die technische Fähigkeit eines Montageprozesses, Einfluss auf Kunden- und Zulieferprozesse auszuüben. Die Zentrierung von Abweichungen entlang der Prozesskette ermöglicht ein angepasstes *Toleranzkonzept*. In diesem führen die Informationen der Abweichungen aus dem aktuellen Montageschritt zum Wegfall von Hilfsprozessen in späteren Prozessschritten. Ebenso wird bei der Bereitstellung von rückgeführten Informationen bezüglich des Zustands von Bauteilen nach der Montage die Festlegung der *Prüfintervalle* beeinflusst. Wirtschaftliche Verschiebungen des Automatisierungsgrades werden hervorgerufen. Bezüglich der Gestaltung der Arbeitspunkte flacht das Wirtschaftlichkeitsoptimum eines Montageprozesses durch die höhere Planbarkeit ab. Die *Flexibilität* und die Einsatzmöglichkeit einer Montageanlage werden erhöht. Dementsprechend wird über die weitgehende Übereinstimmung von Planungsdaten auch die vollständige Änderung der Anlage bewertbar. Die *Wandlungsfähigkeit* wird erhöht und das Einsatzspektrum und die Anpassung an bestimmte Arbeitspunkte gefördert.

6.3 Betriebswirtschaftliche Kriterien

Die betriebswirtschaftlichen Aspekte der automatisierten Wandlung stellen einen Kosten- und Ergebnisrahmen für die Herstellung und den Vertrieb der zu montierenden Produkte dar. So muss über die Bereitstellung der **Infrastruktur** die Anschaffung von Sachanlagen gesteuert werden. Bereits bestehende, zu ändernde und neu zu beschaffende Sachanlagen stellen eine Orientierung dar. Während des **Betriebs** und beim Wandeln fallen direkt zurechenbare Kosten an. Diese wirken sich sowohl während der Einrichtung als auch bei der Produktion auf die Wirtschaftlichkeit der Automatisierung aus. Die dem montierten **Produkt** zuzuordnenden Kosten und Ergebnisse stehen mit automatisiertem Wandel in Verbindung.

Die bereitzustellende **Infrastruktur** ermöglicht die Einrichtung der Prozesse und stellt damit eine notwendige Voraussetzung dar. Bei der Einrichtung selbstreferenzieller Montage fallen in frühen Planungsphasen vor allem die Kosten für die Beschaffung von *Messsystemen* auf. In vielen Fällen wird von einem mangelnden Beitrag zur Wertschöpfung ausgegangen. Ebenfalls sind die Kosten für *Vorrichtungen* zu betrachten. Bei einer Reduktion wird von dem potenziellen Wegfall von Flexibilitätshindernissen ausgegangen. Betragsmäßig den größten Anteil an direkt zuordnungsbaren Beschaffungskosten für einen Montageprozess stellen die *Anlagen* dar. Diese sind oft in weitere Komponenten eingebunden und erschließen durch eine Reduktion von Anforderungen weitere Einsparpotenziale. Bei roboterbasierten Anlagen führt die Fokussierung auf standardisierte hochvolatile Aufstell- und Logistikkonzepte zu geringerem Flächenverbrauch, was den Kosten für *Gebäude* zuzuordnen ist. Neben den reinen Anschaffungskosten für die Komponenten hat die *Anbieterkonkurrenz* für Ausschreibungen einen großen Einfluss auf die Gesamtkosten und den technischen Erfüllungsgrad von Montageanlagen.

Im **Betrieb** haben *Abweichungskosten* durch Ausschuss und Nacharbeit einen direkten Bezug zum Automatisierungsgrad. Fallen diese sehr hoch aus, sinkt nicht nur der wirtschaftliche Vorteil der Automatisierung. Auch das Vertrauen sinkt, da bei den maschinellen Prozessen keine direkte Zuordnung von Ursachen einer Abweichung ersichtlich ist. Bei den manuellen Prozessen ist dies im Regelfall durch den Montagearbeiter festzustellen. Treiber der Automatisierung sind insbesondere in Hochlohnländern die *Personalkosten*. Da die relativen Lohnunterschiede bei höher qualifizierten Personen geringer werden, besteht eine Tendenz zur überproportionalen Steigerung des Automatisierungsgrads in Hochlohnländern. Dadurch werden ebenfalls die Anforderungen an das Qualifikationsprofil des Montagepersonals gesteigert. Die *Maschinenkosten* ergeben sich weitgehend aus den bereits erfassten Anschaffungs- und Verbrauchskosten. Sie stehen in automatisierten Anlagen in direkter Konkurrenz zu den Personalkosten bei der Bestimmung des optimalen Automatisierungsgrads. Die nicht direkt dem Montageprozess zuzuordnenden Kosten betreffen insbesondere den *Support* zum Beispiel durch die Arbeitsvorbereitung, das Qualitätswesen oder die Instandhaltung für die Sicherstellung und Absicherung der Produktion. Diese stehen beim Wandeln der Anlage oder des Arbeitspunktes in einem direkten Bezug zum Automatisierungsgrad. Bei der Wartung und Reparatur der Komponenten durch externe Zulieferer werden die Einflüsse des *Service* auf die Automatisierungsfähigkeit hinsichtlich der wirtschaftlichen Absicherung erfasst. Dies gilt insbesondere, wenn Komponenten nicht redundant auszulegen sind und einen kritischen Teil zum Montageprozess beitragen. Ebenfalls dem Betrieb zuzuordnenden Kosten sind die Kosten für die technische Weiterentwicklung und kontinuierliche Verbesserung zur Optimierung der Anlage im Betrieb. Geringfügige Änderungen im laufenden Betrieb beeinflussen die Wirtschaftlichkeit oder den Automatisierungsgrad und amortisieren sich schnell.

Dem montierten **Produkt** als Ergebnis eines Montageprozesses werden Kosten und Erträge gesteigerter Automatisierung gegenübergestellt. So stellen insbesondere minimierte *Opportunitätskosten* durch geringere Qualitätsunterschiede automatisierter Montage ein Potenzial dar. Der Wegfall der Kontrollmöglichkeit bei der manuellen Montage darf keinen höheren Einfluss auf die Produktqualität haben. Ebenso haben das Einsparen weiterer Kompensationsstrategien in vor- / nachgelagerten Prozessschritten oder geringere Notwendigkeit von Vorräten aufgrund geringerer Ausbringungsschwankungen einen Einfluss. Neben den Kosten für einen Montageprozess tragen Erträge aus der erweiterten Produktgestaltung durch weitergehende *Individualisierung* an die Bedürfnisse oder das Schaffen neuer *Begeisterungsmerkmale* bei. Diese stellen ohne großen Anstieg der Produktionskosten einen erwarteten oder nicht erwarteten Mehrwert für nachgelagerte Prozessschritte oder den Endverbraucher dar.

6.4 Paarweiser Vergleich und Gewichtung

Der paarweise Vergleich (siehe Anhang Bewertungsschema: Paarweiser Vergleich) der Merkmale untereinander liefert eine relative technische und wirtschaftliche Bedeutung basierend auf 49 Ausprägungen. Diese werden im Bewertungsschema zu den Beiträgen der Gebiete und Kategorien verdichtet. Den Ausprägungen werden entsprechend ihrer Bedeutung (siehe S. 225-227) Gewichtungsfaktoren zugeordnet (Abb. 6-1). Die Ausgestaltung des Bewertungssystems kompensiert über Angleichungsfaktoren die Ausprägungen sodass eine gleichmäßige Gewichtung der Merkmale, Gebiete und Kategorien erreicht wird. Für die Kategorien wird eine lineare Trendlinie abgeleitet, um die relative Positionierung technisch und wirtschaftlich zu verdeutlichen. Für die relative Darstellung der Gewichtungsfaktoren sind die Achsen logarithmisch ausgeführt und schneiden sich bei der Gewichtung (1,1).

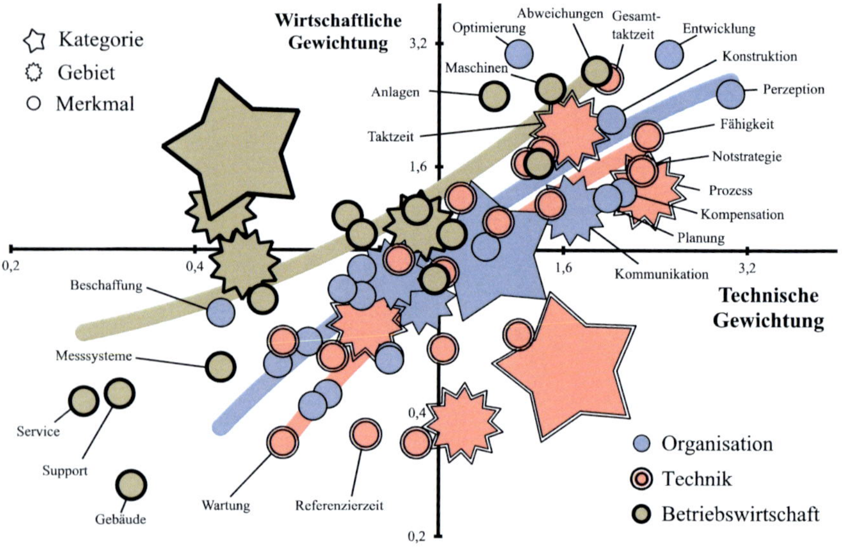

Abb. 6-1: Gewichtungsfaktoren für die Automatisierungsgradbewertung (siehe S. 228)

Die Ausprägungen mit der höchsten Bedeutung für die Steigerung des Automatisierungsgrads von Wandel befinden sich im rechten oberen Quadranten. Für die organisatorischen Aspekte sind die Perzeption innerhalb der Montageanlage, die Einbindung vor allem der Entwicklung als Fachbereich und die Kenntnisse zur Optimierung der Anlage entscheidend. Diese werden unter der Thematik Prozesseinblick und -verständnis zusammengefasst. Für die technischen Aspekte sind die Einhaltung der Gesamt-Taktzeit bei einem fähigen Prozess und der Einrichtung einer wirksamen Notstrategie wichtig. Dies lässt sich unter dem Begriff Vorhersagbarkeit der Prozessergebnisse zusammenfassen. Unter betriebswirtschaftlichem Gesichtspunkt sind die Abweichungskosten und die Investitions- und Betriebskosten der

Anlagen von Bedeutung. Diese tragen durch eine Verringerung überproportional zur Steigerung des Automatisierungsgrades bei. Interpretieren lässt sich diese Forderung damit, dass die Investitionen in andere Komponenten keinen relevanten Beitrag zur Senkung des Automatisierungsbeitrags beisteuern. Die Vorteile durch die Einbringung von selbstreferenziellen Fähigkeiten überkompensieren die Nachteile.

Entsprechend der Anordnung der Trendlinien zeigt sich, dass die betriebswirtschaftlichen Aspekte eine weite Reichweite in den unbedeutenden Quadranten aufweisen. Sie stellen aber kein Ausschlusskriterium für die Steigerung des Automatisierungsgrads von Wandel dar. Die technischen Aspekte steuern den geringsten Beitrag zur wirtschaftlichen Steigerung des Automatisierungsgrades bei. Sie weisen aber auch den geringsten Anteil im unbedeutenden Quadranten auf. Die organisatorischen Aspekte liegen zwischen den betriebswirtschaftlichen und technischen Aspekten. Sie weisen bei der höchsten Streuung den höchsten Beitrag zur Steigerung des Automatisierungsgrads auf. Dies spiegelt sich auch anhand des zunehmenden Trends zur Virtualisierung der Produktion in CPS wider.

7. Anwendungsszenarien

Die Wandlung einer Montageanlage überführt einen stabilen Prozess in einen geänderten idealisiert geplanten Prozess. Die Inbetriebnahme setzt die Abschätzungen zur Machbarkeit, technische Anpassungen und die Neueinstellung von Prozessparametern um. Automatisierte Inbetriebnahme von Wandel führt zu systematischen, effizienten Verfahren zum Erreichen von Prozessfähigkeit. Dies erschließt aufgrund der wiederkehrenden Wandlungen hohe wirtschaftliche Potenziale. Organisatorische, technische und betriebswirtschaftliche Einflüsse von Selbstreferenz auf automatisiertes Wandeln werden untersucht. Die Implementierung innerhalb der Anwendungsszenarien ermöglicht die Erkennung von Regelmäßigkeiten und Aufarbeitung zu Handlungsempfehlungen. Die Szenarien weisen verschiedene Umsetzungsgrade von Selbstreferenz auf und sind in zwei Gruppen eingeteilt:

- *Fahrzeug- und Anlagentechnik* (Kapitel 7.1)
- *Flugzeugbau* (Kapitel 7.2)

Abschließend werden die mittleren Steigerungsbeiträge zum automatisierten Wandeln in den Anwendungsszenarien analysiert (Kapitel 7.3). Der Umsetzungsgrad von Selbstreferenz wird auf Korrelation mit automatisierter Inbetriebnahme von Wandel untersucht.

7.1 Fügen von Strukturen der Fahrzeug- und Anlagentechnik

Für die Montage der metallischen Strukturen wird anhand eines Best-Fit-Szenarios zum Einbau von Türen in eine *bestehende Struktur* (Kapitel 7.1.1) die Flexibilisierung der Anbauteilmontage mit selbstreferenziellen Systemen aufgezeigt. Die weitergehende *Neuerstellung von Strukturen* (Kapitel 7.1.2) wird in einem Szenario zum vorrichtungslosen Schweißen von Schutztüren aufgearbeitet. Seitenteile einer Tür werden sensorgeführt gegriffen und eingemessen. Für das anschließende Positionieren und Schweißen werden die Türen mit der Karosse gepaart. Der Einsatz eines *nicht positionsgeregelten* Krans (Kapitel 7.1.3) als Lastausgleich zeigt in einem Szenario zum vorrichtungslosen Schweißen von Öltanks neue Montagekonzepte auf. Das Fügen einer Windschutzscheibe in einen LKW-Aufbau unter Fließbedingungen zeigt die selbstreferenziellen Systeme bei der Montage in *Bewegung* (Kapitel 7.1.4) als raumzeitliche Ausbildung von Selbstreferenz.

7.1.1 Flexibilisierte Anbauteilmontage

Die Firma FFT Produktionssysteme bietet als Turn-Key Partner flexible automatisierte Fertigungseinrichtungen. Aufgrund der zunehmenden Einbindung von Messtechnik in die Montage und deren Probleme bei der Inbetriebnahme wurde ab dem Jahr 2000 die BestFit Technologie entwickelt (Abb. 7-1). Die Systeme bestehen aus serienerprobten Komponenten und Eigenentwicklungen. Das Eingliedern der Technologien in das Unternehmen ermöglicht die Betreuung und kontinuierliche Weiterentwicklung der Technologie. Schwerpunkte sind:

- Einfache Bedienung
- Komfortables Benutzerinterface
- Reporting von Bauteilqualität und Systemzustand
- Vernetzungsmöglichkeiten zur Infrastruktur des Anlagenbetreibers.

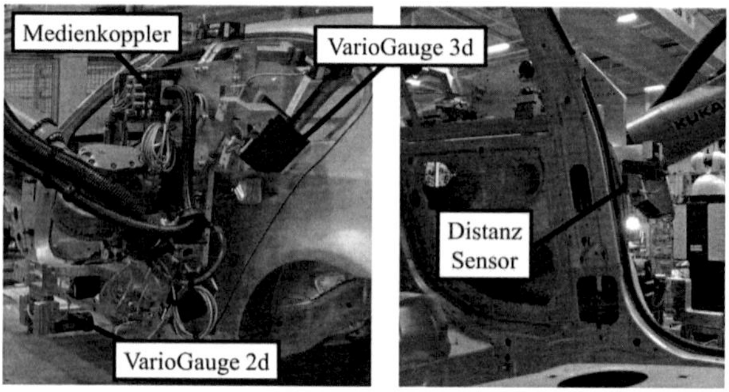

Abb. 7-1: Anbauteilmontage mittels FFT-BestFit **(Schönberg & Wehn, 2015a)**

Die Flexibilisierung der Produktion mit mehreren Typen und Varianten auf einer Linie stellt die kamera- und sensorbasierte Hardwarebestückung von Greifern vor Probleme. Trotz Medienkopplung und Dockingfähigkeit lassen sich BestFit-Konzepte schon aufgrund der am Greifer montierten Kameras nicht mehr abbilden. Die Sensorik ist nicht Teil der Schwerpunktentwicklung des BestFit und kann verschiedene Technologien einbinden. Die aus der Prüftechnik bekannten automatisierten Inline-Stationen zur berührungslosen Stichpunktkontrolle sind auf BestFit zu übertragen:

- T-Scan der Firma Hexagon Metrology (NMS, 2015)
- Laserradar der Firma Nikon Metrology (Rohling, 2015)

Die Messergebnisse werden bei BestFit direkt zur Kompensation eingesetzt. Für die Untersuchung der Eignung wird in einer Entwicklungszelle von FFT ein Laserradar parallel zu den Kameras eingebunden (Abb. 7-2). Der BestFit Prozess wird beobachtet und bei hinreichender Korrelation für die Prozessführung eingesetzt. Dadurch entfällt die Abhängigkeit von an Greifer gebundener Sensorik und eine Flexibilisierung aufgrund von universeller Greifertechnik wird möglich. Die Kameras am Greifer nutzen 1-5 Laserlinien zur Durchführung von Spaltübergangsmessungen, indem in den Bildern eine Mustererkennung zugeordnet wird. Dieses relative Vorgehen benötigt einen Abgleich mit realen Spaltmessungen und ist anfällig gegenüber wechselnden Belichtungsverhältnissen und Bauteilqualitäten. Demgegenüber kann Laserradar Messungen mit gleichbleibender

Charakteristik durchführen. Zwei Oberflächenvektoren auf den Blechen werden für die Bestimmung des Übergangs gemessen, über eine Scanlinie wird die Spaltbreite aufgenommen. Die verbleibenden Wegsensoren werden ebenfalls über Oberflächenvektoren abgebildet. Durch die Laserradar-Messungen werden die Spaltübergänge erfasst und das System führt das BestFit unverändert durch. Nachteile entstehen durch die sequenziellen Messungen mit Laserradar mit einer längeren Referenzierzeit. Durch stationsübergreifenden Einsatz von Laserradar ist eine Parallelisierung möglich, eine taktzeitneutrale Lösung wird allerdings bezweifelt. Ein Mehrwert durch die Übernahme weiterer Messaufgaben kann den wirtschaftlichen Einsatz von Laserradar begünstigen. Die Messung kann analog mit einem T-Scan durchgeführt werden, was eine längere Referenzierzeit aufgrund der notwendigen Sensorbewegungen erfordert. Mit dem T-Scan werden bessere Scan-Fähigkeiten bereitstellt.

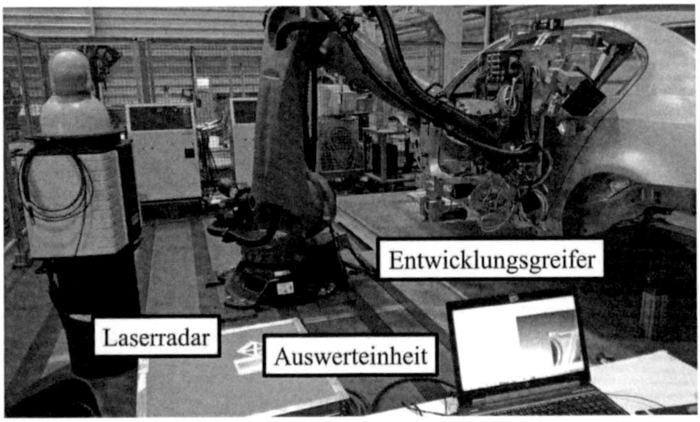

Abb. 7-2: Anbauteilmontage mittels Laserradar (eigenes Bild)

Organisation

Der prinzipielle Unterschied einer Wahrnehmung mit Laserradar im Vergleich zu nah an der Karosserie platzierten Sensoren ist der kleinere Öffnungswinkel und damit der geringere Einblick in die Spalte. Demgegenüber steht die Möglichkeit, je nach erkanntem Bauteilmuster weitere Abweichungen zu erkennen und zu kompensieren. Die Laserradar-Lösung ermöglicht bei gleichem Erkennungs- und Kompensationsaufwand eine höhere Vernetzung von Roboter und Bauteilen. Dies gilt für die technische Möglichkeit und die Kosten pro Messpunkt. Durch die Korrelation der klassischen und der selbstreferenziellen Lösung ergeben sich keine signifikanten Unterschiede hinsichtlich der Kunden- und Lieferanteneinbindung.

Geringfügig geringeren Aufwänden für die Entwicklung der Schnittstellen, der Programmierung eines geänderten Ablaufsystems, der Umstellung der Sensortechnik und der Korrelation neuer und klassischer Regelwertbestimmung stehen Vorteile insbesondere bei der Konstruktion und der Elektrik der Greifer gegenüber. Bei der Inbetriebnahme vereinfacht sich die Fehlersuche. Mit Laserradar sind weitergehende Merkmale der Anlage und die

Bauteilqualität besser überprüfbar. Die Inbetriebnahme selbstreferenzieller Systeme besitzt folgende Eigenschaften, welche mit der Kameratechnik vergleichbar sind:

- Einbindung von Experten auf der Baustelle
- Höhere Personalkosten
- Risiko durch den Umgang mit sensiblen Messsystemen

Für die reibungslose Funktion muss die Instandhaltung technisch ausgerüstet werden. Ein Reparaturkonzept mit Lagerhaltung von Ersatzteilen muss im Fehlerfall kurzfristig die Produktionsbereitschaft sicherstellen. Die Beschaffung von Laserradar muss die spätere Nutzung und die Kosten für die Lagerung von Service und Ersatzteilen berücksichtigen. Das System Laserradar mit robotergeführten Greifern benötigt folgende Abschätzungen:

- Notwendige Untersuchungen bei Planung der Anlage
    - Sichtbarkeit
    - Schutz der Messtechnik
- Entfall von Untersuchungen
    - Docken von Sensoren
    - Absichern der Verkabelung am Roboterendeffektor.

Durch den Wegfall der Sensoren am Greifer sind diese universeller und decken ein größeres Teilespektrum ab. Die Planung wird durch weniger Wechselgreifer und die Reduktion der Messtechnikkomponenten vereinfacht. Im Anlauf müssen Verfahren für das Einrichten den Wegfall von Spanntechnik entwickelt werden. Ein Testlauf ohne Messsystem ist nicht möglich. Der Anlauf sollte in Projekten mit selbstreferenziellen Systemen eine virtuelle Inbetriebnahme umfassen, damit der idealisiert geplante Sollzustand überprüft wird. Neben dem Hauptprozess sind mit Laserradar weitere Messmerkmale stichprobenweise zu überwachen. Erweiterte Optimierungspotenziale beziehen Drift und Positionsverschiebungen von Montagekomponenten ein. Informationen über Bauteilabweichungen werden berücksichtigt. Die Absicherung der Prozesse ist aufgrund der geringen Redundanz und der Ableitung von Notstrategien schwierig. Durch die größere Anzahl von Typen sinkt die bauteilbezogene Datenbasis für die Ableitung von Trends. Die Rückführung der Abweichungen auf Funktionen begegnet diesem Problem. Die Korrelation der In-Prozess-Messungen mit den klassischen Stichprobenmessungen im Messraum auf KMG erfordert die Übertragung von bestehendem Prozesswissen.

Technik

Die grundsätzliche Struktur der Anbauteilmontage wird durch den Einsatz von Laserradar nicht geändert. Die ohnehin hohe Stabilität des Prozesses wird nur leicht gesteigert. Technisch erhöht sich die Fähigkeit durch das Einbeziehen erweiterter Auswertemöglichkeiten im Prozess bei der Erkennung von Abweichungsmustern. Die Präzision und die Möglichkeit der Prozessregelung steigen durch die weitergehende Auswertemöglichkeit ebenfalls. Die Produktivität und die Effizienz der Anlage nehmen aufgrund der längeren Nebenzeiten zum sequenziellen Messen ab. Durch einen redundanten Einsatz von Laserradar-Systemen reduziert sich dieser Umstand auf Kosten höherer Aufwände für die Gerätetechnik.

Aufgrund der sensibleren eingesetzten Messtechnik, einer geringeren Redundanz von Sensorik und der erweiterten Notstrategie aufgrund der geringeren Datenbasis für Trendabschätzungen in einer Vieltyp-Anbauteilmontage sinkt die Verfügbarkeit einer selbstreferenziellen Anlage. Die Fehlertoleranz ist aufgrund der erweiterten Messmöglichkeiten höher und größere Varianzen innerhalb der Bauteile werden zugelassen. Die Wartung von Laserradar mit den zyklischen Überprüfungen und dem Austausch verschleißbehafteter Teile ist aufwendiger als bei einem klassischen Sensorsystem. Die Reparatur ist aufgrund der geringen Anzahl von Messtechnik-Komponenten durch einen einfachen Austausch technisch einfacher. Allerdings wird aufgrund der Bevorratung von Ersatz-Komponenten und -Systeme eine höhere Kapitalbindung verursacht.

Die sequenziell ausgeführten Messungen einer laserradar-gestützten Anbauteilmontage verursachen eine höhere Zeit für die Referenzierung als die parallel ausgeführten Messungen der klassischen BestFit-Lösungen. Best-Fit Systeme führen innerhalb von 3 Sekunden einen kompletten Zyklus aus Messung, Korrekturbewegung und Kontrollmessung aus. Ein Laserradar erfasst in dieser Zeitspanne 2-3 Merkmale. Beim Einsatz von Laserradar werden Messungen auch außerhalb der Verbauposition durchgeführt. Die Montagezeit wird verringert. Das Anbauteil wird vor oder kurz nach dem Greifen erfasst und referenziert. Nach dem Einfahren der Karosse wird der Prozess durch wenige Referenzmessungen gestartet. Parallel zum Prozess sowie beim Ausfahren des Bauteils arbeitet das Laserradar Prüf- und Kalibrierzyklen zur Korrektur des Bauteil- und Anlagenstatus ab. Die Montagezeit wird effektiv verkürzt. Durch die prädiktive Fehlerkompensation werden Iterationen beim Prozess vermieden. Der Gesamttakt wird durch den Austausch der Messtechnik innerhalb der Anbauteilmontage nicht geändert. Er beeinflusst den möglichen Mess- und Prüfumfang.

Die absolute Koordinatenmessung mit Laserradar führt im Vergleich zur rein relativen Spalt- und Bündigkeitspositionierung im BestFit zu erweiterten Toleranzkonzepten. Wenn innerhalb der Fertigung mehr Stationen mit absoluter Präzision arbeiten, nähern sich die Bauteile ihrer idealisierten Form an. Durch die Verlagerung von selbstreferenziellen Prozessen an den Start der Prozesskette werden absolut ausgeführte Strukturen hergestellt. Diese benötigen in der Anbauteilmontage weniger Korrekturmaßnahmen und Messaufwände. Die Überlegungen zu Toleranzkonzepten führen in GRS abteilungsübergreifend zu Synergieeffekten. Die Reduktion der Prüfumfänge ist eine Folge, da die Bauteile näher an ihrer Sollposition liegen. Abweichungen sind leichter zu detektieren und Fehlerursachen zuzuordnen. Durch die

Einbindung von Selbstreferenz werden Mess- und Greiftechnik entkoppelt, was deren Flexibilität erhöht und bei Änderungen weniger Aufwände verursacht.

Betriebswirtschaft

Der Investition in Messtechnik stehen in selbstreferenziellen Anlagen die Einsparungen an Vorrichtungen, Maschinen (und kleineren Flächenbedarfe an Gebäuden) gegenüber. Für Laserradar sinkt die Anzahl an Messtechnikkomponenten, da aufgrund der berührungslosen Funktionsweise nur dieses Messsystem benötigt wird. Die Greifer und Maschinen sind universell auszuführen, lassen sich technisch besser an die Aufgabenstellung anpassen und wirtschaftlicher gestalten. Da bei selbstreferenziellen Systemen trotz anderer Intention vom GRS eine Entwicklung für ein spezielles Messsystem durchgeführt wird, sinkt die Möglichkeit der Konkurrenz unterschiedlicher Anbieter. Eine Entscheidung für ein Messsystem bestimmt die Nutzung im Projekt. Sie muss im Vorfeld wirtschaftlich und technisch abgeschätzt werden.

Die hohe Fehlertoleranz aufgrund der erweiterten Messfähigkeiten ermöglicht die Einrichtung von Sicherungsmechanismen zur effektiven Verringerung von Abweichungskosten. Die Anpassung der selbstreferenziellen Anbauteilmontage an die idealisierte Planung reduziert die personellen Aufwände bei dem Betrieb der Anlage. Universelle Greifer und Maschinen sind robuster, zuverlässiger und werden hinsichtlich ihrer Betriebskosten optimiert. Die im Vergleich zu klassischen Montagesystemkomponenten sensiblere Messtechnik erhöht den Aufwand für Support und Service. Die selbstreferenzielle Anbauteilmontage nutzt universelle Wirkmechanismen mit der Übertragungsfähigkeit auf weitere Szenarien. Dies bietet ein hohes Potenzial für zukünftige Einsparungen aufgrund von übergeordneten Verbesserungsprojekten.

Aus Produktsicht entstehen mit der selbstreferenziellen Anbauteilmontage Einsparpotenziale entlang der Prozesskette. Dies gilt insbesondere, wenn diese in einer größeren Anzahl angewendet werden und die Bauteilpräzision zunimmt. Durch absolute Messwerte generiertes Bauteilwissen wird für die Steuerung der Bauteilqualität in Qualitätsregelkreise zurückgespielt. Dies ist in der heutigen BestFit-Technologie nicht möglich. Durch die universelle Greiftechnik werden zunehmende Individualisierungswünsche und nicht offen formulierte Wünsche von Kunden aus Bauteil- und Abnehmersicht erfüllt.

Automatisierungsgrad

Die flexibilisierte Anbauteilmontage wird anhand einer Laserradar-unterstützten BestFit-Türenmontage untersucht. Durch die Einbindung von 1-2 Laserradar pro Seite je nach Sichtbarkeits- und Taktzeitanforderungen werden die starren Zuordnungen von Sensoren an den Greifern aufgehoben. Auch taktübergreifender Laserradar-Einsatz ist möglich. Die flexibilisierte Anbauteilmontage ermöglicht das Reagieren auf Bauteilschwankungen und Variantenvielfalt, wodurch ein permanenter Zustand der Inbetriebnahme anliegt. Das automatisierte Wandeln führt in der technischen Ausgestaltung zu Vorteilen beim Produkt und im Betrieb. Wirtschaftlichen Hemmnissen entstehen bei der Verfügbarkeit und Taktzeit (KW und GW in Tab. 7-1). Technisch trägt der Fügeprozess positiv zur automatisierten Inbetriebnahme bei, da dieser aufgrund der universellen Struktur durch die Datenverfügbarkeit beherrschbar ist. Hindernisse entstehen durch geringere Verfügbarkeit und einer unter Umständen variierenden Taktzeit (KT und GT in Tab. 7-1).

Tab. 7-1: Automatisierungsgradsteigerung bei der Anbauteilmontage

Anbauteilmontage					
Kategorie	**KT**	**KW**	**Gebiet**	**GT**	**GW**
Organisation	0,4	0,6	Kommunikation	1,2	1,1
			Fachbereich	0,2	0,4
			Wissensbereich	-0,2	0,2
Technik	0,9	0,1	Montageprozess	3,9	0,6
			Verfügbarkeit	-2,0	-0,7
			Taktzeit	-0,5	-0,6
			Montagequalität	1,6	1,3
Betriebs-wirtschaft	0,5	2,8	Infrastruktur	0,3	0,9
			Betrieb	0,3	1,9
			Produkt	1,6	2,6

Die flexibilisierte Anbauteilmontage stellt einen Referenzprozess für weitere Möglichkeiten des automatisierten Fügens dar. Durch die universelle Vorgehensweise lassen sich die Verfahren und das Grundkonzept beim Einsatz von selbstreferenziellen Systemen übertragen. Dabei ist es unerheblich, ob der Montageprozess voll automatisiert, in Mensch-Roboter-Kollaboration oder manuell durchgeführt wird. Der Einsatz von Selbstreferenz in Füge- und Einstellprozessen ermöglicht qualitativ hochwertigere Produkte und wirtschaftliche Einsparungen im Betrieb durch stabilere Kernprozesse. Ungeeignet eingebundene Messtechnik verschlechtert u.U. die Verfügbarkeit und führt zu Taktzeitschwankungen.

7.1.2 Vorrichtungsloses Schweißen von Schutztüren

Im vom Bundesministerium für Bildung und Forschung geförderten Verbundprojekt Produktionssysteme Aktiv Wandeln (ProAktiW) wird ein wandlungsfähiges Produktionssystem für Einzelunternehmen entwickelt (Kampker, et al., 2014). Die Überprüfung der Methoden wird in dem Demonstrator „Vorrichtungsloses Schweißen" durchgeführt. Durch die Anwendung der virtuellen Methoden in einem realen Anwendungsszenario werden die Randbedingungen validiert. Die Übertragbarkeit der wandlungsfähigen Planung wird sichergestellt. Durch die Systemintegration als integriertem Bestandteil der Forschungsaktivitäten werden interdisziplinäre Lösungsansätze gefördert und tragen zu einem positiven Projektergebnis bei (Schmitt, et al., 2014d). Der Demonstrator ist Teil der „Indoor-GPS basierten Roboterzelle". Als Beispielbauteile werden Schutztüren als sehr volatiles Produkt hinsichtlich geometrischer Abmessungen und Absatzmengen betrachtet.

Die Firma Ihnen in Aurich stellt diese her und weist bereits Erfahrungen mit roboterbasierten Schweißzellen auf. Aufgrund der Bauteilanforderungen werden ein Reis RV130 als Handhabungsroboter aufgrund der Reichweite und eine Reis RDS03 Dreh-Schwenkeinheit als kooperierende Einheit zur Aufgabenerfüllung der Vorrichtung eingesetzt. Die Schweißeinheit wird durch einen Reis RV20 geführt (Abb. 7-3).

Abb. 7-3: Demonstrator „Vorrichtungsloses Schweißen" (Eigenes Bild)

Die Bauteile der Schutztüren weisen eine große Varianz auf. Sie werden aus wirtschaftlichen Gründen nicht für eine Vollautomation definiert zugeführt und gegriffen. Die Bauteilaufnahme wird durch Kameras unterstützt (Abb. 7-4). Im Projekt wird eine markerbasierte Bauteilerkennung und Greifpunktbestimmung durchgeführt (Schmitt, et al., 2012b) (Schmitt, et al., 2013b). In einer industriellen Lösung werden die Marker durch eine Auswertung von Bauteilkanten ersetzt. Es entstehen höhere Anforderungen an die Bildauswertung, ohne das Prinzip zu ändern. Die eingesetzten Parallelgreifer haben einen Hub von 2 Millimetern. Hieraus ergeben sich die Anforderung an die Erkennung der Spannstellen und das Einstellen der Roboter. Nach dem Greifen werden die Bauteile im Greifer referenziert, um die Positionierung nach dem BestFit-Prinzip zu planen. Die erfassten Bauteilkanten werden durch den iGPS-Frame absolut verfolgt. Eine Toleranzbetrachtung fordert eine Positionierung der Fügestellen zueinander mit Spaltbreiten von 0,5 Millimetern, um den Schweißprozess sicherzustellen. Die BestFit Berechnung muss unter Berücksichtigung der Spaltmaße die Geometrie der Türen sicherstellen.

Die berechnete Positionierung wird durch den Handhabungsroboter und die Dreh-Schwenkeinheit eingestellt. Die Ober- und Unterteile der Türen werden durch die Spannstellen fixiert. Beim Positionieren muss der Halteroboter das Bauteil spielfrei in die Einspannung einsetzen, damit beim Spannen keine Verschiebungen auftreten. Für die Höhe ist ein Wert von ±0,25 Millimeter abzusichern. Die seitliche Aufnahme muss innerhalb von ±0,15 Millimetern erfolgen. Andernfalls müssten die Fügestellen neu referenziert werden:

Dies ist durch den Lichtschnittsensor am Schweißroboter möglich und in wird in der Inbetriebnahme unterstützend eingesetzt. Die Referenzierzeit wird in die Hauptzeit verlagert, was die Gesamtzeit verlängert. Der Handhabungsroboter nimmt nach dem Positionieren der Ober- und Unterteile die Seitenteile auf, richtet die Bauteilkanten aus und fixiert diese.

Abb. 7-4: Kamerageführtes Greifen und Referenzieren (Eigenes Bild)

Für den Schweißprozess müssen die gesägten Kanten aufgenommen und basierend auf den Spaltmaßen die Schweißparameter ausgewählt werden. Die Bauteilkanten werden auf ±0,5 Millimeter durch einen Lichtschnittsensor mit 11 Laserlinien und 2 Kameras aufgenommen. Durch die Laserlinien wird die Bezugsebene für die bildbasierte Spaltauswertung bestimmt (Abb. 7-5). Die Spaltauswertung ermittelt in den Kamerabildern die Eigenschaften der Spalte und führt über die Bezugsebene eine Plausibilitätsanalyse durch. Der angepasste Lichtschnittsensor benötigt durch die Bauteilinformationen kein Scanning. Er führt die Auswertung innerhalb der Positionierbewegung des Roboters für das Ausrichten der Schweißeinheit durch. Die Spalterkennung ermöglicht die Schweißbahnberechnung und die Bestimmung der Einstellparameter. Beim Schweißen ist keine Bahnregelung der Roboter durch Blendung des Messsystems durch den Lichtbogen möglich. Die Roboter werden in den Nebenzeiten vom GRS beobachtet. Kompensationsparameter werden für die Bahnen generiert. Die Absolutgenauigkeit der Roboter im Positionier- und Schweißprozess wird modellbasiert sichergestellt.

Organisation

Die Wahrnehmung der selbstreferenziellen Zelle zum vorrichtungslosen Schweißen erkennt durch die Sensorik beim Greifen und Fügen den Bauteilzustand. Dadurch hält sie die Qualität der Produkte in den vorgegebenen Parametern. Die roboterbasierte Zelle kompensiert aufgrund der wenigen Spann- und Greifstellen weniger definiert Bauteilabweichungen. Sie bietet aber die Möglichkeit der Optimierung durch das Rückführen der Prozessabweichungen zu den Zulieferern und dem Aufbau von Regelkreisen zur Verbesserung der Eingangsbauteile. Die Schutztüren ermöglichen durch eine höhere Konformität eine Verbesserung der Kundenprozesse.

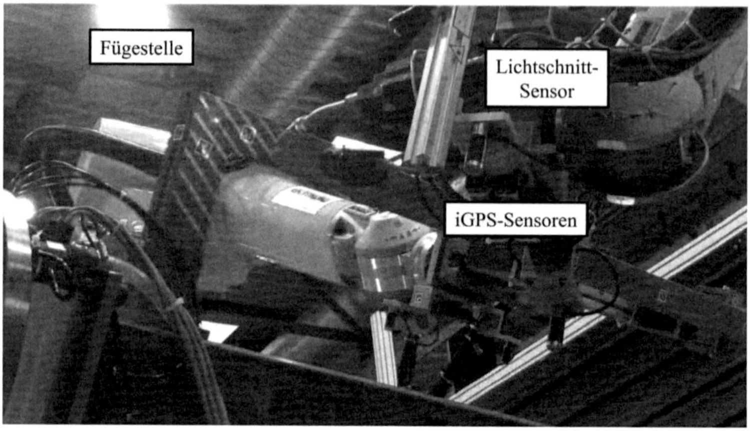

Abb. 7-5: Untersuchung der Fügestelle mit einem Lichtschnittsensor (Eigenes Bild)

Das Umstellen der manuellen Prozesse zur Erstellung der Schutztüren erfordern Entwicklungen aufgrund der geänderten Verfahren zur Absicherung und das Ausklammern der Werker im Prozess des Positionierens und Schweißens. Werker stellen die heutigen Wissensträger dar. Durch das entwickelte Produktionssystem stehen der Konstruktion Werkzeuge zum Abschätzen des Aufwands für die Wandlung zur Verfügung. Diese stellen zwar keine direkte Möglichkeit der Automatisierung zur Verfügung, reduzieren aber die Komplexität und das Risiko. Die elektrische Ausgestaltung einer voll automatisierten Zelle mit kooperierenden Robotern ist aufwendiger als ein Schweißarbeitsplatz. Sie trägt aber zur sicherheitstechnischen Verbesserung bei. Die Programmierung der Prozesse im Teilespektrum der Anlage ermöglicht das Einrichten eines Montageplatzes im manuellen Prozess. Dies führt bei der Auftragsannahme zu einer präzisen Kostenschätzung. Der Inbetriebnahme-Aufwand korreliert mit dem Automatisierungsgrad der Anlage. Dies stellt ein wirtschaftliches Risiko für ein Unternehmen dar. Eine Anlage muss von geschulten Anwendern anstelle von Experten eingestellt und erweitert werden. Die Sicherstellung der Qualität ist aufgrund der absoluten Daten und dem Abgleich mit den Bauteilen technisch einfacher zu lösen. Die Instandhaltung einer Roboterzelle aufwendiger als bei einem manuellen Schweißarbeitsplatz. Die Beschaffung spart eine Absaugvorrichtung ein, ist aber kapitalintensiver.

Der Planung kommt beim vorrichtungslosen Schweißen in einem wandlungsfähigen Produktionssystem eine Kernposition zu. Die Performance der Anlage wird schon bei der Auftragsannahme und Auslastungsplanung zuverlässig bestimmt. Umbaumaßen für vorher nicht bekannte Rahmenbedingungen werden abgeschätzt und fließen in die strategische Ausrichtung ein. Die Planung muss im Anlauf der neuen Prozesse wirtschaftlich umgesetzt werden. Kleine Losgrößen bis hin zu Sonderanfertigungen sind zu unterstützen. Die kontinuierliche Verbesserung der Anlage durch eine lernende Schweißparameterauswahl oder der Ableitung von Verzugskompensationsstrategien bei der Prozessplanung stellt das gesteigerte Optimierungspotenzial im Vergleich zu einer manuellen Fertigung dar. Diese basiert im Wesentlichen auf dem impliziten Wissen des jeweiligen Werkers. Die reproduzierbare Qualität einer selbstreferenziellen Anlage profitiert von einer hohen Qualität der Eingangsbauteile. Sie sinkt aber mit schwankendem Prozessinput und erschwert die Absicherung. Der Einsatz von Messtechnik zur Erfassung von Bauteilabweichungen und die Strategien zum Kompensieren der Prozesse sorgen aufgrund der objektiven Messdaten für ein besseres Verständnis der Mechanismen.

Technik

Die selbstreferenzielle Ausführung des Schweißprozesses mit kooperierenden Robotern ist abhängig von Schwankungen der Eingangsbauteile. Sie bietet aber aufgrund der Kompensation von erkannten Abweichungen eine höhere Präzision der Prozesse. Die potenzielle Fähigkeit wird höher. Die Prozesse werden in Regelkreise eingebunden, was das Prozessverständnis erhöht und mithilfe der zugrunde liegenden Mechanismen das automatisierte Wandeln vereinfacht. Die Effizienz der vorrichtungslos ausgeführten Schutztürproduktion ist aufgrund der umfangreichen Aufwände für Messung und Referenzierung verringert.

Sensorgebundene und universell ausgeführte Handhabungseinrichtungen stellen Ausfallmöglichkeiten für eine Anlage dar. Zudem sind diese bei vielen Prozesswechseln nur in einem weit gefassten Arbeitsbereich zu optimieren. Die einzelnen Komponenten der Anlage sind nur bedingt redundant ausgeführt. Bei dem Ausfall einer von zwei Kameras entfällt die Möglichkeit der Plausibilitätsprüfung. Der Prozess wird instabiler. Notstrategien sind durch die Möglichkeit des manuellen Eingriffs möglich, erfordern dann aber eine umsichtige manuelle Steuerung des Prozesses. Bei dem Ausfall des automatisierten Schweißens aufgrund einer ungelernten Spaltgeometrie führt ein Werker das Schweißen manuell aus. Ebenso sind manuelle Richtvorgänge mit dem Handhabungsroboter oder an den Spannstellen durchzuführen. Die Fehlertoleranz einer automatisierten Produktion ist in einem Kleinserienszenario mit wenig abgesicherten Bauteilen und einfachen Kompensationsstrategien geringer als in einem rein manuellen Szenario. Wartung und Reparatur einer Roboterzelle sind ebenfalls aufwendiger auszuführen.

Beim selbstreferenziellen Greifen der Bauteile und dem anschließenden Positionieren führen langsame Bewegungen während der geregelten Roboterbewegung und Stillstände zu verlängerten Zeiten für die Referenzierung. Die Vorteile der vorrichtungslosen Fertigung bei der Einsparung von Rüstzeiten stellen den Grundgedanken eines wandlungsfähigen Produktionssystems dar. Durch die Automatisierung der Wandlungsprozesse durch die

Integration selbstreferenzieller Systeme steigt die Vorhersagbarkeit der Produktionsergebnisse. Insbesondere die Montage- und Gesamtzeiten der Prozesse werden verkürzt und weisen eine geringere Varianz auf.

Durch die Einbindung der Messdaten in den Produktionsprozess der Schutztüren verarbeiten diese Bauteilschwankungen und realisieren erweiterte Toleranzkonzepte entlang der Prozesskette. Die durchgehende Vernetzung der Produktionsdaten stellt die Ableitung stabilisierender Maßnahmen in den Vordergrund. Ebenso werden die Prüfaufwände an den Schnittstellen zwischen Abnehmern und Kunden vermindert. Ein höheres Vertrauen in die automatisierten Prozesse entsteht im Vergleich zu manuellen Prozessen. Die vorrichtungslose Fertigung mit frei programmierbaren Robotern ist flexibel in einem fest eingeplanten Bauteilspektrum einzustellen. Sie ermöglichen durch eine hohe Übereinstimmung von virtueller Planung und realer Anlage eine umfangreiche Wandlungsfähigkeit. Prozessergebnisse und der Umbau der Anlage wird virtuell bereits bei der Verhandlung von Aufträgen abgeschätzt. Für die Preisbestimmung ist ein geringeres Risiko heranzuziehen.

Betriebswirtschaft

Durch den Einsatz von Messsystemen wie dem iGPS existiert in einer Produktionsumgebung eine technische Grundlage für selbstreferenzielle Systeme. Diese stellen eine Anfangsinvestition dar und sind nur beim Ausschöpfen von Synergieeffekten wirtschaftlich zu rechtfertigen. Den Investitionen in die Messtechnik stehen die Einsparungen bei Vorrichtungen und Zuführungsmodulen gegenüber. Auf Anlagenseite müssen Roboter und Sicherheitseinrichtungen für den automatisierten Betrieb beschafft werden. Demgegenüber müssen zum Beispiel Absaugungen für den direkten Kontakt von Werkern mit Schweißprozessen nicht beschafft werden. Der Flächenbedarf der vorrichtungslosen Schweißzelle ist aufgrund der Taktzeiteinsparungen geringer, da weniger Arbeitsplätze und Lagerplätze für Vorrichtungsteile benötigt werden. Die speziellen Anpassungen der Messtechnik und Roboter selbstreferenzieller Montagesysteme führen zu spezifisch ausgestalteten Prozessen. Eine Auswahl aus mehreren Anbietern wird verhindert.

Aufgrund der fähigeren Prozesse treten weniger Abweichungen der Produkte auf, wenn der Prozess bei ausreichender Qualität durchläuft. Die Personalkosten werden aufgrund der kurzen Rüstzeiten im Vergleich zur manuellen Fertigung gesenkt. Dadurch muss zusätzlich geschultes Personal in Reichweite der Anlage für Störungen bereit stehen. Die Maschinenkosten der Roboter werden nur zum Teil durch die höhere Effizienz der Schweißgeräte kompensiert. Durch die aufwendigere Technik müssen das Wartungskonzept umfangreicher ausgeführt und der Service im Fehlerfall organisiert und kostentechnisch berücksichtigt werden. Die Verbesserungspotenziale der Anlagennutzung aktivieren aufgrund der steigenden Datenbasis Lerneffekte und führen zu einer technischen Aufwertung.

Die höhere Präzision der ausgeführten Teile und die abgeleiteten Mechanismen bei der Fertigung der Schutztüren und der Kenntnisse der Eingangsbauteile führen zu Optimierungen der Prozesskette und der Produkte. Die wandlungsfähige Produktionsanlage reagiert auf Kundenwünsche und ermöglicht die Kalkulation von individualisierten Produkten. Diese werden mit einer hohen Qualität geliefert und generieren Folgeaufträge durch gute Bewertungsprofile.

Automatisierungsgrad

Das vorrichtungslose Schweißen der Schutztüren der Firma Ihnen demonstriert die Funktionsfähigkeit des wandlungsfähigen Produktionssystems von ProAktiW durch eine Systemintegration. Die kooperierenden Roboter sind selbstreferenziell mit kamerabasierten Prozessen zum Greifen und Referenzieren ausgestattet. Nach dem Aufnehmen der Bauteile werden diese an den Fügestellen durch iGPS absolut positioniert. Die Auswahl der Schweißparameter und die Feinplanung der Schweißbahn werden über einen Lichtschnittsensor mit Bildauswertung unterstützt. Wirtschaftliche Vorteile beim automatisierten Wandel der Prozesse ergeben sich durch eine Verkürzung der Taktzeit aufgrund kürzerer Rüstzeiten und einer erhöhten Bauteilqualität (KW und GW in Tab. 7-2). Das vorrichtungslose Schweißen stellt vor allem technische Vorteile in den Prozessen, der Taktzeit und der Montagequalität für die automatisierte Inbetriebnahme nach einer Wandlung in den Vordergrund (KT und GT in Tab. 7-2).

Tab. 7-2: Automatisierungsgradsteigerung beim vorrichtungslosen Schweißen

Vorrichtungsloses Schweißen					
Kategorie	**KT**	**KW**	**Gebiet**	**GT**	**GW**
Organisation	0,9	-0,3	Kommunikation	2,1	0,1
			Fachbereich	0,0	-1,3
			Wissensbereich	0,4	0,3
Technik	1,7	0,1	Montageprozess	2,6	-1,1
			Verfügbarkeit	-0,8	-0,8
			Taktzeit	2,1	1,6
			Montagequalität	2,0	0,7
Betriebs-wirtschaft	0,6	-0,2	Infrastruktur	0,3	0,0
			Betrieb	0,5	-0,8
			Produkt	1,5	0,5

Vorrichtungslose Prozesse durch kooperierende Roboter bieten die Möglichkeit, bei einer Erhöhung der Bauteilqualität Taktzeiten zu reduzieren. Dabei liefert das Szenario mit der Schutztür als Erweiterung der Anbauteilmontage (Montage in existierende Strukturen) die Möglichkeit, die Struktur des Bauteils an sich zu erstellen. Diese Idee ist auf eine Vielzahl von Prozessen übertragbar. Möglich ist unter anderem ein kombiniertes Tapping und Framing eines Fahrzeugs, bei dem nicht mit hoher flächenhaften Prozess- und Spannkraft gearbeitet wird. Intelligentes Ausrichten der Bauteile zueinander und das Aufbringen einer lokalen

Prozesskraft zum Fügen in einem Punktschweißprozess ist ebenfalls möglich. Herausforderungen bei den von Messtechnik abhängigen Prozessen sind die Verfügbarkeit und die daraus resultierenden Bedarfe für Notfallstrategien und Reparaturkonzepte, welche die Inbetriebnahme beeinflussen und erschweren.

7.1.3 Fügen von Öltanks mit Kran

Am Laboratório de Automação da Manufatura am Centro de Competência em Manufatura (LAM / CCM), Instituto Técnico de Aeronáutica (ITA) in Sao Jose dos Campos in Brasilien werden Untersuchungen zur Ausrichtung von Blechteilen beim Herstellen von Großöltanks für die Ölindustrie durchgeführt (Instituto Técnico de Aeronáutica, 2016). Diese statischen Druckbehälter bestehen aus mehreren Ringen und sind weiter unterteilt in Segmente, welche schichtweise aufgebaut werden (Abb. 7-6). Die Segmente weisen Massen bis zu 7 Tonnen und Längen bis 12 Metern auf. Der manuelle Prozess nutzt einen Kran zum Lastausgleich und zur Grobpositionierung. Die Feinpositionierung wird von Werkern mit Fixierhilfen durchgeführt (Fechter, 2014). Die Positioniertoleranzen ergeben sich aus den Toleranzen der zugelieferten Blechteile nach der Spezifikation ASTM A6/A6M (ASTM, 2014) und den Vorgaben für geschweißte Öltanks vom American Petroleum Institute (API, 2012a).

Abb. 7-6: Montage von Großöltanks **(Fechter, 2014)**

Bei der manuellen Erstellung der Öltanks werden große Lasten unter Umweltbedingungen an einem Kran geführt. Sie werden von Werkern ausgerichtet und fixiert. Dieses Vorgehen erfordert ein gut ausgebildetes Team für das Erreichen der Qualitätsforderungen innerhalb weniger Iterationen. Die schweren Bauteile und ungünstig erreichbaren Montagestellen stellen ein Sicherheitsrisiko dar. Die Aufgabe soll zur Reduktion der Iterationen und Erhöhung der Sicherheit von Robotern ausgeführt werden. Das prinzipielle Vorgehen lehnt sich an die Aktivitäten der Rumpfmontage aus Kapitel 7.2.4 (Instituto Técnico de Aeronáutica, 2016) an. Es stellt eine Weiterentwicklung (Simonetto & Trabasso, 2014) dar. Ein Demonstrator zeigt die Funktionalität der Kernprozesse im Labormaßstab (Abb. 7-7). Die Segmente werden zum Lastausgleich von einem Kran grob positioniert und von zwei mobilen

Schwerlastrobotern mit Magnetgreifern an die BestFit Position geführt. Weitere mobile Roboter führen den Schweißprozess durch. Die Führungsroboter dienen als Vorrichtung und fixieren, bzw. richten die Bauteile. Über ein Nikon Laserradar wird die absolute Lage und Geometrie der Fügestellen bestimmt. Aus den Daten errechnet der Algorithmus die Pose der Segmente, erstellt die Schweißbahnen und wählt die Schweißparameter aus.

Die mobilen Roboter und das grobe Positionieren mit Kran benötigen ein Messsystem, welches die BestFit Berechnung mit Daten vom Laserradar überwacht und den Robotern die Abweichungen mitteilt. Da die Prozesse von mehreren Komponenten gleichzeitig und teilweise in Bewegung durch Schwingungen erfolgen, ist Laserradar alleine nicht geeignet. Die Anschläge vom Kran und die mobilen Endeffektoren der Roboter sind mit iGPS-Empfängern ausgestattet und raumzeitlich referenziert. Die Herausforderung der Nutzung eines Krans als Lastenausgleich liegt in der Seilaufhängung und der Steuerungstechnik. Im Demonstrator wird die Aufgabe durch einen weiteren Roboter (Kransimulator in Abb. 7-7) simuliert. Die Position wird durch iGPS bestimmt und die Funktionseinschränkung des Krans abgebildet. Für die Feinsteuerung der Positionierung und zur Absicherung der Roboter/Bauteile wird ein Kraftsensor eingebunden (Richter, 2015).

Organisation

Im Unterschied zu den manuellen Prozessen kann in der selbstreferenziellen Produktion der Öltanks mittels objektiver Messdaten der Prozess beobachtet und kompensiert werden. Durch die Reduktion der Werker im Prozess und die geringere Prüfdichte innerhalb des Prozesses aufgrund der Reduktion der Messmöglichkeiten sinkt der implizite Vernetzungsgrad der Produktion auf der Baustelle. Durch die durchgehende Dokumentation stehen allerdings mehr explizite Informationen zur Verfügung. Da die Kunden und Zulieferer am automatisierten Prozess weniger eingebunden werden, sinkt deren Beitrag zur Steigerung des Automatisierungsgrades bei der Inbetriebnahme.

Entwicklung und Konstruktion fördern in selbstreferenziellen Produktionsprozessen das automatisierte Wandeln. Durch die automatisierten Prozesse sind weniger Randbedingungen für den sicheren Einsatz der Werker und ein geringerer Aufwand für das Erreichen der Fügestellen durch die mobilen Roboter nötig. Der elektrische Aufwand einer Anlage mit Messtechnik in natürlichen Umgebungen und mobilen Robotern steigt unter anderem auch durch die Notwendigkeit einer unterbrechungsfreien Energieversorgung. Die Programmierung der Prozesse ist aufwendiger als das Einweisen und Überwachen der Werker und ist bei Bauteilvarianzen kompliziert. Die Inbetriebnahme und die Qualitätssicherung vereinfachen aufgrund der verfügbaren Informationen und Speichermöglichkeiten das automatisierte Wandeln. Bei der Beschaffung muss die Verhandlung der Messsysteme und der Servicevereinbarungen im Vordergrund stehen. Im Umfeld auf einer Baustelle liegen andere Verhältnisse als in der ursprünglich angedachten Umgebung eines Messraumes vor.

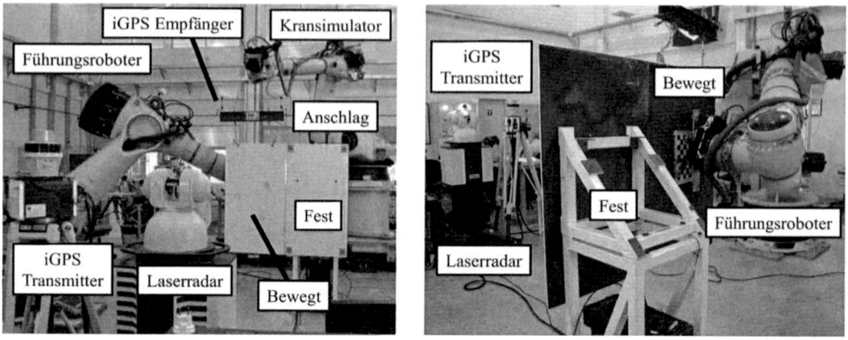

Abb. 7-7: Demonstrator zum Fügen mittels Kran **(Fechter, 2014)**

Planung und Optimierung tragen in der selbstreferenziellen Öltankmontage zu einer gesteigerten Automatisierung der Wandlung bei. Durch die umfassendere Datenbasis werden statistisch signifikante Mechanismen erkannt und genutzt. Die Messtechnik ermöglicht die Einbindung von Experten in den Montageprozess. Sie führt zu geringeren Risiken bei der Absicherung der Prozesse durch die Dokumentation und Reduktion von Werkereinflüssen. Der Anlauf stellt durch die relativ zu den Montagetoleranzen hohen Bauteiltoleranzen eine Herausforderung für das automatisierte Wandeln dar, weil eine Vielzahl von Vorgehensweisen zum Toleranzausgleich in der manuellen Montage zum Einsatz kommt. Die Klassifizierung von Toleranzpaarungen und der Auswahl geeigneter Strategien erfordert ein komplexes Regelwerk, was durch Analysen bestehender Montageprozesse aufgestellt werden muss.

Technik

Der Einsatz selbstreferenzieller Systeme beim Fügen der Öltanks erhöht aufgrund der objektiven Messdaten die Stabilität und Möglichkeit der Prozessregelung. Dies hat einen positiven Einfluss auf automatisiertes Wandeln. Fähigkeit und Präzision steigen ebenfalls beim Referenzieren. Insbesondere der Kran stellt im manuellen Prozess eine Blackbox dar und bringt Unsicherheiten ein. Da die Prozesse relativ langwierig sind und insbesondere das System aus Kran und Führungsroboter während der Fixierschweißung nur Halteaufgaben ausführen, sinkt die Effizienz der Anlage.

Aufgrund der geringeren Redundanz der Montage- und Messtechnikkomponenten und dem Einsatz der sensiblen Messtechnik sind beim Wandeln der Anlage erhöhte Ausfallwahrscheinlichkeiten zu erwarten. Die Notstrategien sind aufgrund der bestehenden manuellen Prozesse insofern gegeben, dass bei vorhandenen Hilfsmitteln diese zur Anwendung kommt. Die Fehlertoleranz ist ein technisches Hemmnis für die automatisierte Wandlung. Allerdings ist aufgrund der Informationen über das Bauteil ein weniger risikobehafteter Verbau sichergestellt. Wartung und Reparatur sind aufgrund der Komponenten und den ungünstigeren Umweltbedingungen aufwendiger.

Die Referenzierung der Segmente erhöht aufgrund der Notwendigkeit der Datenaufnahme für das Berechnen des BestFit Ergebnisses. Die weiteren Messungen beim Ableiten der Schweißparameter und -bahnen erhöhen ebenfalls die Nebenzeit. Die Montage- und die Gesamtzeit des Prozesses sind kürzer. Aufwändige An- und Umbauten der Montagehilfsmittel werden verringert und die Roboter erreichen ihre Prozesspositionen stabiler.

Die Kenntnisse der Bauteildimensionen ermöglichen die Ableitung erweiterter Toleranzkonzepte, um zugelieferte Segmente ideal zu positionieren und im Rahmen der Liefertoleranzen Anbieterwettbewerbe zu ermöglichen. Dies vermeidet spezielle über den Standard (ASTM, 2014) hinausgehende Qualitätsvereinbarungen für die Bauteile. Wirtschaftliche Risiken werden verringert. Durch vorhersagbare Qualität des montierten Bauteils sinkt die Notwendigkeit von Prüfungen und die Intervalle werden flexibler. Die selbstreferenzielle Montage mittels Kran und mobilem Roboter koppelt Spann- und Greiftechnik über Messtechnik. Dies erhöht die Bauteilspektren und Eingriffsmöglichkeiten bei unvorhersehbaren Änderungen z.B. für die Fertigung von Sonderbauformen der Öltanks.

Betriebswirtschaft

Die Anfangsinvestitionen in Messtechnik und bei der Erweiterung stellen ein Hemmnis für das automatisierte Wandeln einer Anlage dar. Demgegenüber stehen Einsparungen an Anlagen und vor allem Hilfsmitteln gegenüber. Diese müssen zwar aufgrund der Notstrategien vorgehalten werden, unterliegen aber keiner Abnutzung. Der Aufbauort behindert das Wandeln der Anlage, wenn die mobilen Plattformen den Montageort nicht erreichen und Maßnahmen notwendig sind. Die mobilen Roboter und die Messsysteme sind in ihrem Zusammenspiel angepasst. Selbstreferenzielle Montage mittels Kran erschwert einen Anbieterwechsel und die Einbeziehung in einen Wettbewerb bei Ausschreibungen, solange kein standardisiertes Konzept vorliegt und die Entwicklungsrisiken nicht abzuschätzen sind.

Die Berechnung der Bauteilqualität vor der eigentlichen Montage verringert Probleme im Prozess. Durch Tauschen der Segmente oder Ausgleichen von Toleranzen werden Abweichungsrisiken vermindert. Die direkten Personalkosten werden aufgrund der geringeren Anzahl von Werkern verringert. Die indirekten Kosten zum Erreichen der Montagepositionen und die Sicherung der Baustelle werden ebenfalls verringert. Die Maschinenkosten setzen eine Anfangsinvestition voraus und benötigen ein gut ausgebildetes Baustellenteam für die Sicherstellung der Funktion. Auf entlegenen Baustellen kommt der angepassten und vorausschauenden Planung von Wartungen und Reparaturkonzepten eine zentrale Rolle zu. Dies muss bei der Wandlung einer Anlage berücksichtigt werden und stellt einen schwer zu automatisierenden Arbeitspunkt dar. Die wachsende Datenbasis durch selbstreferenzielle Methoden führt zu systematisch erschließbaren Verbesserungspotenzialen durch Identifikation der Mechanismen.

Die abgesicherte Qualität der Bauteile durch automatisierte Prozesse führt zu geringeren Risiken im Gesamtprozess. Wirtschaftliche Risiken von Nacharbeiten beim Funktionstest oder bei der Abnahme sind geringer. Da die Öltanks ein standardisiertes Produkt sind, existieren nur geringe Individualisierungsmöglichkeiten ohne negativen Einfluss auf den Automatisierungsgrad der Wandlung. Durch den systematischen Prozess werden Optimierungsprozesse entlang der Prozesskette angestoßen, die positiv auf die automatisierte Inbetriebnahme von Wandel wirken.

Automatisierungsgrad

Der Demonstrator zum Fügen der Öltanks mit am Kran entlasteten Segmenten zeigt die Vorteile kooperierender Systeme in der Montage. Durch die Einbindung der Selbstreferenz werden nicht an der Automatisierung beteiligte Systeme wie Hallen- oder Autokran durch Führungssysteme wie mobile Roboter in die Lage versetzt, an automatisierten Prozessen beteiligt zu werden. Die Auswahl von Laserradar als Messsystem für die BestFit Berechnung wurde anhand einer Nutzwertanalyse (Tab. 7-3) durchgeführt. Diese schlüsselt nach einer interviewbasierten Bestimmung von Gewichtungsfaktoren den Erfüllungsgrad der Segmentmessung für das Ausrichten auf einer Skala von 0 bis 4 auf. Laserradar erfüllt dabei die Anforderungen der BestFit Berechnung zu einem hohen Anteil. Aufgrund der geforderten Fähigkeit ist es aber nur bedingt für das Referenzieren und die Prozessüberwachung von Kran und mobilen Füge- und Schweißrobotern einzusetzen. Hierfür ist ein Austausch der geplanten Prozessbewegung mit dem iGPS ein möglicher Lösungsansatz. Dieser führt wahrscheinlich zu einer fähigen Öltankmontage (Fechter, 2014).

Tab. 7-3: Nutzwertanalyse für die Blechmessung der Öltanks nach **(Fechter, 2014)**

		Manually via GUI		**Via Laserradar**		**Via iGPS**	
Costs	**10 %**	0 $	4	~ 350.000 $	2	~ 450.000 $	1
Alignment time	**15 %**	~ 8-10 min	1	~ 3-4 min	4	~ 6-8 min	2
Outdoor use	**5 %**	Realistic	4	Possible	2	Possible	2
Aligned gap deviation	**15 %**	significant variations	1	1.1-2.9 mm ~ 0.19 deg	3	1.8-3.0 mm ~ 0.15 deg	3
Repeatability	**20 %**	depending on operator	1	~ 0.62 mm ~ 0.22 deg	4	~ 1.20 mm ~ 0.24 deg	2
Human influence	**20 %**	Significant	1	Inexistent	4	slightly existent	3
Danger	**5 %**	High	1	Low	3	Low	3
Metrology	**10 %**	human evaluation	0	Coherent Laserradar	3	R-LAT	3
Score	**100%**		**35%**		**85%**		**60%**

Auf der wirtschaftlichen Seite führt vor allem die Reduktion der Taktzeit, der Betriebskosten und Produktrisiken zu einer Automatisierungsgradsteigerung des Wandels (KW und GW in Tab. 7-4). Technisch führen verbesserte Abläufe und geringere Risiken durch sichere

Erreichbarkeit von Fügestellen zu Vorteilen (KT und GT in Tab. 7-4). Diese sind aber in dem Szenario den wirtschaftlichen Effekten auf das automatisierte Wandeln untergeordnet.

Tab. 7-4: Automatisierungsgradsteigerung beim Fügen mittels Kran

Fügen mit Kran					
Kategorie	**KT**	**KW**	**Gebiet**	**GT**	**GW**
Organisation	0,5	0,9	Kommunikation	0,6	0,6
			Fachbereich	0,3	1,0
			Wissensbereich	0,7	1,0
Technik	0,5	1,0	Montageprozess	0,5	1,5
			Verfügbarkeit	-0,4	0,4
			Taktzeit	1,0	5,2
			Montagequalität	0,8	1,1
Betriebs-wirtschaft	0,2	2,2	Infrastruktur	0,0	0,6
			Betrieb	0,3	2,2
			Produkt	0,3	1,4

Das Szenario zum Fügen von Öltanks mittels Kran erweitert die „vorrichtungslose Montage" aus dem vorherigen Kapitel um nicht positionsgeregelte Komponenten, welche die Fähigkeiten von Industrierobotern übersteigen. Beispielhaft in diesem Szenario ist die Einbindung eines Krans zur Erhöhung der Traglast für die Handhabung der Bauteile. Mobile Plattformen erhöhen die Mobilität der Roboter, benötigen aber nach einer Bewegung eine Referenzierung der Roboter. Weitere Möglichkeiten sind die Nutzung von Seil-, Spann- und Manipulationssystemen für das Handhaben biegeschlaffer Bauteile durch eine höhere Greifpunktanzahl. Spannungs- und Überlastsicherungen in schwimmenden Greifern mit undefiniert kraftgeführten Spannelementen oder Sauggreifern sind möglich. Herausforderungen bei der Einbindung nicht positionsgeregelte Montagekomponenten entstehen bei der Bereitstellung einer geeigneten technischen Infrastruktur zur Erfassung der Montagesituation und der wirtschaftlichen Bewertung im Vergleich zu einer technisch hochwertigeren Roboterlösung. Beispielsweise erfassen iGPS Empfänger am Kran und an den Robotern die Bauteilaufnahmen und die Roboter führen Kompensationsbewegungen für das Gesamtsystem aus, da der Kran keine definierte Beeinflussung ermöglicht, sondern nur durch seine Traglast von mehreren Tonnen die Anzahl notwendiger Roboter reduziert.

7.1.4 Fügen von Scheiben unter Fließbandbedingungen

Die Fließmontage ist eine typische Organisationsform automobiler Endmontage. Sie stellt die Vollautomatisierung vor die Herausforderung der Synchronisation von Produkt und Handhabungswerkzeug. In den meiste Montageanlagen wird die Synchronisation durch den Stillstand des Produktes und Puffer zum Aus- und Eintakten in die Fließfertigung gelöst. Große Einsparpotenziale werden durch eine förderbandsynchrone Montage bei Einbindung manueller Mechanismen (Antoszewski, et al., 1987) oder durch Sensorik (Werner, 2009) möglich. Durch 3D-Sensorik wird eine Radmontage bei bewegtem Werkstück realisiert

(Prabhu, et al., 2014). Die Windschutzscheibenmontage als technologisch herausfordernder Prozess (Schlickenrieder, 2007) ist aufgrund der Abmessungen und Qualitätsforderungen heute weitgehend automatisiert (Choi, et al., 2010). Er profitiert dementsprechend von einer Einbindung in die Fließbandmontage. In der „Indoor-GPS basierten Roboterzelle" wird ein Szenario mit dem Thema „Automatisierte Großbauteilmontage unter Fließbedingungen" im Rahmen eines AiF-Projekts (WZL, 2015) aufgebaut (Storm, et al., 2017). Die Demontierbarkeit wird durch ein elastisches Band und Spannzylindern realisiert. Das Szenario (Abb. 7-8) implementiert zur Ableitung industrieller Anforderungen den Klebeprozess mittels folgender Komponenten:

- Fördertechnik der Firma Venjakob
- Sauggreifern der Firma Schmalz
- Robotern der Firma ABB
- iGPS der Firma Nikon Metrology
- Karosse von MAN

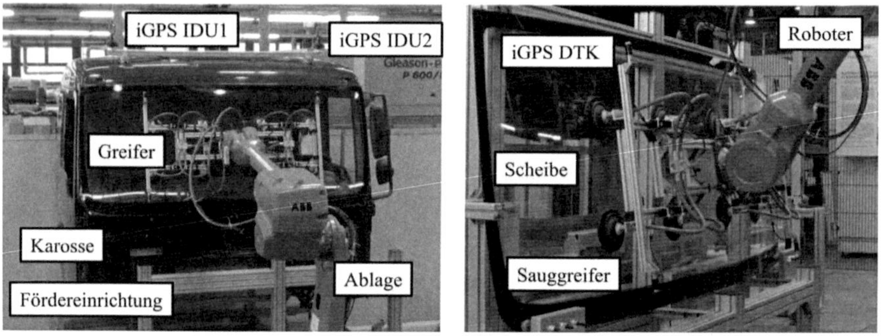

Abb. 7-8: Scheibenmontage unter Fließbandbedingungen (Eigenes Bild)

In dem Demonstrationsszenario wird keine mechanische oder gesteuerte Kopplung eingesetzt. Eine Untersuchung ergibt, dass das Schwingungsverhalten (Oberhansberg, 2015) (Prabhu, et al., 2015) außerhalb der Montagetoleranz liegen würde. Anstelle von lokaler Sensorik wird die Synchronisation der Bewegung zwischen Roboter und Karosse über iGPS realisiert. Dazu werden zwei integrierte Detektoreinheiten (IDU) auf dem Dach der Karosse positioniert. Die Konturen der Fügestelle werden mit einem iProbe oder Lichtschnittsensor (Schmitt, et al., 2013b) vermessen. Dieses „Eintakten" wird im industriellen Maßstab vom Montageprozess entkoppelt. Entlang der Montagekette profitieren mehrere Prozessschritte von der Referenzierung. Die IDUs sind akkubetrieben, drahtlos ausgeführt und müssen nur magnetisch ohne besondere Anforderungen an die Positionierung angebracht werden. Das Referenzieren bezieht über das BestFit-Verfahren den Frame ein und erfordert nur eine starre Befestigung. Die IDUs werden nach Abschluss der Montage am Ende des Förderbands „ausgetaktet" und an den Anfang transportiert. Die Windschutzscheibe wird mittels Kameras zum dynamischen Detektorset (DTK) referenziert. Zusätzlich wird sie zu der Fügestelle über BestFit ausgerichtet. Der Roboter positioniert durch die mit RRI übertragenen absoluten und relativen Informationen vom iGPS die Windschutzscheibe. Dies löst ebenfalls den Spannprozess aus. Der Prozess wurde über eine mitlaufende Werkzeugkorrektur an Interpolationspunkten der Roboterbahn geregelt. Dies bringt eine hohe Totzeit in den Regelkreis ein. In weiteren Projektphasen wird durch eine Positionskorrektur durch EGM von ABB und einer erweiterten Regelstrategie (Rehbein, 2015) diese fähiger ausgestaltet.

Organisation

Durch die Einbindung der iGPS Sensorik zur Umsetzung des BestFit Verfahrens steigen die Wahrnehmungsmöglichkeit und Synchronisation der Zustände zur Montage der Windschutzscheiben. Aufgrund der limitierten Datenrate von iGPS werden nur unzureichend Schwingungen zwischen den Bauteilen detektiert. Dies wird durch einen Beschleunigungssensor verbessert, der einen überlagerten Regelkreis ermöglicht. Der Vernetzungsgrad steigt aufgrund von Informationen über die Maschinen und den Prozess. Die Kompensation der Schwingungen von einem ABB-Roboter wird z.B. über die EGM-Schnittstelle realisiert. Über die Punktkompensation mit der RRI-Schnittstelle ist der Prozess möglich, aber nicht innerhalb der Prozesstoleranzen auszuführen. Durch den höheren Vernetzungsgrad und der modellbasierten Prozessführung und -regelung werden Informationen entlang der Prozesskette eingebunden. Vorhaltewerte werden um Bauteilinformationen oder Prozesseinflüsse verringert und die Prozessfähigkeit der Gesamtkette optimiert.

Zentralen Anteil an der automatisierten Wandlung hat die Entwicklung eines Konzepts für die Inbetriebnahme. Diese erhöht den Automatisierungsgrad, wenn ausreichend Reserven in der Toleranzkette und der Einstellung der Parameter für den Prozess des Scheibenklebens prozesssicher vorhanden sind. Aufwände für Instandhaltung, Beschaffung und Elektrik steigen in selbstreferenziellen Anlage. Die Qualitätssicherung wirkt durch die Bereitstellung von Informationen über Prozessketten und die Konstruktion wirtschaftlich und die Programmierung technisch positiv auf automatisiertes Wandeln ein.

Bei der Montage von Windschutzscheiben als technologisch herausforderndem Prozess führt durch eine interdisziplinäre Zusammenarbeit der Wissensträger zu einem höheren Automatisierungsgrad der Wandlung. So werden durch die raumzeitlich stationäre Bewegungsführung der Scheibe relativ zur Karosse messtechnische Fragestellungen für den BestFit Prozess entkoppelt. Die Planung und der Anlauf stellen ausgehend von dem idealisierten stationären Prozess die Ausführung der gewandelten Prozesse sicher. Die Optimierung beeinflusst durch eine stetige Reduktion des Risikos und die Entwicklung von Absicherungsmaßnahmen die technische Performance der Anlage positiv.

Technik

Aus Prozesssicht steigt bei der Montage unter Fließbedingungen vor allem die Effizienz, was auch das automatisierte Wandeln positiv beeinflusst. Die eingesetzten Produktionsmittel werden ausgelastet und die Einbindung in den Fließbetrieb verringert Stillstände und Bewegungsänderungen. Die weiteren Dimensionen der Prozesssicht werden technisch und wirtschaftlich erschwert. Stabilität und Präzision weisen ein höheres Risiko aufgrund der absoluten Bewegung der Komponenten zueinander auf.

Die Ausfallwahrscheinlichkeiten, der Aufwand für Wartung und Reparatur steigen aufgrund der komplexen Elemente einer Montage unter Fließbedingungen. Dies spiegelt sich im Risiko der geringen Redundanz wider. Die Entwicklung von Notstrategien ist für den Erhalt der Produktionsfähigkeit auch bei Störungen entscheidend. Er unterstützt die Robustheit gegenüber Bauteilabweichungen und führt zu positiven Einflüssen durch höhere Fehlertoleranz.

Kernpunkt einer Montage unter Fließbedingungen ist die Idee, Neben- und Pufferzeiten durch kontinuierliches Arbeiten in der Hauptzeit zu ersetzen. Teile der Referenzierzeit der stationären Montage entfallen, weil Absetz-, Spann- und Überprüfungszeiten entfallen. Das Einkoppeln wird an den Anfang der Fließfertigung geschoben. Weitere Prozesse werden mit Informationen versorgt, die ansonsten jeweils eine eigene Referenzierung benötigt hätten. Der technische Kernprozess muss aufgrund von Schwingungen konservativer eingestellt werden. Vorteile in der Montagezeit stellen über alle Prozesse und die Synchronisation mit dem Gesamttakt der Fließfertigung eine Vereinfachung der Wandlung der selbstreferenziellen Montage in Bewegung dar.

Durch die Vereinheitlichung der Informationen zum Bauteilzustand bei selbstreferenzieller Montage wird die Umsetzung von Toleranzkonzepten entlang der Prozesskette standardisiert. Sie trägt zur Vereinfachung der Wandlung bei. Die Überwachung der geometrischen und zeitlichen Beziehungen verringert den Aufwand für Prüfungen im Anschluss an den Prozess. Die Flexibilität einer Montage in Bewegung ist reduziert. Die Bewegung der Bauteile erweitert den Verfahrbereich der Roboter erweitern und behindert die Erreichbarkeit. Wandlungsfähigkeit erhöht den Automatisierungsgrad aufgrund der Zugänglichkeit, wirtschaftlich werden für ungeplante Erweiterungen dennoch Aufwände verursacht.

Betriebswirtschaft

Die Einbindung von Messsystemen in eine Fließfertigung stellt eine Anfangsinvestition dar und behindert den Automatisierungsgrad von Wandlung. Die Anzahl und Kompatibilität muss sichergestellt werden. Vorrichtungen und Anlagen sind einfacher und robuster ausgelegt, was deren Universalität erhöht. Die Einsparung an Flächen aufgrund des Wegfalls der Puffer und Beschleunigungsstrecken vereinfacht das Wandeln von Linien. Der Formfaktor der Montagestation nähert sich an die restlichen Bestandteile der Fließlinie an. Eine geringe

Anbieterkonkurrenz für selbstreferenzielle Prozesse ist ohne einen verbindlichen Kommunikationsstandard wie GRS ein technisches und wirtschaftliches Hemmnis für die automatisierte Wandlung. Es fehlt ein modulares Konzept für die aufgabenangepasste Auswahl von Komponenten.

Die selbstreferenziellen Prozesse reduzieren Abweichungen und deren technische Auswirkungen auf den Automatisierungsgrad von Wandel bei einem höheren Risiko. Das eingesetzte Personal hat aufgrund der komplexen Regelkreise nur noch einen teilweisen Einblick in die Prozesse. Bei gewandelten Prozessen ist u.U. ein manuelles Eingreifen notwendig. Die universelleren Maschinen beanspruchen durch die Bewegung einen größeren Arbeitsbereich. Sie müssen in einem weiteren Bereich eingestellt werden. Die Einrichtung der Notstrategien und die vorzuhaltenden Komponenten zur Absicherung der Produktion behindern das automatisierte Wandeln. Auch die Servicemaßnahmen beeinflussen die selbstreferenzielle Produktion. Aufgrund der selbstreferenziellen Funktionsweise in der Fließlinie und damit die gesamte Produktionslinie steigen die Verbesserungsmöglichkeiten. Die Gesamtprozesskette wir stärker auf einen automatisierten Wandel ausgelegt.

Die Einbindung eines stationären Prozesses in eine Fließfertigung beseitigt unproduktive Aufwände und synchronisiert die Abläufe innerhalb der Gesamtprozesskette. Durch die Bereitstellung global verfügbarer Informationen über den Bauteil- und Anlagenzustand sind die Aktivitäten besser aufeinander abgestimmt. Sie werden hinsichtlich ihrer Zielerfüllung verglichen. Für die vor und nachgelagerten Prozessschritte bereiten erweiterte Konzepte für die Individualisierung oder noch ungeplanter Verbesserungsmöglichkeiten vor.

Automatisierungsgrad

Die Scheibenmontage unter Fließbedingungen zeigt die Vorteile einer raumzeitlichen Referenzierung und Informationen in GRS auf. In dem Demonstrationsszenario wird die Scheibe aus einem Bauteilträger aufgenommen, in die bewegte Karosse eingesetzt, über Spanner fixiert und nach einem Abrücken analog vom Roboter wieder demontiert (Storm, et al., 2017). Die Einzelprozesse von BestFit und Kleben werden von der Montagebewegung entkoppelt. Die Einsparung der Beschleunigungsstrecken/Puffer stellt die Motivation für die Montage unter Fließbedingungen dar. Die Perzeptionsfähigkeit und der Vernetzungsgrad steigen im Vergleich zu klassischen Stationen. Die Kompensationsfähigkeit und die verbundene Stabilität/Präzision sinken, was Weiterentwicklungen für Serienreife erfordert.

Auf der wirtschaftlichen Seite führen die organisatorischen Aspekte der Bereitstellung von Informationen und die Synchronisation der Scheibenmontage in die Fließfertigung zu einer Automatisierungsgradsteigerung des Wandels (KW und GW in Tab. 7-5). Technisch müssen vor allem der Informationsaustausch und die Prozesse in das Anlagenkonzept eingebunden werden, um das automatisierte Wandeln zu unterstützen (KT und GT in Tab. 7-5).

Das Fügen unter Fließbedingungen erweitert die Erfassung von Produktionsmitteln um die raumzeitliche Referenzierung. Durch die Informationen im GRS übernehmen die Komponenten innerhalb einer Montage erweiterte Aufgaben, z.B.:

- Montieren mit kooperierenden Robotern
- Fahrerlose Transportsystemen als Bauteilträger
- Mobile Roboter in hochflexiblen Produktionskonzepten
- Einsatz von Drohnen für die Unterstützung der Logistik
- Erhöhung der Sichtbarkeit eingebundener Messtechnik
- Lokale Unterstützung weicher Strukturen im nicht verbauten Zustand

Die Herausforderung besteht aus technischer Sicht in der Erhöhung der Kompensationsfähigkeit der Komponenten und der Ableitung modularer Konzepte. So sind auch wirtschaftliche Vorteile gegenüber hochautomatisierten starren Linien zu erschließen.

Tab. 7-5: Automatisierungsgradsteigerung beim Fügen unter Fließbedingungen

Fügen unter Fließbedingungen					
Kategorie	**KT**	**KW**	**Gebiet**	**GT**	**GW**
Organisation	1,4	1,6	Kommunikation	2,1	2,0
			Fachbereich	0,8	1,2
			Wissensbereich	1,2	1,6
Technik	0,8	0,6	Montageprozess	-0,5	-0,7
			Verfügbarkeit	-0,7	-0,3
			Taktzeit	3,8	5,8
			Montagequalität	0,3	0,0
Betriebs-wirtschaft	0,3	0,4	Infrastruktur	-0,1	0,6
			Betrieb	0,4	-1,0
			Produkt	0,9	1,1

7.2 Fügen von Strukturen im Flugzeugbau

Für die selbstreferenzielle Montage faserverbundbasierter Strukturen wird die Prozesskette nach dem Tapelegen der Schale anhand der Integration von Längsversteifungen (Stringer) unter Adaption von *Vorhaltewerten* des anschließenden Autoklav-Prozesses aufgezeigt (Kapitel 7.2.1). Die modellbasierte Integration der Radialversteifungen (Spante) an einem *verformten Bauteil* stellt den nachfolgenden Schritt dar (Kapitel 7.2.2). Die Schalen werden in einer frei programmierbaren Vorrichtung zur Sektion verbunden, wobei insbesondere der Toleranzausgleich unter *Einhaltung von Kraftgrenzen* ein modellbasiertes Vorgehen erfordert (Kapitel 7.2.3). Einzelne Sektionen werden mit *wechselnd verfügbaren Messsystemen* virtuell gepaart und zu Rümpfen verbunden (Kapitel 7.2.4), wobei dieses Szenario mit einem metallischen Rumpf aufgearbeitet wird.

7.2.1 Stringerintegration Pick&Place

Der zunehmende Wettbewerbsdruck in der Flugzeugindustrie führt zu einem Umdenken in der Rolle von Industrialisierung bei der Herstellung von Flugzeugen. Neue Flugzeugprogramme werden mit Produktivitätssteigerungen geplant, welche nur durch eine signifikante Erhöhung des Automatisierungsgrades erreicht werden. Für die Prozesskette werden dabei neue Verfahren benötigt, welche die handwerklich geprägten bestehenden Prozesse unterstützen, ergänzen und in Zukunft ersetzen (Schmitt, et al., 2014b). Für die Schalenmontage kohlefaserbasierter Rümpfe werden auf die mit automatischen Tapelegern gelegten UD-Prepreg-Hautfeldern ausgehärtete Stringer mit einer Bindeschicht aufgesetzt. Diese werden durch einen thermischen Prozess teilaktiviert und fixiert. Im Anschluss wird Füllmaterial eingebracht, ein Vakuumaufbau erstellt und das Schalen-Stringer-System in einem Autoklav ausgehärtet. Da bei dem Aushärteprozess die CFK-Lagen anisotropen Längenänderungen ausgesetzt sind, müssen die Stringer entsprechend der Verformung modellbasiert vorgehalten werden. Beim manuellen Prozess positionieren Werker den Stringer mit einer Laserprojektion grob vor und richten ihn mittels Lasertracker aus. Dieser Prozess soll automatisiert werden (Premium Aerotec, 2012). Die Firma FFT entwickelt zusammen mit dem Hersteller Premium Aerotec in dem gemeinsamen Projekt OptiStringEnc (TZN, 2012) eine roboterbasierte Lösung (Abb. 7-9).

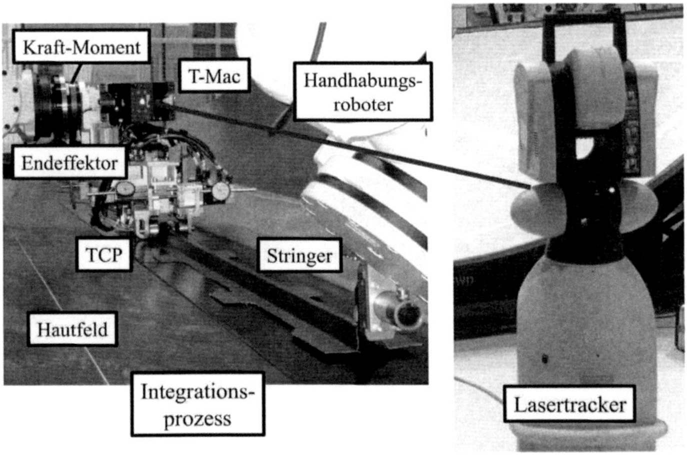

Abb. 7-9: Integrationsprozess für Stringer **(Schönberg & Wehn, 2014)**

Das Anlagenkonzept für die sogenannte Pick&Place Anlage (Abb. 7-10) sieht vor, dass ein Robotersystem den vorbereiteten Stringer aus einem Magazin hebt und in die Integrationsposition fährt. Ein Roboter besitzt einen Endeffektor (Schaafhausen, et al., 2013) und fährt den Stringer sequenziell an den Integrationspunkten ab. An diesen findet die Teilaktivierung durch ein definiertes Aufheizen statt. Die Handhabungsroboter halten den Stringer in dem nicht integrierten Teil hoch und vereinfachen das Ausrichten durch den

Endeffektor. Das manuelle Ausrichten der Stringer durch die Werker wird im Endeffektor durch ein rollengestütztes Führungssystem nachgebildet. Die Rollen liegen am Stringer an, und richten ihn beim Abfahren aus. Dabei wurde das ursprüngliche Konzept, die Integrationspunkte analog zum manuellen Prozess im Roboter zu Teachen, aufgrund der Anzahl der Integrationspunkte und der Varianzen von Hautfeld/Stringer verworfen. Ein messtechnisch gestütztes Integrieren mit einem CAD-gestützten Programmierverfahren stellt die rückführbare Ausführung der Prozesse sicher (Abb. 7-10). In einer ersten Phase wurde die Eignung von iGPS (Nikon Metrology) und Lasertracker mit T-Mac (Leica) mittels eines Lasertrackers von Premium Aerotec für die geometrische Kompensation der Roboterabweichungen untersucht (Schönberg & Wehn, 2014). Da bei der Firma Premium Aerotec eine Infrastruktur mit Lasertrackern der Firma Leica besteht, werden die Roboter mit Leica T-Macs an den Endeffektoren ausgestattet. Je nach Produktionsrate werden zwei Lasertracker in der Anlage eingesetzt, welche zu vorhandenen Trackern austauschbar sind.

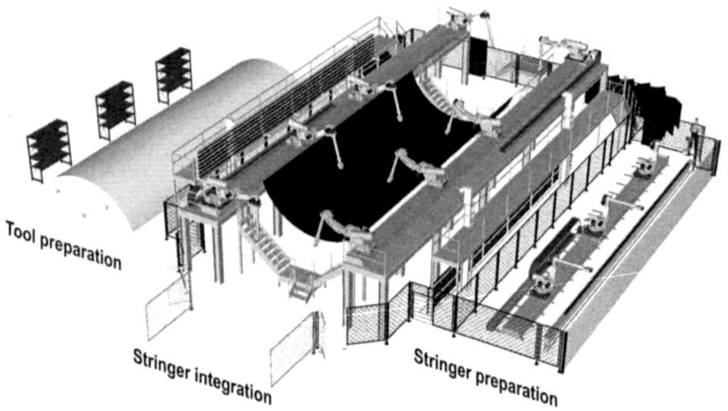

Abb. 7-10: Serienanlage für die Stringerintegration **(Schönberg & Wehn, 2014)**

Die Dickentoleranz der Hautfelder und die Abweichungen der Vorrichtungen lassen eine rein geometrische Regelung des Integrationsprozesses nicht zu. Das Andrücken der Stringer auf das Hautfeld vor dem Teilaktivieren durch das Anpressen eines Wärmespeichers wird von einem Kraft-Momentsensor überwacht. Dieser schneidet den Endeffektor frei und bestimmt die Kraft am TCP (Abb. 7-11). Für die Kalibrierung wird über Referenzpunkte am Endeffektor die Transformation des T-Mac relativ zum TCP bestimmt. Der Endeffektor fährt im Anschluss einen als Ursprung definierten Stringer auf einer Kalibrierstation an. Das Führungssystem wird mit Wegsensoren überprüft. Die Position des Stringers in Längsrichtung wird über einen Lichtschnittsensor überwacht. Dieser wird an einer eingemessenen Kante kalibriert und beobachtet beim Absetzen die Beschnittkante des Stringers am Interface. Nach dem Kalibrieren des Endeffektors wird der Tracker über entlang der Prozesskette überwachte Referenzpunkte im Sektionskoordinatensystem referenziert (Abb. 7-11). Über ein Pendelprogramm wird die Basis- und Werkzeugtransformation vom Roboter relativ zur

Schale und zum TCP bestimmt. Gleichzeitig wird die Kalibrierung des Kraftsensors aktualisiert (Schönberg & Wehn, 2015a).

Im Integrationsprozess fahren die Roboter mit eingespanntem Stringer eine Vorposition 100 Millimeter über dem Hautfeld an. Dann werden geometrisch die Roboterabweichungen ausgeregelt. Auf einer weiteren Vorposition 3 Millimeter über dem Hautfeld wird mittels Lichtschnittsensor die Längsverschiebung des Stringers relativ zum Endeffektor bestimmt. Diese ist erst durch den Bauteilkontakt an den durchhängenden Teilen des biegeschlaffen Stringers ausreichend angenähert. Von der Vorposition startet die Kraftregelung das Absenken des Stringers bis zum Erreichen der Prozesskraft. Die geometrische Regelung regelt die verbleibenden 5 Freiheitsgrade. Nach Erreichen des ersten Integrationspunktes wird der Spanner geöffnet und ein Nachregeln mit anschließender Kontrolle der Längsposition des Stringers ausgeführt. Wenn der Stringer in Toleranz liegt, wird der Integrationsprozess gestartet, Auf beide Stringerfüße wird der Wärmespeicher mit der Prozesskraft gedrückt. Der Wärmespeicher übernimmt die Vorspannung des Endeffektors von dessen Andrückrollen. Um die weiteren Integrationspunkte sequenziell abzufahren (Abb. 7-12), muss der Endeffektor aus dem Stringer ausfahren und den Spanner hochfahren. Der Gesamtprozess der Stringerintegration durchläuft die Stringer nacheinander auf der linken und rechten Seite. Die Seiten sind bei einem einzelnen Tracker untereinander gesperrt. Bei zwei Trackern werden sie ohne kollisionsbedingte Verriegelung parallel abgearbeitet (Schönberg & Wehn, 2015b).

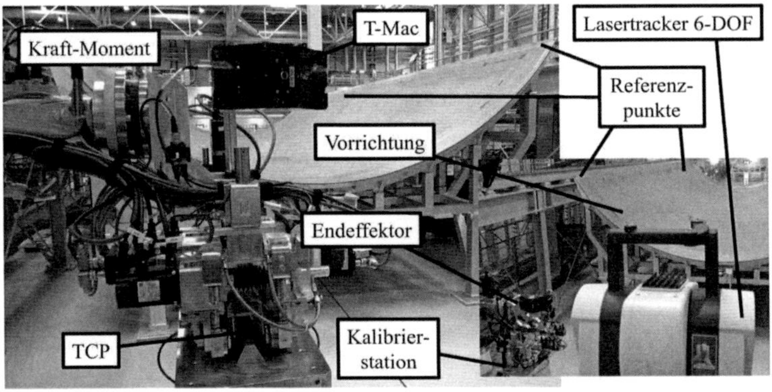

Abb. 7-11: Referenzierung für die Stringerintegration **(Schönberg & Wehn, 2016)**

Organisation

Durch die kombinierte Kraft- und Geometrieregelung liegt eine erhöhte Wahrnehmungsmöglichkeit innerhalb des automatisierten Prozesses für die Stringerintegration vor. Im Gegensatz zum manuellen Prozess liegt ungefähr 10-mal pro Sekunde eine Schätzung der Positionierung des Stringers auf dem Hautfeld vor. Diese werden inklusive der aktiven Abweichungen verarbeitet. Der Prozess wird kontinuierlich geregelt, wenngleich die sequenzielle Vorgehensweise eine Kompensation erschwert. Beim ersten Ablegen wird der Stringer nur aufwendig über den Lichtschnittsensor in seiner Längsposition erfasst. Das unsymmetrische Anliegen der Stringer im Führungssystem des Endeffektors im angesaugten Zustand verursacht Abweichungen insbesondere in der Orientierung des Stringers. Diese sind nach dem ersten Fixieren schlecht zu kompensieren. Die Einbindung der Zulieferer ist für den automatischen Prozess nur manuellen Aufwand für die Angleichung der Informationsrepräsentation möglich. Eine Flugzeugproduktion weist aufgrund der hochkomplexen Wirkzusammenhänge und der regional verteilten Produktion meist lokale Informationsflüsse und Prozesse auf. Die Vergleichbarkeit von Informationen ist gering. Die Kundeneinbindung bis zum Zusammenbau der Sektionen trägt im selbstreferenziellen Prozess zum automatisierten Wandel der Produktion bei. Beispiele für die Ableitung der Anforderungen sind z.B. die Bauteilschrumpfung im Autoklav oder die Eigenschaften einer Beschnittanlage,

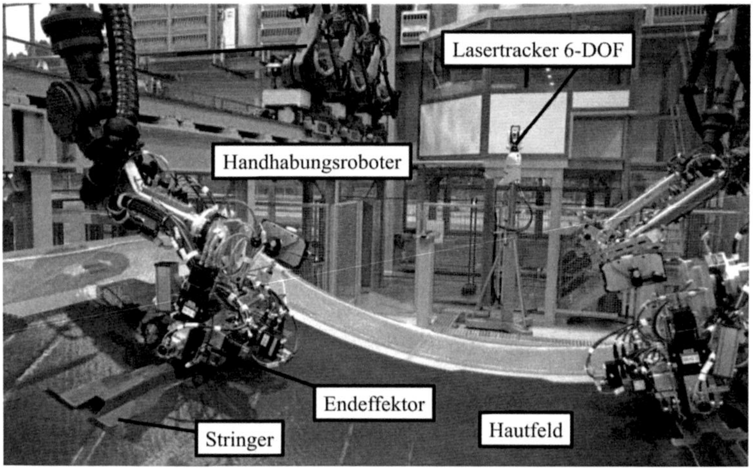

Abb. 7-12: Letzte Klebeposition bei kurzem Stringer **(Schönberg & Wehn, 2015b)**

Durch eine Definition der Vorgaben von der Qualitätssicherung setzt die Entwicklung eine automatisiert wandelbare Lösung für die Stringerintegration um. Der Kernpunkt ist die Ableitung der Wirkmechanismen zwischen den beteiligten Komponenten und der Toleranzbeziehungen untereinander entlang der Prozesskette. Diese sichert die Position der Stringer auf dem Hautfeld im Zusammenbau ab. Durch die wandlungsfähige Umsetzung der entwickelten Methoden reagiert die selbstreferenzielle roboterbasierte Stringerintegration auf Bauteil- oder Prozessänderungen. Dabei muss während der Inbetriebnahme in der virtuellen Planungswelt auf die Umsetzung in der realen Anlage geachtet werden. An der Schnittstelle zum realen Prozess ist eine Vollautomatisierung umgesetzt. Die Programme der am virtuellen Flugzeug geplanten Prozesse dürfen nicht mehr angepasst werden. Sie beschreiben eine rückführbare Vorlage für die Produktion. Dementsprechend haben die Konstruktion, Elektrik und Instandhaltung manuelle Aufwände bei der Wandlung. Sie sind nicht vollständig in der virtuellen Prozessplanung umgesetzt und stören den Planungsprozess für die Roboterprogramme. Wenn für die Prozessanpassung Beschaffungen auszulösen sind, entstehen in der Luftfahrt Aufwände für die Ausschreibungen, der Eingliederung der Komponenten in das Produktionssystem und die Anpassung der Prozessfreigaben.

Das Prozesswissen in der Luftfahrt ist geprägt von den umfangreichen Zertifizierungs- und Freigabeprozessen. Einzelne Prozessschritte und ihre Kennwerte sind detailliert beschrieben. Undefinierte Zustände entstehen durch die komplexen Beziehungen der Prozessschritte und Bauteile untereinander. Beim Anlauf müssen diese kumuliert werden und erfordern manuelle Eingriffe. Durch eine technische Optimierung der verwendeten Methoden in der Anlage und einer risikoorientierten Planung wird der Automatisierungsgrad von Wandel der Stringerintegration positiv beeinflusst. Die benötigten Informationen zur Ableitung von Prozessanpassungen werden bereitgestellt.

Technik

Der manuelle Prozess der Stringerintegration reagiert aufgrund der beteiligten Werker auf erkannte Bauteilabweichungen. Er ist damit stabiler zu wandeln als ein roboterbasierter Prozess mit nur einem überwachten Kontaktpunkt. Die Fähigkeit selbstreferenzieller Stringerintegration ist dagegen durch das überwachte und abgesicherte Vorgehen im automatisierten Prozess höher. Zudem steigen die Präzision und die Möglichkeit der Beeinflussung der Prozessregelung aufgrund valider Informationen. Durch die vorhersagbare Prozesszeit und Bauteilqualität wird der Wandel der Prozesse mit effizient unterstützt. Nur die beteiligten Endeffektoren müssen mit hoher Auslastung am Prozess beteiligt und gewandelt werden.

Die Ausfallwahrscheinlichkeit der Stringerintegration wird maßgeblich vom Lasertracker als Referenzsystem beeinflusst. Dies stellt im manuellen als auch im automatischen Prozess das kritische Element dar. Durch das Anlagenlayout mit zwei Lasertrackern für die beiden Seiten der Anlage wird innerhalb des automatischen Prozesses eine Redundanz vorgehalten. Die Lasertracker sind untereinander und mit denen der Produktion austauschbar. Aufwände bei einer Notstrategie entstehen durch die Bereitstellung von Werkern für die Prozessübernahme im Fehlerfall. Das Robotersystem erreicht nur die eigene Seite. Die Fehlertoleranz gegenüber Bauteilabweichungen ist aufgrund der Kompensationsstrategien beim Positionieren der Stringer vorgesehen. Sie weist gegenüber unerkannten Bauteilabweichungen ein Risiko auf. Die Wartung der Anlage muss in der Ablaufplanung eingesteuert werden, was insbesondere bei der Unschärfe der Feinplanung manuell ausgeführt wird. Die Reparatur der Anlage im Fehlerfall ist durch die hohe Varianz der verwendeten Komponenten und die aufgabenangepasste Konstruktion ebenfalls nur schwer automatisch zu wandeln. Sie muss im Bedarfsfall entsprechend angepasst werden.

Bevor ein Stringer integriert und abgeholt wird, müssen Kalibrier- und Prüfprozesse durchlaufen werden. Beim Kalibrieren werden folgende Punkte abgearbeitet:

- Position des T-Mac relativ zum TCP
- Überprüfung der Kraftsensoren
- Überprüfung des Führungssystems
- Referenzierung der Lichtschnittsensoren an der Masterstation
- Referenzierung des Lasertrackers relativ zum Hautfeld
- Referenzierung des Lasertrackers relativ zum Robotersystem.

Das Positionieren der Stringer auf dem Hautfeld benötigt Zeit für das Kompensieren von Roboterabweichungen und Längsverschiebungen der Stringer. Die Referenzierung nimmt im automatisierten Prozess damit einen hohen Zeitanteil am Gesamtprozess ein. Das Referenzieren des Lasertrackers im manuellen Prozess mit periodischen Überprüfungen der eingesetzten T-Probe und Taster weist diesen Anteil ebenfalls auf. Die Montagezeit verringert sich im Vergleich zum manuellen Prozess deutlich und ermöglicht die angestrebte Rate. Aufgrund von Reserven im Anlagenlayout besteht die Möglichkeit des Anpassens der Auslastung. Der Gesamttakt wird in den verschiedenen Ausbaustufen der Anlage angepasst. Dies ermöglicht ein automatisiertes Anpassen der Anlagenfunktionen in den Betriebsszenarien und beim Einarbeiten weiterer Prozesse.

Die hohe Informationsdichte der selbstreferenziellen Stringerintegration ermöglicht das Einbinden erweiterter Toleranzkonzepte entlang der Gesamtprozesskette und eine Anpassung der Prüfintervalle. Die selbstreferenzielle Stringerintegration ist flexibel ausgelegt, ist also im erwarteten Produktionsspektrum an die Erfordernisse anzupassen. Hinsichtlich der Wandlungsfähigkeit ist das Anlagenkonzept aufgrund der notwendigen Anpassungen an die Vorrichtungen für die Flugzeugmontage in ihrer Fähigkeit zum automatisierten Wandel begrenzt. Sie muss durch weitere Entwicklungen und Änderungen befähigt werden.

Betriebswirtschaft

Die eingesetzten Lasertracker bei der Firma Premium Aerotec stellen eine rückführbare und in weiten Teilen kompatible und damit austauschbare Infrastruktur für das Messen der großen Maschinen und Bauteile dar. Durch den Einsatz von Messtechnik wird der Einsatz von Vorrichtungen auf das notwendige Maß zum Tapelegen und Formen der Hautfelder begrenzt. Die eingesetzten Vorrichtungen erfüllen für die selbstreferenziellen Systeme nur noch die Funktion der ohnehin nicht zu ändernden Fluggeometrie auf der Außenseite der Flugzeuge. Sie ermöglichen das Aufbauen der Toleranzkette hin zu den programmierbaren Montageprozessen wie der Stringerintegration. Dabei tragen universell ausgeführte Anlagen in einem Stationskonzept zur Automatisierung bei und werden durch ein wandlungsfähiges Logistikkonzept unterstützt. Die Verringerung von Vorrichtungen und die höhere Produktivität tragen zu einem kleineren Flächenverbrauch bei. Aufgrund der technologischen Herausforderungen und Eintrittsbarrieren in den Wettbewerb durch forschungsgetriebene Technologieentwicklung sinkt für selbstreferenzielle Systeme tendenziell die Anbieterkonkurrenz.

Eine roboterbasierte Stringerintegration verursacht Aufwände beim Betrieb, der Wartung und der Instandhaltung der eingesetzten Maschinen. Diese Effekte verringern den Automatisierungsgrad von Wandel. Demgegenüber steht der Einsatz von höher qualifiziertem Personal durch das Entfallen einfacher Tätigkeiten. Damit einher geht die generelle Aufwertung der Beteiligung von Werkern und Ingenieuren an der Erstellung der Bauteile. Ein systematisches und immer gleiches Vorgehen der programmierten Roboter wird gefördert. Eine hohen Informationsdichte über den Prozess und der Ableitung von Kenngrößen führen zu einem besseren Verständnis. Zusammenfassend steigt das Potenzial von Verbesserungsprozessen und ermöglicht Optimierungen der Stringerintegration.

Durch den Automatisierungsanteil und fähigen Prozesse sind Abweichungen in nachgelagerten Prozessen verringert und Bauteiltoleranzen in vorgelagerten Prozessen aufgeweitet. Dies ermöglicht entlang der Prozesskette Einsparungen durch näher am Kalkulationspunkt liegende Arbeitspunkte. Die Anpassung an den aktuellen Prozesspunkt ist einfacher und automatisch auszuführen. Die Möglichkeit, individuelle Einstellungen oder Bauteile für Testzwecke bereitzustellen, wird innerhalb der selbstreferenziellen Stringerintegration durch das universelle Vorgehen automatisierbar.

Automatisierungsgrad

Die selbstreferenzielle Stringerintegration zeigt die Vorteile einer nah an einem bestehenden manuellen Prozess ausgerichteten roboterbasierten Automatisierungslösung auf. Anstatt wie ebenfalls angedacht ein vollständig vorrichtungsbasiertes Konzept mit starren Anschlägen zu realisieren, reagiert die Roboterlösung flexibel und wandlungsfähig auf Änderungen der Bauteile und Prozesse. Dabei werden modellbasiert die Effekte der Prozesskette ermittelt, mit Informationen aus Messungen abgeglichen und flexibel eingestellt. Im Fall der Stringerintegration besteht das modellbasierte Vorgehen zum einen in der Berücksichtigung von Autoklav-bedingten Abweichungen. Zum anderen besteht es in der Abbildung der im manuellen Prozess gelernten Erfahrungen mit den CFK-Bauteilen.

Unter wirtschaftlichen Gesichtspunkten stehen bei der Stringerintegration die Einsparungen der Taktzeit und die Produktverbesserungen im Vordergrund beim Steigern des Automatisierungsgrads von Wandel (KW und GW in Tab. 7-6). Technisch realisiert wird das automatische Wandeln durch eine große Informationsdichte und stabile Prozesskennwerte beim Integrieren mit einem robotergeführten Endeffektor (KT und GT in Tab. 7-6).

Das modellbasierte Kompensieren von messtechnisch erfassten Abweichungen entlang der Prozesskette führt zu stabilerer Produktion qualitativ hochwertiger Bauteile. Im Gegensatz zu den rein auf einen Einzelprozess ausgelegten metallischen Szenarien werden die Informationen entlang der Prozesskette sowohl vorwärts als auch rückwärts eingesetzt. Dies ermöglicht das weitgehende Abgleichen des Prozesswissens bis in die idealisierte Planung. Diese wird durch eine Korrelation in die Lage versetzt werden, Szenarien mit geringerem Sensoreinsatz zu entwickeln und die Wandlungsprozesse zu automatisieren. Die Herausforderung für das Verwenden der Informationen ist das Einspielen, Verwalten und Bereitstellen in einem für die Teile der Prozesskette verständlichen Format. Die Kommunikation aller an einer Prozesskette beteiligten Abteilungen an der Erstellung der Informations-Infrastruktur synchronisiert das gemeinsame Prozesswissen. Dies ermöglicht das Betreiben einer Anlage am globalen Betriebsoptimum.

Tab. 7-6: Automatisierungsgradsteigerung bei der Stringerintegration

Stringerintegration					
Kategorie	**KT**	**KW**	**Gebiet**	**GT**	**GW**
Organisation	1,6	0,8	Kommunikation	2,6	0,3
			Fachbereich	0,7	0,9
			Wissensbereich	1,2	1,2
Technik	1,1	0,6	Montageprozess	2,6	1,6
			Verfügbarkeit	-0,4	-0,6
			Taktzeit	0,4	2,7
			Montagequalität	1,1	1,0
Betriebs-wirtschaft	0,5	2,2	Infrastruktur	0,4	0,8
			Betrieb	0,2	1,4
			Produkt	1,5	2,0

7.2.2 Spantintegration am verformten Bauteil

Nach dem Autoklav Prozess werden die mit Stringer ausgerüsteten Schalen beschnitten, entformt und für weitere Prozessschritte in Transportgestellen bewegt. Um die strömungstechnisch optimierte Außenform sicherzustellen, werden die Spante als Radialversteifung über Zwischenelemente (Clips) verbunden (Schmitt, et al., 2013a) (Ramirez & Wollnack, 2014). Die Spante stellen die Innenseite der Schale dar und dienen als formgebendes Element für das biegeschlaffe Hautfeld. Dabei wird ein geometriegebender Bauteilträger für die Spante verwendet. Auf diesen wird das Hautfeld aufgespannt (links in Abb. 7-13). Zwischen Hautfeld und Spant entsteht ein Spalt, der die Toleranzen ausgleicht und die Schale innen und außen definiert. Die Clips fixieren die eingestellte Geometrie. Versuche zur Nutzung von Integralspanten mit direktem Kontakt zum Hautfeld erhöhen aufgrund von Toleranzbetrachtungen den Shim-Aufwand. Die zweiteilig ausgeführten Vorrichtungen für den manuellen Prozess müssen eingemessen werden und ermöglichen nur einen Typ von Schale pro Station. Da die Spante formgebende Elemente sind, fokussieren Entwicklungen auf folgende Ansätze:

- Programmierbare Parallel-Kinematik als Vorrichtungsersatz (Ramirez & Wollnack, 2014)
- Einfädeln am verformten Bauteil (rechts in Abb. 7-13) (Schmitt, et al., 2013a).

In der „Indoor-GPS basierten Roboterzelle" wird der Demonstrator für das Montieren von Clips und Spanten am verformten Bauteil realisiert. Für die Fixierung der Clips, beim Formgeben für die Einfädelung der Spante und beim Ableiten des Verformungsmodells werden auf der Hautfeldseite Vakuumgreifer mit einem klemmbaren Anschlag eingesetzt. Zum Ableiten des Verformungsmodells werden Messungen mit Lichtschnittsensoren, iGPS, Roboterdaten und einem 6D-Kraftsensor kombiniert (Schmitt, et al., 2014c). Durch die Datenaufbereitung im GRS werden die Daten vom Kraftsensor- und dem Lichtschnittsensor auf der Spant-Clip-Seite relativ zum frei hängenden Hautfeld bereitgestellt. Die Ableitung des Verformungsmodells (Schmitt, et al., 2014a) wird möglich. Durch das Modell werden das Bauteilverhalten vorhergesagt und kybernetische Methoden entwickelt (Brecher, et al., 2015).

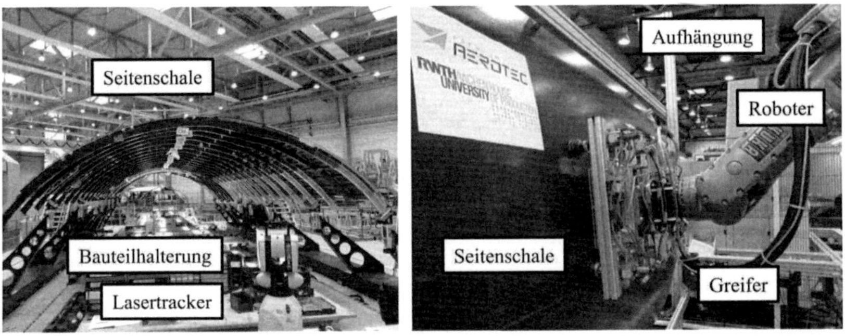

Abb. 7-13: Starre **(Bertelsmeier, 2013)** und flexible **(Schmitt, et al., 2014c)** Spantmontage

Organisation

Der Ersatz der Vorrichtungen durch den messtechnisch unterstützten Prozess erhöht die Aktualität und Dichte der Informationen über den Montageprozess. Eine Kompensationsstrategie durch kybernetische Ansätze wird möglich. Starr ausgelegte und über das gesamte Bauteilspektrum optimierte Bauteilhalterungen verhindern eine Automatisierung. Der Vernetzungsgrad der Anlage steigt. Durch die Bereitstellung von Prozessdaten und dem Abgleich mit idealisierten Planungsdaten erhöht sich Automatisierungsgrad bei Wandlungen. Durch die heterogenen Prozessketten werden die heutigen starren Prozessregelungen nur bedingt in den Wandel einbezogen und behindern die Automatisierung.

Die Instandhaltung ist in der starren Spantmontage für die Einhaltung der Toleranzen zuständig. Enge Prüfintervalle und regelmäßige manuelle Einstellarbeiten werden notwendig. Im Fall selbstreferenzieller Systeme wird diese Aufgabe auf die Überwachung der Funktion der Messsysteme reduziert. Durch automatische Überwachungsprozesse in den Messsystemen wird der Prozess im Zusammenspiel mit der Qualitätssicherung abgesichert. Die Entwicklung steigert über den Grad der komplexen Strukturabbildung in dem Bauteilmodell den automatisierten Wandel und setzt die kybernetischen Ansätze in Prozesse um. Konstruktion und Programmierung der Anlage vereinfachen durch technische Lösungen den Wandel der Anlage. Sie bedingen aber durch die Komplexität ein höheres Risiko. Die technisch aufwendigere Struktur bedingt einen größeren Aufwand selbstreferenzieller Spantmontage bezüglich der Auslegung der Elektrik und Beschaffung geänderter Komponenten. Manuelle Aufwände beim Wandel werden verursacht.

Die kybernetischen Methoden verringern den Beitrag der Planung zur Wandlung und verringern damit die Einflussmöglichkeiten. Im selbstoptimierenden System ermöglichen die Bereiche Anlauf, Optimierung und Absicherung an der realen Anlage den inhärent automatischen Wandel. Der zielgerichtete Einsatz von Messtechnik ermöglicht die Überprüfung der Einzelfunktionalitäten der Anlage. Dies wird über eine präzisere Bestimmung des Prozess- und Anlagenzustands die Automatisierung von Wandel vereinfacht.

Technik

Stabilität und Fähigkeit verursachen in selbstreferenziellen Anlagen manuelle Aufwände bei der Überwachung und der Inbetriebnahme, weil die eingesetzten Roboter nur unzureichend ihren eigenen Zustand ableiten. Die Präzision der selbstreferenziellen Spantmontage steigt ebenso wie die Möglichkeit der Prozessregelung durch die Berücksichtigung von Informationen über das aktuelle Bauteil und die Beobachtung der Bauteilhistorie. Die Effizienz einer für alle Schalen ausgelegten roboterbasierten Anlage ist höher als bei den Sonderlösungen für jedes einzelne Bauteil in der starren Montage. Durch das universelle Vorgehen beim Wandel werden Änderungen auf das Bauteilspektrum angewendet. Bereits nach kurzer Zeit liegt eine ausreichende statistische Basis für das Anpassen von Modellen vor, die automatisiertes Wandeln ermöglicht.

Die Ausfallwahrscheinlichkeit und Redundanz der auf weniger Komponenten basierenden selbstreferenziellen Systeme erfordern Notstrategien. Sie erhöhen den manuellen Aufwand beim Wandeln aufgrund komplexerer Zusammenhänge zur Fortführung der Produktion im Fehlerfall. Bei der starren Montage wird bei lokalen Schädigungen der Referenzierung (z.B. verbogene Aufnahmen nach Kollision) eine Notstrategie zum Wiederherstellen in den Produktionsprozess integriert. Wartung und Reparatur einer selbstreferenziellen Lösung sind weniger aufwendig als bei speziellen Vorrichtungen. Allerdings ist deren Änderungsaufwand beim Wandel schwerer abzuschätzen. Die Fehlertoleranz gegenüber Prozessschwankungen erfolgt modellbasiert durch Einbindung in die Prozesssteuerung und erhöht im Wandlungsfall die schnelle automatische Anpassung.

Das Ableiten der Bauteilmodelle und das Aufnehmen der Eingangsparameter für den modellbasierten Prozess erhöhen den Automatisierungsgrad von Wandel im Vergleich zu der eingemessenen Vorrichtung. Bei Änderungen im Prozess müssen Abweichungen bei der

Großbauteilmontage (Schmitt, et al., 2014b) manuell angepasst werden. Beim Einsatz selbstreferenzieller Systeme entsteht im Vergleich zu einer starren vorrichtungsbasierten Montage ein hoher manueller Planungsaufwand für eine notwendige Parallelisierung. Aufgrund der lokalen Manipulation insbesondere beim Einfädeln der Spante müssen Querabhängigkeiten berücksichtigt werden.

Der Einsatz der selbstreferenziellen Systeme bei der Schalenmontage erhöht die Flexibilität zur Abdeckung des gesamten Bauteilspektrums und die Wandlungsfähigkeit gegenüber zukünftigen noch nicht zu planenden Programmänderungen. Die Prüfintervalle müssen geringer ausgelegt werden. Durch die lokale Arbeitsweise bestehen weniger Möglichkeiten zur Feststellung von Fehlern. Über sich beim Wandeln ändernde Prüfstrategien müssen diese erkannt werden. Die Einbindung der Bauteilmodelle und die Verknüpfung der Informationen ermöglicht das Ableiten erweiterter Toleranzkonzepte. Diese wirken sich bei CFK-Prozessen auf die Minimierung von Shim-Prozessen aus. Die Automatisierungsmöglichkeiten von Wandel werden maßgeblich beeinflusst.

Betriebswirtschaft

Die eingesetzten Messsysteme bei der selbstreferenziellen Montage tragen durch die Möglichkeit der Aufnahme von prozessrelevanten Informationen zu einer präziseren Modellierung und damit einem einfacheren Wandel bei. Die Einsparung von Vorrichtungen durch den Einsatz programmierbarer Roboter erhöht den Automatisierungsgrad ebenso wie die vereinfachte Logistik von Schalen. Diese muss nicht mehr über verschiedene Systeme getaktet werden. Während des Prozesses bleiben sie in dem Transportgestell. Die selbstreferenzielle Spantmontage spart Hallenfläche. Eine höhere Effizienz der Anlage als bei spezialisierten Vorrichtungen ist möglich und vereinfacht die automatische Planung der logistischen Prozesse. Die universellen Spantmontageanlagen werden unabhängig vom Typ bestückt und minimieren die Lagerung von geblockten Schalen. Eine selbstreferenzielle Lösung erschließt aufgrund der fehlenden Standardisierung und der Eintrittsbarrieren weniger Potenziale durch Anbieterkonkurrenz.

Die Verarbeitung von aktuellen Bauteildaten in einem eng tolerierten Vorhersagemodell verhindert Abweichungen und deren Auswirkungen aus dem Regelungskonzept heraus. Dies erhöht die Automatisierung des Reagierens auf Änderungen bei der Spantmontage. Die Maschinenkosten steigen im Vergleich zu rein vorrichtungsbasierten Prozessen an und stellen bei Kapazitätserhöhungen Anforderungen an die Planung. Da die Kommunikation zwischen Messsystem und Montageroboter ohne Werkereinfluss stattfindet, steigt deren Anteil überwachender Tätigkeiten und die Prozesseinsicht. Bei Änderungen werden die Aufwände reduziert und laufen automatisch ab. Support und Service sind für eine selbstreferenzielle messtechnikbasierte Lösung einfacher zu wandeln. Sie stellen ein geringeres Risiko dar, als eine nur periodisch überwachte Vorrichtung im starren Prozess. Die Ausführung der Prozesse mit programmierbaren Einrichtungen und die Möglichkeit der Parallelisierung der mobilen Systeme stellt im Vergleich mit den starren Abläufen in den für einen speziellen Fall eingerichteten Vorrichtungen ein höheres Potenzial zum automatischen Wandel bereit.

Die Ausführung der Spantmontage mit selbstreferenziellen Einheiten unter Einbindung kybernetischer Methoden eröffnet viele Potenziale zum Optimieren der Gesamtprozesskette. Folgende Fähigkeiten erhöhen den Grad für automatisches Wandeln innerhalb der Spantmontage und entlang der Prozesskette:

- Größere Toleranz gegenüber Bauteilabweichungen
- Gezielte Beeinflussung des Prozessergebnisses als individualisiertes Produkt
    - Sektionsmontage als Nachfolgeprozess
    - Erstellung des Gesamtrumpfes
- Umsetzung von Kundenwünschen ohne manuelle Sonderprozesse

Automatisierungsgrad

Der Zusammenbau von in ihrer endgültigen Form abweichenden Bauteilen verringert die Aufwände für Referenzierung und stellt Potenziale zur Verfügung. Das modellbasierte Montieren unter Einbindung kybernetischer Methoden verschiebt den Fokus der Herstellung einzelner Bauteile zu einem produktorientierten Ansatz. Bei diesem wird das wirtschaftliche und qualitative Optimum der Gesamtprozesskette betrachtet. Dabei wird im Fall der selbstreferenziellen Spantmontage die Eigenschaft von GRS genutzt, dass die raumzeitliche Synchronisation die Korrelation von Bauteilverhalten und die zugehörigen Informationen automatisch sicherstellt und eine Berechnung zulässt. Mit den Bauteilinformationen wird modellbasiert die Auswirkung einer Aktion vorhergesagt und die Montage fähig gestaltet.

Unter wirtschaftlichen Gesichtspunkten stehen bei der Spantmontage die geringeren Betriebskosten und die bessere Zusammenarbeit der Fachbereiche aufgrund der höheren Informationsdichte beim Steigern des Automatisierungsgrads von Wandel (KW und GW in Tab. 7-7) im Vordergrund. Technisch realisiert wird automatisches Wandeln durch die verbesserte Kommunikation innerhalb der Anlage durch eine zu den Vorrichtungen gesteigerte Wahrnehmungs- und Kompensationsfähigkeit (KT und GT in Tab. 7-7).

Tab. 7-7: Automatisierungsgradsteigerung bei der Spantintegration

Spantintegration					
Kategorie	**KT**	**KW**	**Gebiet**	**GT**	**GW**
Organisation	0,9	0,7	Kommunikation	1,9	0,6
			Fachbereich	0,5	0,3
			Wissensbereich	0,3	1,3
Technik	0,2	0,0	Montageprozess	0,9	1,0
			Verfügbarkeit	0,0	-0,3
			Taktzeit	-1,0	-1,6
			Montagequalität	0,9	1,2
Betriebs-wirtschaft	0,4	1,2	Infrastruktur	0,6	0,8
			Betrieb	0,2	1,0
			Produkt	0,9	0,4

Der Einsatz kybernetischer Methoden ermöglicht eine modellbasierte Prozessregelung aufgrund aktueller Bauteilinformationen auch in komplexen Szenarien. Diese lassen sich nicht über einfache Regelstrecken wie bei der Stringerintegration direkt befähigen. Ähnlich wie bei der Scheibenmontage in Bewegung wird ein Vorhersagemodell für die zu erwartenden Auswirkungen der momentanen Prozessschritte auf den zukünftigen Zustand des Bauteils eingesetzt. Der Prozess wird aufgrund dieses virtuellen Wertes eingestellt. Dieses Vorgehen erfordert raumzeitliche zum Prozess und zum Vorhersagemodell korrelierte Messtechnik. Durch den prädiktiven Anteil in der Regelung sinkt die Stabilität. Die Grenzpräzision überschreitet die Bauteiltoleranzen. Die Bedeutung dieses Effekts steigt, weil die Rolle der formgebenden Roboter in Zukunft mit einer Kinematik ausgeführt wird. Diese binden die Bauteile in ihre Struktur ein und zeihen sie in die Steuerung ein (Brecher, et al., 2015). Vorteile ergeben sich durch die Verfügbarkeit von Korrelationsdaten für die Prozesse. Diese werden von den Fachbereichen überwacht und erlauben ein Eingreifen im Fehlerfall.

7.2.3 Fügen von Schalen mit Toleranzausgleich

Der Zusammenbau von Schalen und Fußboden zu einer Sektion wird beim A350-XWB, durch Lasertracker unterstützt, über ständerbasierte Positionierer (Meffert, et al., 2012) realisiert (Abb. 7-14). Die entwickelten Prozesse (Meißner, et al., 2012) korrigieren die Form der Seitenschalen. Anschließend richten sie diese als virtuellen Starrkörper zueinander aus (Wollnack & Stepanek, 2004a). Die Messwerte der Lasertracker werden zueinander in Beziehung gesetzt und das Bauteil kraftüberwacht iterativ (Wollnack & Stepanek, 2004b) eingestellt. Dabei geht die Anlagensteuerung von einem elastischen angenähert idealen Bauteil aus. Im Fall von Bauteilabweichungen werden diese aufgrund von Überschreitungen der Kraftgrenzen manuell gesteuert (Schmitt, et al., 2014b). Der Einsatz von einer Parallelkinematik als Erweiterung der Positionierer erhöht die Fähigkeit des Montagesystems, die Bauteile in der Form zu beeinflussen. Die Strukturmontage von Spanten in die Schale und die Sektionsmontage in sind in einem System zu realisieren (Ramirez & Wollnack, 2014).

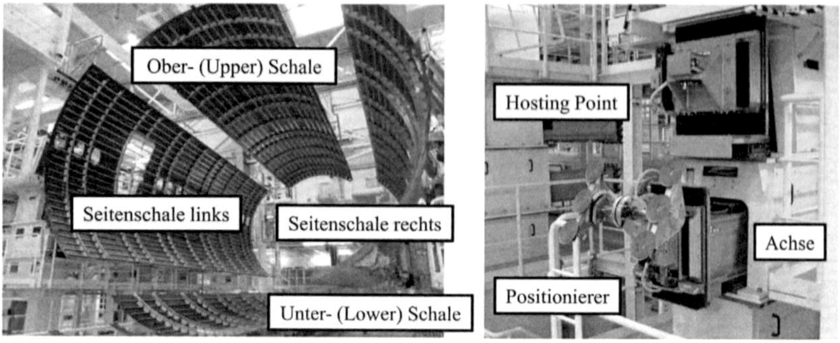

Abb. 7-14: Messtechnisch unterstützte Sektionsmontage **(Bertelsmeier, 2013)**

Die Verfügbarkeit von Informationen im Fügeprozess ermöglicht die Ableitung eines Verformungsmodells (Abb. 7-15). Mit diesem wird der Untwist- und Ausrichtungsprozess unter Einhaltung der Kraftgrenzen (Bertelsmeier, 2013) selbstreferenziell geplant und ausgeführt. Durch eine Zuordnung von Anlagenzuständen zu Abweichungen der Hautfelder im GRS mithilfe einer multiplen linearen Regression wird der Einfluss von Positionierern, vorhergehenden Prozessschritten und weiteren Einflüssen bestimmt. Die Einbindung von selbstreferenziellen Eigenschaften in die Sektionsmontage wie das eigenständige Auswählen von Reflektoren zur Bestimmung der Bauteilabweichung, gekoppelt mit einem Verformungs-/Steifigkeitsmodell, führt zu stabileren Prozessen. Für unvorhergesehene Ereignisse oder Abweichungen werden automatisiert Lösungen zum Erreichen der Bauteilqualität abgeleitet. Manuelle Eingriffe werden reduziert (Schmitt, et al., 2014b).

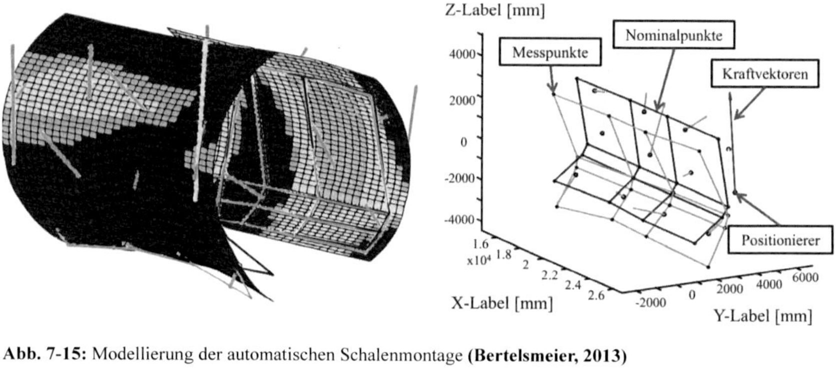

Abb. 7-15: Modellierung der automatischen Schalenmontage **(Bertelsmeier, 2013)**

Organisation

Sowohl die manuell unterstützte aktuelle Steuerung der Sektionsmontage als auch die selbstreferenzielle Steuerung nutzen Kraftsensoren an den Positionierern und Lasertracker für die geometrische Überprüfung. Eine Änderung der Wahrnehmungsfähigkeit ergibt sich damit nicht. Vorteile ergeben sich vor allem durch den höheren Vernetzungsgrad und die weniger störanfällige Kompensationsstrategie, welche die Einbindung vorgelagerter Prozessschritte vereinfacht.

Die Erweiterung der bestehenden Anlage um selbstreferenzielle Methoden ermöglicht bei der Zusammenarbeit von Entwicklung, Programmierung und Anleitung durch die Qualitätssicherung einen höheren Automatisierungsgrad. Weniger manuelle Überprüfungsprozesse müssen geändert werden und verringern den Bedarf für manuelle Prozesse. Die Inbetriebnahme hat bei den komplexeren Verfahren einen höheren manuellen Aufwand. Die automatisierten Verfahren müssen überwacht werden und rücken aufgrund der selteneren Eingriffe in die Steuerung die Störungsfreiheit der Anlage in den Vordergrund. Durch unveränderte Komponenten ergibt sich keine Auswirkung auf den Automatisierungsgrad bei Wandlungsprozessen für die Konstruktion, Elektrik, Instandhaltung und Beschaffung im Vergleich zur bestehenden Anlage.

Aufgrund der vollständigeren Einbeziehung von Informationen über den Maschinen- und Bauteilzustand bringen Planungs-, Absicherungs- und Optimierungsprozesse einen positiven Beitrag für automatisiertes Wandeln ein. Der Einsatz der Messtechnik muss in beiden Steuerungsszenarien die Einhaltung der Bauteilqualität sichern. Sie stellt damit ein unverändertes Element in der Betrachtung dar. Ein höherer Aufwand ergibt sich aufgrund der stärkeren Notwendigkeit der Einbindung von Prüfroutinen für den Anlauf.

Technik

Die selbstreferenzielle Sektionsmontage läuft aufgrund der Einbeziehung erweiterter Information stabiler. Sie benötigt weniger manuelle Eingriffe in der Prozessregelung und nutzt die Anlagenkapazität besser aus. Änderungen an der Präzision und der technischen Fähigkeit der Anlage ergeben sich aufgrund der unveränderten Komponenten nicht.

Die geringere Ausfallwahrscheinlichkeit und die Einbeziehung von erweiterten Informationen im GRS vereinfacht die Ableitung von Notstrategien und verbessert die Fehlertoleranz. Gewandelte Prozesse werden automatisch umgesetzt und manuellen Eingriffen verhindert. Der Automatisierungsgrad von Wandel ändert sich aufgrund unveränderter Anlagenkomponenten für die Redundanz, Wartung und Reparatur praktisch nicht.

Das Eintakten und Referenzieren der Bauteile ist ebenfalls unverändert und verursacht keine Änderungen beim ersten Einmessen. Die Untwist- und Ausrichtungsprozesse von Bauteilen weisen aufgrund der modellbasierten Regelung eine geringere Störanfälligkeit auf. Sie benötigen weniger Iterationen zum Erreichen der Bauteilqualität. Insgesamt ergeben sich in einer selbstreferenziellen Montage kürzere Zeiten für den Gesamttakt. Zusätzlich weisen diese eine geringere Streuung auf und sind besser in Produktionsplanungen einzubinden.

Die selbstreferenzielle Sektionsmontage erlaubt die Umsetzung erweiterter Toleranzkonzepte sowohl innerhalb der Untwist- und Ausrichtungsprozesses als auch entlang der Prozesskette. Die weniger störanfällige Arbeitsweise erhöht die Stabilität und verringert damit den Aufwand für Prüfungen. Diese werden automatisiert durchlaufen, da die Prozesse eine hohe Wiederholgenauigkeit aufweisen und auf systematische Probleme zu prüfen sind. Die idealisierte Planung und die modellbasiert abgesicherte Montage besitzen einen hohen Übereinstimmungsgrad beim Erweitern des Bauteilspektrums und bei der Reaktion auf geänderte Anforderungen an die Sektionsmontage.

Betriebswirtschaft

Aufgrund der geringen Unterschiede zwischen der bestehenden und der selbstreferenziellen Montage ergeben sich aus Sicht der Infrastruktur nur kleine Nachteile für den Automatisierungsgrad von Wandel. Eine höhere Spezialisierung der Steuerungsprozesse ist zu beobachten. Im Betrieb ergeben sich durch die geringere Störanfälligkeit und das einfachere Regelvorgehen Vereinfachungen für den Service. Weniger Reparaturen fallen an und die Belastung des Personals mit Routineaufgaben ist geringer. Abweichungen werden aktiv durch die Einbindung erweiterter Informationen in den Montageprozess vermieden und vereinfachen die Einrichtung von automatisiert wandelbaren Prozessen. Durch die Optimierungen entlang der Prozesskette und die zielgerichtete Aufarbeitung der Prozessdaten gestalten Verbesserungsprojekte den Betrieb und das hergestellte Produkt langfristig wirtschaftlicher. Die automatisierte Inbetriebnahme von Wandlungsprozessen wird erhöht.

Automatisierungsgrad

Die Sektionsmontage stellt bereits in der nicht-selbstreferenziellen Auslegung messtechnisch gestützte automatisierte Verfahren in den Vordergrund. Durch die Annahme perfekt elastischer und starrer Modelle bei Untwist- und Ausrichtungsbewegungen bestehen allerdings erhöhte Störanfälligkeiten. In Kombination mit den manuellen Eingriffen verursachen sie hohe Aufwände im Prozess. Das Einbeziehen erweiterter Informationen der Komponenten aus vorhergehenden Prozessschritten in einem integrierten Modell von Anlage und Bauteil vereinfacht die Überwachung der Anlage. Eine höhere Übereinstimmung der virtuellen Steuerung und dem realen Montageprozess sorgt für diesen Effekt. Durch eine Anwendung von selbstreferenzieller Vorhersagemechanismen konnten bei einer Betrachtung der Bauteilhistorie mehrerer Flugzeuge Prozessabweichungen rekonstruiert und für die Prozessoptimierung in Form von kurzfristigen Maßnahmen eingesetzt werden.

Unter wirtschaftlichen Gesichtspunkten stehen bei der selbstreferenziellen Sektionsmontage die geringeren Kosten durch Abweichungen beim Steigern des Automatisierungsgrads von Wandel (KW und GW in Tab. 7-8) im Vordergrund. Technisch zeigt sich dieser Umstand in dem positiven Beitrag der Taktzeiteinsparung als Resultat auf die geringen Störeinflüsse von Abweichungen auf den Automatisierungsgrad (KT und GT in Tab. 7-8).

Tab. 7-8: Automatisierungsgradsteigerung bei der Sektionsmontage

Rumpfsektion					
Kategorie	**KT**	**KW**	**Gebiet**	**GT**	**GW**
Organisation	0,7	0,8	Kommunikation	1,2	0,6
			Fachbereich	0,4	0,4
			Wissensbereich	0,6	1,4
Technik	1,6	0,6	Montageprozess	1,2	1,8
			Verfügbarkeit	0,8	0,4
			Taktzeit	2,9	1,8
			Montagequalität	0,8	0,7
Betriebs-wirtschaft	0,3	1,5	Infrastruktur	-0,2	-0,3
			Betrieb	0,3	2,0
			Produkt	0,9	1,1

Die Bereitstellung von Information und deren Verarbeitung innerhalb von Produktionsprozessen verhindert undefinierte Systemzustände und damit Störungen, auf die nur manuell zu reagiert ist. Frühere Ansätze zur Reduktion von Datenerfassung und Komplexität erlauben zwar das Verständnis der Abläufe innerhalb einer Maschine oder eines Prozesses und deren Nachweis der Validität, schöpfen aber die Potenziale nicht aus. Die Entwicklungen bei der Verarbeitung großer Datenmengen weist mit statistischen Methoden eine Plausibilität nach, welche die Betrachtung der Validität eines Softwaresystems übersteigt. Dieser Ansatz setzt die Verfügbarkeit von Informationen als Teil der Definition von GRS voraus und fügt virtuelle Beobachter in die Steuerungsarchitektur einer komplexen Anlage ein, welche die Funktion der Anlage überwachen und kontinuierlich verbessern.

7.2.4 Fügen vom Rumpf mit wechselnden Messsystemen

Die Sektionen von Flugzeugen werden in der Endmontage zu einem Rumpf zusammengefügt (Airbus SAS, 2012). Am Beispiel einer metallbasierten Rumpfmontage der brasilianischen Flugzeugindustrie (Villani, et al., 2010) werden die Anforderungen an GRS (Demeester, et al., 2011) über einen Vergleich der Eignung von den Messsystemen Optical CMM, iGPS und Laserradar der Firma Nikon Metrology (Apetz, 2011) an einem Demonstrator (Abb. 7-16) die Potenziale selbstreferenzieller Montage aufgezeigt. Für die Prozessschritte vom Referenzieren über das Ausrichten mit Kuka-/NiVa-Roboter und Nieten wird ein Kommunikationsnetzwerk auf Ethernet-Basis aufgebaut (Mosqueira, et al., 2012a). Die Einflüsse der Regelung auf die Präzision werden untersucht (Mosqueira, et al., 2012b) und zu einer industriell einsetzbaren Lösung entwickelt (Simonetto & Trabasso, 2014).

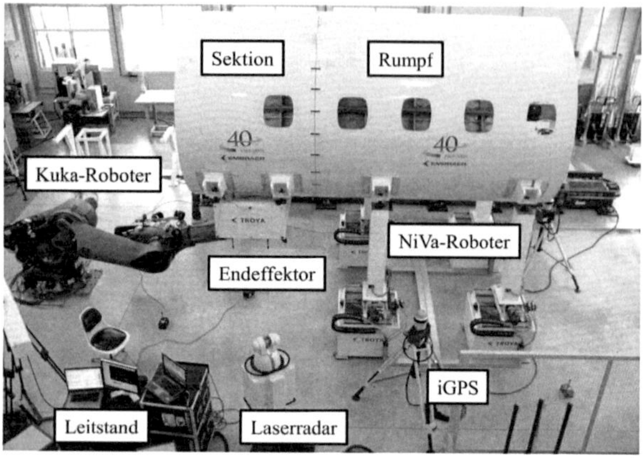

Abb. 7-16: Roboterbasierte Rumpfmontage **(Demeester, et al., 2011)**

Die Untersuchungen der Eignung von Messsystemen für die selbstreferenzielle Montage (Apetz, 2011) zeigt die Notwendigkeit des Einsatzes von Kombinationen mehrerer Systeme für die Erfüllung der Prozess- und Messtechnikanforderungen. Laserradar als alleiniges System für die Prozesssteuerung wird eingesetzt, wenn:

- Eine Zeiteinsparung von 20-30 Sekunden pro Iterationsschritt toleriert wird.
- Eine dynamische Regelung mit einem geschlossenen Kreis nicht notwendig ist.
- Minimaler Investitionsaufwand für Messtechnik angestrebt wird.

Der alleinige Einsatz von iGPS oder Optical CMM wird für die Ausrichtung nicht empfohlen. Die Kombination von iGPS und Laserradar ist bei folgenden Anforderungen geeignet:

- Minimaler Zeitaufwand bei der Ausrichtung wird angestrebt.
- Die direkte Prozessbeeinflussung wird gewünscht.
- Zukünftige Szenarien benötigen eine dynamische Regelung.

Organisation

Die selbstreferenzielle Rumpfmontage wählt anhand der universellen Einbindung von Messtechnik die jeweils aufgabenangepasste Kombination aus. Sie analysiert durch die bessere Wahrnehmung den Prozess, leitet Kompensationsstrategien ab und nutzt diese in einem vernetzten System zu einer automatisierten Wandlung. Sämtliche Komponenten der Montage sind in ausreichenden Freiheitsgraden programmierbar. Änderungsbedarfe stellen damit kein Hindernis dar. Die Prozesse tragen mit Zulieferern und Kunden entlang der Produktionskette zur Erhöhung des Automatisierungsgrads bei.

Eine zentrale Bedeutung bei dem weitgehend ohne feste Anschläge stattfindenden Prozess stellt die Entwicklung der Prozesse dar. Nur mit einem hohen Reifegrad abgestimmt mit den Anforderungen der Qualitätssicherung wird die Programmierung der Anlage mit wirtschaftlich vertretbarem Risiko ermöglicht. Die Aufwände für die Elektrik, die Instandhaltung und Beschaffung steigen aufgrund der höheren Komplexität der vielen Freiheitsgrade. Sie stellen aufgrund der starken Überbestimmung und Ausreizung der Fähigkeiten der Einzelsysteme einen hohen Anspruch an die Inbetriebnahme. Unterstützt durch die Konstruktion beeinflussen diese den Automatisierungsgrad.

Die Planung bereitet die Daten und Programmierung der Anlage in einer für den automatisierten Wandel unterstützenden Form auf. Die vielen Freiheitsgrade der Anlage und Bauteilmodelle erfordert im Anlauf eine manuelle Unterstützung bei der Wandlung. Bei der laufenden Anlage sind aufgrund des schnellen wachsenden Prozessverständnisses die Optimierung und auch die Absicherung für einen steigenden Automatisierungsgrad von Wandel möglich. Der Einsatz von Messtechnik spielt sowohl in den klassischen Regelkreisen als auch in der selbstreferenziellen Montage eine wichtige Rolle. Sie wirkt hauptsächlich durch eine Verringerung des wirtschaftlichen Risikos bei dem technischen Aufwand der Absicherung der Verfügbarkeit auf den Automatisierungsgrad.

Technik

Die Stabilität einer selbstreferenziellen Rumpfmontage ist höher und vereinfacht damit den automatisierten Wandel. Eine höhere Präzision und Fähigkeit durch das umfassendere Verarbeiten von Informationen über den Maschinen- und Bauteilzustand trägt ebenso dazu bei. Zudem wird situativ die Erfassung von Merkmalen gesteuert. Kritische, die automatisierte Ausführung behindernde, Abweichungen werden ausgeschlossen. Die Prozessregelung nimmt anhand der Vorgaben über die geforderte Qualität der Fügeprozesse maßgeblichen Einfluss auf den Prozess. Kritische Zustände werden anhand von Mustererkennung in den Prozessdaten sichtbar. Die Anlage weist aufgrund des Einsatzes angepasster Kombinationen von Messtechnik und Montageeinheiten eine hohe Effizienz zur Steigerung des Automatisierungsgrads auf. Sie wird aber durch die Kapitalbindung begrenzt.

Die Ausfallwahrscheinlichkeit der selbstreferenziellen Rumpfmontage ist aufgrund der komplexen Komponenten höher. Diese muss beim Wandeln einer Anlage neu bestimmt werden. Wartung und Reparaturprozesse müssen an das Konzept angepasst werden. Aufgrund der offenen Struktur und der messtechnischen Ausrüstung der Anlage werden die Prozesse mit verschiedenen Kombinationen von Messsystemen erfasst. Die Ausführbarkeit wird zwar technisch sichergestellt, verursacht aber einen Aufwand für die Automatisierung.

Im Vergleich zur manuellen Montage, bei der die Teile über Montagehilfen ausgerichtet werden, steigt bei der selbstreferenziellen Montage der Anteil der Zeit zum Referenzieren. Die Schnittstellen der Rumpfteile werden erfasst und über eine Ausgleichsrechnung die ideale

Positionierung festgelegt. Der eigentliche Montageprozess wird über die Messtechnik geregelt und verringert die Montagezeit. Die Zeit für den Gesamttakt und der Prozess werden stabiler in die Produktionsplanung eingebunden. Die logistischen Prozesse innerhalb der Flugzeugproduktion lassen sich wegen der besseren Vorhersagbarkeit optimiert steuern.

Durch die messtechnische Überwachung werden die Rumpfsektionen automatisiert für den Gesamtrumpf optimaler positioniert. Die rückgeführten Messsysteme überwachen den Montageprozess und erlauben ein automatisiertes Eingreifen bei Abweichungen, was die Prüfintervalle verlängert. Für die Bauteile der Rumpfmontage müssen die Parameter der hinterlegten Modelle beim Wandeln angepasst werden. Dies stellt einen technischen Aufwand und ein Automatisierungshindernis dar. Da die Komponenten in der Rumpfmontage mobil sind, lassen sich neue Konstellationen für die Wandlung von Prozessen erstellen. Die Rückführung des erfassten Anlagenzustands nach der Wandlung in die idealisierte Planung erfolgt automatisiert.

Betriebswirtschaft

Die in der Anlage eingesetzten Messsysteme binden bei der Anschaffung und im Betrieb Kapital. Sie müssen an die Messaufgaben angepasst werden, um die Funktionalität im GRS zur Verfügung zu stellen. Durch den Ersatz von Vorrichtungen und den Einsatz von standardisierten Robotern anstelle von Sonderkinematiken werden die Prozesse systematischer geplant und stärker automatisiert. Die logistischen Prozesse laufen automatischer ab. Die Gebäudenutzung wird erhöht. Durch die Technologieentwicklung werden verschiedene Anbieter für die Systemintegration einer Serienproduktion qualifiziert. Allerdings sind Risiko und Aufwand für an der Forschung unbeteiligte Unternehmen hoch und behindern die Konkurrenz.

Die selbstreferenzielle Rumpfmontage weist geringere Anforderungen an das Personal und die Maschinen auf. Die Prozesse werden über angepasste Kombinationen von Messsystemen überwacht. Abweichungen werden durch die automatische Datenauswertung als Muster frühzeitig erkannt und erhöhen den Automatisierungsgrad der Inbetriebnahme von Wandel. Durch die Verfügbarkeit valider Modelle setzt eine kontinuierliche Verbesserung ein. Durch die komplizierten Komponenten und vielen Freiheitsgrade der Rumpfmontage steigt der Aufwand für Support und Service, um die Produktion abzusichern.

Die selbstreferenzielle Rumpfmontage verarbeitet innerhalb der abgeleiteten Modelle die Informationen der gesamten Prozesskette. Die Optimierung des Ablaufs zur Erstellung der Rümpfe wird möglich. Die Anforderungen an vorgehende Prozessschritte werden an den wirtschaftlichen Arbeitspunkt angepasst. Durch die Nutzung von programmierbaren Systemen produzieren individualisierte Lösungen automatisch. So generiert die Rumpfmontage als wandlungsfähiges System am Ende der Prozesskette für das Produkt Mehrwerte. Die wirtschaftliche Produktion der Flugzeugrümpfe wird unterstützt.

Automatisierungsgrad

Die Auslegung der Rumpfmontage stellt den Aspekt der Kombination von Messsystemen angepasst an die jeweilige Messaufgabe in den Vordergrund. Die Messaufgabe wird mit unterschiedlichen Nutzwerten von allen verfügbaren Messsystemen ausgeführt. Der aktuelle Auslastungsgrad der Anlage stellt die Auswahl der Prozessreihenfolge mit der Zuweisung entsprechender Messsysteme für die Optimierung der Rumpfmontage auch vorhergehender Prozessschritte ein. Die Anlage setzt die Planung automatisiert innerhalb der Prozesstoleranzen um und berichtet über den Prozessablauf.

Unter wirtschaftlichen Gesichtspunkten steigern bei der selbstreferenziellen Rumpfmontage trotz der Anschaffung mehrerer redundanter Messsysteme geringere Investitionskosten den Automatisierungsgrad (KW und GW in Tab. 7-9). Spielräume für das Umsetzen automatisierungsfördernder Maßnahmen entstehen. Technisch sichert die Anlage durch eine umfassende Erfassung und Kompensation den Prozess ab und nimmt die virtuelle Planung effizient in Betrieb (KT und GT in Tab. 7-9).

Die automatische Auswahl der verfügbaren Messtechnik zur Erfüllung der Prozessanforderungen in einem GRS befähigt eine Anlage, die in der Situation ideale Ausführung sicherzustellen. Die Voraussetzung einer Bereitstellung der Messtechnik ist die Entwicklung der Routinen für das Erfassen von Merkmalen und die Ableitung von Regeln für die Anforderung und Zuweisung von Messsystemen aufgrund der Dringlichkeit. Systeme, wie das eingesetzte iGPS, stellen den raumzeitlichen Bezugsrahmen und die Basiserfassung von Abweichungen zur Verfügung. Sie werden durch Einzelsysteme unterstützt. Diese fügen sich im Referenzrahmen ein und überwachen und regeln die Ausführung des idealisiert geplanten Prozesses. Die Herausforderung der Implementierung selbstreferenzieller Anlagen wie der Rumpfmontage liegt in der Abschätzung der Wirtschaftlichkeit der Investition in eine anlagenübergreifende Messtechnik. Im Kontext der Gesamtanlage ist eine Kosten-Nutzen-Abschätzung möglich. Auf Zellenebene fällt diese meist negativ aus.

Tab. 7-9: Automatisierungsgradsteigerung bei der Rumpfmontage

Flugzeugrumpf					
Kategorie	**KT**	**KW**	**Gebiet**	**GT**	**GW**
Organisation	1,8	1,3	Kommunikation	3,9	1,2
			Fachbereich	0,9	0,7
			Wissensbereich	0,5	1,9
Technik	1,6	0,5	Montageprozess	2,9	1,5
			Verfügbarkeit	0,3	0,0
			Taktzeit	2,1	1,3
			Montagequalität	0,3	1,1
Betriebs-wirtschaft	0,5	2,1	Infrastruktur	0,0	1,0
			Betrieb	0,3	1,7
			Produkt	1,5	1,1

7.3 Steigerung der Prozessfähigkeit gewandelter Montagezellen

Für die Bewertung der Einflüsse von Merkmalen auf die Prozessfähigkeit gewandelter Montagezellen werden die gemittelten Beiträge der untersuchten Szenarien in das Auswerteschema eingetragen. Der mittlere Steigerungsbeitrag wird berechnet. Anhand der Kategorienansicht werden die Wirkmechanismen innerhalb selbstreferenzieller Montage sichtbar und werden für die Ableitung von Regelmäßigkeiten herangezogen. Abschließend werden die technischen und wirtschaftlichen Steigerungen der Anwendungsszenarien auf Korrelationen untersucht.

Organisation

Die kommunikativen Elemente selbstreferenzieller Montage tragen durch den Einsatz von Messtechnik zur Steigerung der Wahrnehmungsfähigkeit bei. Sie erlauben die Erfassung von Informationen über den Prozess und die beteiligten Komponenten. Die Vernetzung innerhalb von GRS verteilt die erfassten Informationen und stellt diese dem als Verbund agierenden Montagesystem zur Verfügung. Die einzelnen Maschinen steigern ihre Kompensationsfähigkeit und tragen hierdurch vor allem technisch zum automatisierten Wandel bei. Die Einbindung von Kunden- und Zulieferinformationen hat einen kleinen Einfluss. Die Informationsdichte im GRS wird erhöht und vereinfacht die Bestimmung von Parametern für die genutzten Modelle.

Bei den Fachbereichen hat die Entwicklung in Zusammenarbeit mit der Qualitätssicherung und der Programmierung den größten positiven Einfluss auf die Steigerung von automatisiertem Wandel. Durch die Fokussierung auf die selbstreferenziellen Verfahren treten Prozessanpassungen in den Hintergrund und das automatisierte Wandeln wird vereinfacht. Durch die höhere Komplexität der eingesetzten Komponenten steigt der Aufwand für die

Elektrik (z. B. portable Systeme, vollständige Vernetzung, Einbeziehung von Bauteilen) und Instandhaltung der Anlage. Zudem wird die Beschaffung aufgrund der höheren Anforderungen anspruchsvoller und ist nur manuell durchzuführen.

Die Optimierung der Anlage mithilfe der zusätzlichen Information, breiterem Wissen über die eingesetzte Messtechnik führt zum Ableiten von validen Modellen und Parametern. Neben der genaueren Planungsmöglichkeit und der Implementierung geeigneter Absicherungsstrategien entstehen weitere Potenziale für das automatisierte Wandeln. Aufgrund der höheren Komplexität der Anlage und einer flexibleren Konfiguration stellt der Anlauf einen potenziellen Hinderungsgrund für das automatisierte Wandeln dar.

Technik

Selbstreferenzielle Montage synchronisiert Prozesse zwischen der Informationswelt und der physischen Welt. Die höhere Übereinstimmung von idealisierter Planung und realer Montage vereinfacht die Inbetriebnahme von Wandel und begünstigt eine Automatisierung. Die fähigeren Prozesse sind zentriert und bieten damit Reserven für Wandlung. Die Stabilität einer komplexeren Anlage trägt zu einem kleinen Anteil an der Automatisierbarkeit bei. Die selbstreferenziellen Einheiten treffen während der Laufzeit Entscheidungen über die Gestaltung des weiteren Prozessverlaufs und sind damit weniger automatisiert vorhersagbar. Dies gilt besonders gegenüber auf gesteuerte Wiederholgenauigkeit ausgelegten Massenserien-Linien. Die Effizienz einer selbstreferenziellen Anlage steigt aufgrund der geringeren Nutzung von starren und nur für bestimmte Prozesse oder Bauteile vorgehaltene Komponenten. Selbstreferenzielle Systeme benötigen allerdings Redundanzen für Prozesse. Die automatisierte Wandlung wird durch die größere Anzahl an zu ändernden Komponenten und mehr Freiheitsgrade behindert.

Die Verfügbarkeit von Montageanlagen bestimmt sich durch die Ausfallzeiten der Komponenten. Hier stellen die ursprünglich nicht für automatisierte Aufgaben ausgelegten Messsysteme eine große Herausforderung dar. Neben ihrer ohnehin höheren Ausfallrate müssen sie vor den Einflüssen der Montage und der Umgebung geschützt werden. Sie weisen einen hohen Wartungsaufwand auf. Der Reparaturprozess bevorratet aus Kostengründen nur eine wenige Ersatzteile. Die Ausfallwahrscheinlichkeit ist trotz einer größeren Fehlertoleranz Bauteilabweichungen gegenüber hoch. Diese muss durch Redundanzen und Notstrategien wirtschaftliche Risiken kompensieren, was das automatisierte Wandeln behindert.

Bei der Referenzierung der selbstreferenziellen Montage werden bei Prozessbeginn die signifikanten Merkmale zum Einstellen der Modelle erfasst. Die Startbewegungen sind auszuführen oder die Positionierung der Bauteile im BestFit zu bestimmen. Diese Erfassung ergänzt die Bestimmung von Parametern beim Zuführen von Bauteilen oder in Nebenzeiten und verursacht Taktzeitverluste, weil ein Restumfang nur in der Hauptzeit durchgeführt werden kann. Für BestFit ergibt sich der Taktzeitverlust beim Einsatz von Kameras zu 3

Sekunden für zweimaliges Messen mit Kompensationsbewegung, beim Einsatz von Laserradar im günstigsten Fall zu 7 Sekunden für das zweifache Aufnehmen von 2 Scanlinien und 6 Flächenpunkten. Der Prozess der Informationserfassung stellt damit ein wichtiges Kriterium für die Umsetzung selbstreferenzieller Montage dar. Dabei bestehen beim Abbauen von Vorurteilen gegenüber dem Wandel Herausforderungen. Die Entkopplung der Wahrnehmung und Kompensation findet in der virtuellen Ebene statt. Sie ist weniger sichtbar als bei mechanischer Referenzierung. Die Montagezeit und die Einbindung in den Gesamttakt sind bei selbstreferenziellen Systemen bei der Wandlung aufgrund ihrer direkten Prozessregelung und Fehlertoleranz kürzer und besser vorhersehbar. Damit vereinfacht sich die Einbindung in automatisierten Planungssystemen.

Die frei programmierbare abgesicherte Ausführung von Prozessen ermöglicht die Umsetzung erweiterter Toleranzkonzepte entlang von Prozessketten. Sie erhöht den Automatisierungsgrad von Wandlung. Zudem wird sowohl die Flexibilität als auch die Wandlungsfähigkeit erhöht und vereinfacht die Reaktion auf Änderungen der Anforderungen. Durch die höhere Präzision und die Möglichkeit der rückführbaren Überwachung der Prozesse sind Prüfungen in einer höheren Frequenz und stärker automatisiert durchzuführen. Eine höhere Informationsdichte für die Ableitung von Modellen liegt vor und vereinfacht die automatisierte Umstellung.

Betriebswirtschaft

Die Einbindung von Messtechnik in die Infrastruktur schränkt die Automatisierung von Wandlung wirtschaftlich aufgrund des Kapitalaufwands ein. Sie erhöht aber gleichzeitig die Wahrnehmungsfähigkeit der Anlage auf technischer Ebene. Der Ersatz von Vorrichtungen und die geringeren Anforderungen an die eingesetzten Maschinen hinsichtlich der Präzision erhöhen die Möglichkeit der Umstellung der Anlage. Sie setzen aber ebenso wie die Messsysteme eine Kommunikationsfähigkeit voraus. Aufgrund der mangelnden Standardisierung erfordert dies spezifische Lösungen und verringert den Wettbewerb bei der Umsetzung selbstreferenzieller Anlagen. Die kleineren Abmessungen der (teilweise mobilen) Roboterlösungen stellen geringere Anforderungen an die Gebäude und erleichtern die Wandlung. Eine automatisierte Logistik in der Produktion führt zu weiteren Vorteilen.

Die höhere Informationsdichte innerhalb selbstreferenzieller Systeme fördert die Ableitung von Bauteilmodellen und Wirkmechanismen zur kontinuierlichen Verbesserung der Prozesse. Die Entstehung von Abweichungen wird aufgrund von frühzeitigem Eingreifen beim Erkennen von Störmustern verringert. Das Personal wird durch das selbstständige Arbeiten der Anlage von Routineaufgaben entlastet. Die Wertigkeit und Eingriffsmöglichkeiten der Bediener steigen, was auch den effizienteren Einsatz von Maschinen beeinflusst. Durch ein besseres Verständnis der Anlage und Prozesse wird automatisiertes Wandeln unterstützt. Die selbstreferenziellen Systeme sind in ihrer Struktur und aufgrund erweiterter Freiheitsgrade aufwendiger und erfordern angepassten Support im Fehlerfall und beim Instandhalten.

Durch die regelbare Umsetzung der Montageprozesse erschließt eine selbstreferenzielle Anlage Einspar- und Automatisierungsprozesse entlang der gesamten Prozesskette. Auch individualisierte und ungeplante Produkte sind in der automatisierten Prozesskette zu verarbeiten. Den Kunden und Zuliefererprozessen eröffnen sich Gestaltungsspielräume und die Automatisierung von gewandelten Prozessen und Produkten wird erhöht.

Automatisierungsgrad

Für die Bewertung des mittleren Automatisierungsgrades von Wandel werden die Merkmale des Bewertungsschemas der Anwendungsszenarien gemittelt in das Bewertungsschema eingefügt (Tab. 7-10). Die Umsetzung selbstreferenzieller Montage steigert den technischen und wirtschaftlichen Automatisierungsgrad von Wandel in der organisatorischen Kategorie. Dabei rückt die Selbstreferenz mit Kommunikation, Perzeption und Kompensation von Abweichungen zur idealisiert geplanten Planung als Befähiger der technischen Ausführung in den Vordergrund. Parallel dazu tragen die Vernetzung innerhalb der Wissensbereiche von Entwicklung und Qualitätssicherung zu automatisiertem Wandel bei. In der technischen Kategorie wird stärker automatisierbare Wandlung von Prozessen durch eine höhere Fähigkeit/Präzision und die Reduzierung/Stabilisierung von Taktzeit ermöglicht. Dabei muss für ein erfolgreiches automatisiertes Wandeln der Einfluss der Verfügbarkeit als Risiko für selbstreferenzielle Anlagen angesehen und durch einen erhöhten Planungsaufwand abgesichert werden. In der wirtschaftlichen Kategorie stehen vor allem die Verbesserungen und Einsparpotenziale am Produkt entlang der Prozesskette im Vordergrund. Zudem wirken durch Einsparungen von Betriebskosten geringere Automatisierungshemmnisse von Vorrichtungen und Maschinen auf den Wandel ein.

Tab. 7-10: Mittlere Automatisierungsgradsteigerung nach Kategorie und Gebiet

Mittelwert Anwendungsszenarien					
Kategorie	**KT**	**KW**	**Gebiet**	**GT**	**GW**
Organisation	1,0	0,8	Kommunikation	1,9	0,8
			Fachbereich	0,5	0,5
			Wissensbereich	0,6	1,1
Technik	1,1	0,4	Montageprozess	1,8	0,8
			Verfügbarkeit	-0,4	-0,2
			Taktzeit	1,4	2,0
			Montagequalität	1,0	0,9
Betriebs-wirtschaft	0,4	1,5	Infrastruktur	0,2	0,5
			Betrieb	0,3	1,0
			Produkt	1,2	1,3

Der technische und wirtschaftliche Steigerungsgrad der selbstreferenziell umgesetzten Montage in den Anwendungsszenarien zeigt ein gleichmäßiges positives Potenzial auf. Dies deutet auf eine Steigerung des Automatisierungsgrads hin (Tab. 7-11). Dabei weisen die Szenarien aus der Flugzeugmontage einen höheren Steigerungsgrad auf. Dies ist durch die höhere Individualisierung und Spezialisierung erklärbar. Der Grad der Steigerung des Automatisierungsgrads lässt sich in folgende Klassen unterteilen

- „zur Zeit reine Forschung“ (Szenarien 2 und 6)
- „industrielle Nutzung beabsichtigt“ (Szenarien 1, 3, 4 und 7)
- „industrielle Nutzung“ (Szenarien 5 und 8)

Bei der Flugzeugmontage besteht zwischen technischem und wirtschaftlichem Steigerungsgrad die Korrelation 1. Von einer Steigerung profitieren beide Aspekte. Für die Automobil und Anlagenmontage liegt er bei -1. Die Optimierung sollte als Ausgleich der technischen und wirtschaftlichen Steigerung erfolgen.

Tab. 7-11: Mittlere Automatisierungsgradsteigerung nach Anwendungsszenario

Nr.	**Anwendungs-szenario**	**Technische Steigerung**		**Wirtschaftliche Steigerung**		**Gesamte Steigerung**		**Korrelation**
1	Anbauteilmontage	0,6	0,67	1,1	0,75	**1,6**	**1,4**	**-0,93**
2	Vorrichtungsloses Schweißen	1,0		-0,1		**0,8**		
3	Fügen mit Kran	0,4		1,2		**1,6**		
4	Fügen unter Fließbedingungen	0,8		0,8		**1,6**		
5	Stringerintegration	1,0	0,87	1,1	0,93	**2,1**	**1,8**	**0,99**
6	Spantintegration	0,5		0,6		**1,1**		
7	Sektionsmontage	0,8		0,9		**1,7**		
8	Flugzeugrumpf	1,2		1,2		**2,4**		
	Mittelwert	**0,8**		**0,8**		**1,6**		

Zusammenfassend zeigen die gewählten und umgesetzten Anwendungsszenarien die Potenziale der selbstreferenziellen Systeme beim Steigern des Automatisierungsgrades auf. Die erkennbaren Wirkmechanismen verdeutlichen den Einfluss verschiedener Umsetzungsgrade von GRS. Dabei werden durch die Vorgehensweise mit dem paarweisen Vergleich der Merkmale Tendenzen aufgezeigt, welche eine Gewichtung des Beitrags zum automatisierten Wandel nahelegen. Die ermittelte Gewichtung muss durch Umfragen oder die Einführung von Skalen präzisiert werden. Eine statistisch nach Personengruppen ausgewertete Umfrage oder eine Kosten-/ Nutzenbewertung stellen eine geeignete Datenbasis für die Verfeinerung der Regelmäßigkeiten dar. Das Bewertungsschema weist relative Steigerungen für einzelne Merkmale aus, sodass dessen Querabhängigkeiten bestimmbar sind.

8. Diskussion

Ausgehend von der Analyse des Forschungsumfeldes der wandlungsfähigen und cyber-physischen Produktionssysteme wird eine Diskrepanz zwischen theoretischen Methoden und den praktischen Umsetzungen sichtbar. Montagezellen werden oft vollständig modular, abgegrenzt und autonom betrachtet. Bei der Überprüfung in industriellen Anwendungen stellt sich dieses häufig als unerreichtes Ziel dar. In der Forschungswelt fokussiert die Betrachtung häufig Kernprozesse und entwickelt spezifische Methoden. Für die Methodenvalidierung ausgeblendete Komplexität ruft eine überhöhte Bedeutung der spezifischen Prozessoptimierungen hervor. Diese sind im wissenschaftlichen Umfeld nicht immer in einer industriellen Anwendung zu überprüfen, weil diese in den Forschungsprogrammen nicht finanzierbar ist. Beim Schritt vom vorwettbewerblichen Gebrauchsmuster in eine Serienanwendung treten dann die Verkürzungen der Modelle in den Vordergrund: ausgeblendete Querbeeinflussungen stören die Funktionen der Methoden. Die Fokussierung auf Kernprozesse wird in dieser Arbeit auf den Betrachtungsgegenstand der Wirkmechanismen von Selbstreferenz auf die Inbetriebnahme roboterbasierter Großbauteilmontage nach einer Wandlung begrenzt. Die Szenarien an sich bilden die gesamte Funktionalität industrieller Montagezellen ab. Diese Vorgehensweise wird durch die Anwendung des abduktiven Schließens unterstützt, bei der explizit keine Einzelfallvalidierung durchgeführt wird, sondern Wirkmechanismen eines funktionsfähigen Gesamtsystems analysiert werden. Von den Reaktionen der gewandelten Prozesse wird auf die dahinterliegenden *Regelmäßigkeiten (Kapitel 8.1)* geschlossen. Die Überprüfung und Theoriebildung wird in *Handlungsempfehlungen (Kapitel 8.2)* skizziert.

Der Kernfrage der Arbeit zur selbstreferenziellen Inbetriebnahme gewandelter roboterbasierter Großbauteilmontage liegt die Diskrepanz zwischen in der Informationswelt idealisiert geplanten Prozessbeschreibungen und deren Ausführung im industriellen Umfeld der physischen Welt zugrunde. Großbauteile werden definiert durch ihre Größe und der daraus resultierenden Beeinflussung von Gravitation und Notwendigkeit mobiler Montagekomponenten. Durch die anhand des Forschungsgroßgerätes „Indoor-GPS basierte Roboterzelle" angestoßenen Überlegungen zu GRS werden die Potenziale von Selbstreferenz als Lösungsansatz sichtbar. Virtuelle Planungsmethoden führen zu wandlungsfähigen Montagesystemen; **durch Selbstreferenz wird die Inbetriebnahme von Wandel in der physischen Welt prozessfähiger**. Selbstreferenz arbeitet an der Schnittstelle cyber-physischer Produktionssysteme, nämlich der Synchronisation von Informations- und physischer Welt. Eine häufig auftretende Lücke in der Forschungslandschaft zwischen theoretischer Methodenvalidierung und industrieller Umsetzung wird geschlossen. Selbstreferenzielle Fähigkeiten und Wirkmechanismen werden in industrienahen Anwendungsszenarien bei der Inbetriebnahme von Wandel bewertet und für den Aufbau einer Forschungsagenda aufbereitet. Wandlungshemmnisse bestehen durch manuell geprägte Inbetriebnahme als Bezugssystem und stellen Ansätze für das Automatisieren bereit.

Die *Selbstreferenz* als Lösungsansatz untergliedert sich in die Aspekte:

- *Kommunikation* als Grundlage des Informationsaustausches
- *Perzeption* für die Beobachtung des eigenen Verhaltens
- *Kompensation* zur Steigerung der Präzision

Selbstreferenz wird für die Ableitung der Wirkmechanismen für den Einsatz in GRS in physischen Anwendungsszenarien innerhalb der parallel durchgeführten Projekte implementiert. Der Abgleich von Anforderungen der Wandlung und der Wirkmechanismen der Selbstreferenz wird als Kernpunkt der Forschungsarbeit in ein Bewertungssystem überführt. Teilaspekte werden auf Grundlage der Erfahrungen kategorisiert und gewichtet. Die Anwendungsszenarien werden in der Validierungsphase anhand des Bewertungssystems auf die Beiträge der Selbstreferenz zur automatisierten Inbetriebnahme von Wandel untersucht. Die Diskussion leitet relevante Erkenntnisse ab. Sie stellt diese dem wissenschaftlichen Diskurs zur Verfügung.

Der abduktive Forschungsansatzes limitiert die vollständige technische Umsetzung der Anwendungsszenarien aufgrund der für die Erkennung von Regelmäßigkeiten notwendigen Anzahl. Verkürzungen in der Darstellung der industriellen Umsetzbarkeit als auch bei der Bestimmung der Fähigkeiten der Einzelsysteme und Methoden führen zu einer unteren Abschätzung der noch zu leistenden Entwicklungs- und Implementierungsarbeit. GRS existieren beispielsweise nur innerhalb der bearbeiteten Projekte und unterliegen der permanenten Weiterentwicklung innerhalb von Folgeprojekten. Dadurch fehlt ein industrieller Standard, welcher für eine breite Anwendbarkeit selbstreferenzieller Systeme unerlässlich ist. Im Markt werden GRS aktuell weder von den Abnehmern gefordert noch von den Anbietern angestrebt. Selbstreferenzielle Montagesysteme stellen eine systeminhärente Präzisionssteigerung bereit, welche eine Entkopplung von Planung und Ausführung von Montageprozessen fördert. Die Komplexität und Risiken werden für Systemintegratoren reduziert und schaffen Wettbewerbsvorteile durch kleinere Aufschläge in der Angebots-, Planungs- und Ausführungsphase. Demgegenüber stehen die Fragestellungen der Verfügbarkeit, Anwendbarkeit, Taktzeit, Nutzerfreundlichkeit, Kostenbilanz und Prozessumgestaltung aufgrund der messtechnisch erweiterten Montagesysteme. Diese sind mittelfristig je nach Anwendungsfall zu beantworten, benötigen aber noch weitere Forschung.

8.1 Regelmäßigkeiten gesteigerter Prozessfähigkeit durch Selbstreferenz

Die Überlegungen zu GRS stellen den Bedarf wandlungsfähiger Produktion als Grundlage von wirtschaftlichem Erfolg in volatilen Märkten dar. Sie weisen auf die funktionierende Wandlungsfähigkeit in der Planung hin (Demeester, et al., 2011). Anhand von drei Fragen wurde der Forschungsrahmen für die Untersuchung von Selbstreferenz als Lösungsansatz für die Umsetzung wandlungsfähiger Planung in der Produktion aufgezeigt. Durch die Forschungsfrage dieser Arbeit werden die Fragen (Demeester, et al., 2011) auf die Montage bezogen und um ein Bewertungskriterium erweitert:

1) Ist die hochkomplexe Erweiterung der Planungssysteme um genauere Vorhersagemodelle weiterhin sinnvoll?
2) Woher kommen die Daten für Planungsmodelle?
3) Sind Produktionsanlagen in der Lage, ihr eigenes Verhalten zu beobachten und sich selbstständig an eine Vorgabe aus der Planung anzupassen?
4) *Kann Selbstreferenz die Prozessfähigkeit gewandelter Großbauteilmontage auf Zellenebene automatisiert steigern?*

Der Einsatz von Vorhersagemodellen (Adaption) hat innerhalb der untersuchten Projekte kein signifikantes Lösungspotenzial zur Steigerung der Wandlungsfähigkeit von Montagesystemen entwickelt. Eine erweiterte Planung behindert diese eher, weil die Prozessbeschreibung zu komplex wird. Dies bestätigt die Tendenz der negativen Beantwortung von Frage 1). Einzelne Probleme werden zwar gelöst, durch Beobachtung der Forschungsaktivitäten zu Big-Data und Deep-Learning zeigt sich aber die Komplexität der Aufgabenstellung und auch die Beantwortung von Frage 2). Erst durch das Schließen der Lücke zwischen idealisierter (anhand der Anforderung des Produktes) geplanter und realer Produktion werden die Abweichungen beherrschbar. Für das Wandeln roboterbasierter Großbauteilmontage ist Frage 3) positiv zu beantworten. Die Beobachtung und Kompensation basieren auf der Verfügbarkeit eines Kommunikationsstandards. Dieser wird in Form der GRS in dieser Arbeit funktional zur Verfügung gestellt wird und führt zur Entwicklung der selbstreferenziellen Fähigkeiten. Mit Selbstreferenz als Befähiger wird als Antwort auf Frage 4) der Automatisierungsgrad von Wandel idealisiert geplanter roboterbasierter Großbauteilmontage gesteigert.

Die Mechanismen zur Steigerung der Automatisierung sind anhand der Entwicklung, Implementierung und Validierung der untersuchten Aspekte nach Kapiteln geordnet. Sie stellen die identifizierten Regelmäßigkeiten beim Bearbeiten der Forschungsfrage dar.

Anforderungen

Montagezellen halten einen Flexibilitätskorridor vor. Dieser ist anhand wirtschaftlicher und technischer Risiken für das stabile Montieren am Arbeitspunkt ausgelegt. Bei einem großen Korridor sinkt das Optimierungspotenzial der Montage durch die einzugehenden Kompromisse. Ein zunehmender Trend zur Steigerung der Wandlungsfähigkeit umgeht dieses Problem. Die Idee hinter Wandlungsfähigkeit ist eine Anpassung der Anlage an die aktuelle Marktsituation unter Ausnutzung der zur Verfügung stehenden Ressourcen, ohne diese im Vorfeld kennen zu müssen. Beim Wandeln einer Anlage entscheidet das schnelle Erreichen von Prozessfähigkeit über den wirtschaftlichen Erfolg. Eine systematische automatisch ablaufende Strategie ist zu bevorzugen.

Das Fügen stellt eine technologisch besondere herausfordernde Teilstrategie der Montage dar, weil Maschine und Bauteil miteinander agieren und komplexe Interaktionen auftreten. Sie werden nicht über Vorhersagemodelle in die Planung einbezogen und sind nur durch einen gewissen Grad an Vollständigkeit und Systematik verständlich. Zum automatisierten Wandeln wird damit die Fähigkeit der Selbstreferenz mit Kommunikation, Perzeption und Kompensation als Lösungsansatz gefordert.

Durch selbstreferenzielle Montagesysteme sinkt der Aufwand zur Inbetriebnahme, da eine idealisierte Planung als Vorlage für den realen Prozess dient und nicht erneut manuell erstellt werden muss. Die Arbeitsweise der selbstreferenziellen Komponenten unterstützt dies, da Abweichung an vielen Stellen sichtbar werden und redundante Sicherungsmechanismen einfügen. Da eine hohe Übereinstimmung von Planung und realer Montage aus dem System heraus sichergestellt wird, ist die Entscheidung für oder gegen Wandeln weniger risikoreich. Der Abgleich mit den stabilen Ausgangsprozessen wird kalkulierbar und sorgt durch eine direkte Zuordnung für eine Qualitätssteigerung.

Kommunikation

Durch einen gemeinsamen Kommunikationsstandard in Form der GRS wird innerhalb der Montagesysteme ein Informationsaustausch möglich. Dieser fördert die Modularität und führt zu einer Zusammenarbeit der Fach- und Wissensbereiche. Durch die Vernetzung innerhalb der Anlage und zu den Kunden- und Zulieferern anhand einer einheitlichen Zustandswelt werden Potenziale zum automatisierten Wandel vor allem auf organisatorischer Ebene besser erkannt und sind zu erschließen.

Obwohl die Schnittstellen existieren und die Komponenten einer Montageanlage genügend Rechenleistung bereitstellen, werden für die Bereitstellung von GRS eigenständige Rechner benötigt. Diese erfüllen die Aufgaben des Kommunikationsstandards und führen die selbstreferenziellen Aufgaben Informationsaustauch, Perzeption und Kompensation aus.

Perzeption

Die Charakterisierung der Wirkzonen von Montageprozessen reduziert deren Komplexität durch den Zwang, diese für den standardisierten Informationsaustausch zu beschreiben. Die Risiken entlang der Wertschöpfungskette sinken durch das Verständnis der Wirkmechanismen. Sie ermöglichen die Zuordnung von Abweichungen zu Entstehungsursachen und erlauben die Erkennung von Verbesserungs- und Einsparpotenzialen.

Durch den Wechsel des Konzeptes der Bauteilfixierung von steifen präzisen Vorrichtungen/Maschinen zur Beobachtung durch Sensorik verringern sich die

Investitionskosten. Demgegenüber stehen die Kosten für die zusätzlich in den Prozess eingebrachte Sensorik, deren Verfahren zum Schutz vor Umgebungseinflüssen, zur Absicherung der Verfügbarkeit und zur Definition von Strategien zur Aufrechterhaltung von Produktion im Fehlerfall.

Sensoren werden unterteilt in globale zentralisierte/verteilte und lokale Systeme. Sie befinden sich in einer Entwicklungsphase zum Einsatz in automatisierten industriellen Szenarien. Die ursprüngliche Anwendung liegt in manuellen Szenarien unter „Laborbedingungen".

Zentralisierte Systeme bieten rückgeführte Messungen mit einer Messunsicherheit in der Größenordnung von 10 ppm. Der Reifegrad erlaubt eine industrielle Anwendung. Ein kleines Marktumfeld sorgt für mäßigen Wettbewerbsdruck. Die daraus resultierenden Kosten verhindern einen Aufbau von Redundanzen. Sie wirken sich dementsprechend auf die Verfügbarkeit und die Risiken beim Betreiben einer Montageanlage aus.

Verteilte Systeme nutzen Längen oder Winkel in einem redundanten Netzwerk zur Bestimmung von Messwerten. Sie stellen diese in einem weiten Bereich mit einer mittleren Messunsicherheit von 20 ppm für Multiangulation bereit. Die höchste Präzision erreicht Multilateration mit 5 ppm. Der Reifegrad in industriellen Szenarien muss beobachtet werden und erfordert einen erhöhten Aufwand bei der Integration.

Ein breites Marktumfeld besteht in der geometrie- und kraftmessenden Sensorik. Diese stellt insbesondere durch die Möglichkeiten der Ausrichtung an der idealisierten Planung eine höhere Informationsdichte in GRS bereit, um die Wandlungsprozesse zu unterstützen.

Mit den in GRS bereitgestellten Beobachtungen werden die Rückführung von Informationen in Qualitätsregelkreisen oder die (in-)direkte Kompensation ermöglicht. Das selbstreferenzielle Verhalten ist als Fähigkeit des Montagesystems aufzufassen.

Kompensation

Für die Steigerung des Automatisierungsgrades von Wandel muss die Präzision der Roboterbewegungen, der Bauteil-, Umgebungs- und Prozesseinflüsse sowie der eingesetzten Messprozesse unterhalb der Anforderungen der Montageprozesse liegen.

Die technischen Fähigkeiten selbstreferenzieller Systeme bestimmen über die Schätzung der Modellparameter den Maschinen-/Prozesszustand und den zu erwartenden systematischen Fehler. Sie verringern diesen Fehler mit einer unteren Grenze in der Größenordnung der Wiederhol-Genauigkeit der Roboter und der Messunsicherheit des beitragenden Messsystemverbundes. Diese Grenze wird in dieser Arbeit als Grenzpräzision bezeichnet. Für Roboter ergeben sich mögliche Steigerungen der Pose-Genauigkeit um den Faktor 5 für Offline- und den Faktor 30 für Online-Kompensationsverfahren, sodass diese in ihrer absoluten Genauigkeit bis auf Restabweichungen die Wiederholgenauigkeit erreichen.

Die Effizienz der Montage steigt durch den Ersatz passiver Maßnahmen zur Prozessstabilisierung oder durch aktive Kompensation. Es entsteht ein agileres System mit einem engen Flexibilitätskorridor und höheren technischen Optimierungspotenzial.

Die selbstreferenziellen im Verbund arbeitenden Systeme weisen eine höhere Fähigkeit als die der beteiligten Einzelsysteme auf. Neue Fügestrategien, Toleranzstrategien und Steuerungsmöglichkeiten für die Montagequalität entstehen. Für die Sicherstellung der Funktionalität des Gesamtsystems werden neue Verfahren durch Taktzeit- und Verfügbarkeitsvorgaben begrenzt. Durch die starke Verkettung können iterative Verfahren wie z.B. ein detailliertes Eingreifen bei Erkennung von Bauteilschwankungen das Gesamtsystem stören und kommen deshalb in starren Linien nicht zum Einsatz.

Bewertung

Anhand der Zuordnung von der organisatorischen Kategorie zur Kommunikation, der betriebswirtschaftlichen zur Perzeption und der technischen zur Kompensation werden die Beiträge zur automatisierten Inbetriebnahme von Wandel kategorisiert (Abb. 6-1):

- Innerhalb der selbstreferenziellen Montage stellt die Kommunikation den größten sowohl technischen wie wirtschaftlichen Beitrag dar. Dies bestätigt den Forschungsansatz durch Bereitstellung von GRS als Grundlage der Untersuchungen
- Die Kompensation hat einen überwiegend technischen Einfluss. Nur durch Einhaltung der Prozessanforderungen ist überhaupt eine Automatisierung möglich ist. Eine wirtschaftliche Bewertung des Einsatzes kapitalintensiver Messtechnik und Einsparpotenzialen ist aufgrund unscharfer Zuordnung von Kosten kompliziert.
- Demgegenüber hat die Perzeption durch die reduzierten Risiken einen positiven Einfluss auf die wirtschaftlichen Beiträge. Eine präzisere Bewertung der Prozesse ruft insbesondere Einsparungen bei den Investitions- und Betriebskosten hervor
- Die Teilgebiete Organisation/Technik/Betriebswirtschaft in den Ausprägungen Kommunikation/ Perzeption/ Kompensation sind negativ korreliert. Sie müssen also zur optimalen Gestaltung des Zielsystems gegeneinander abgeschätzt werden

Als Treiber einer automatisierten Wandlung von roboterbasierter Großbauteilmontage werden die Thematiken Prozesseinblick und -verständnis, Vorhersagbarkeit der Prozessergebnisse und die Verringerung von Abweichungs-, Betriebs- und Investitionskosten durch selbstreferenzielle Systeme identifiziert. Deren Beitrag ist überproportional und wird nicht durch negative Beiträge anderer Thematiken aufgehoben.

Die Kommunikation verbindet die wirtschaftlichen und technischen Kategorien zur Steigerung des Automatisierungsgrads. Sie spiegelt Trends zur Virtualisierung der Produktion in den CPS wider. Eine direkte Verbindung wird geschaffen.

Anwendung

Als Treiber der Automatisierung von Wandel werden die organisatorischen Aspekte der Kommunikation in GRS und die Vernetzung der Wissensbereiche in den Anwendungsszenarien sichtbar. Technisch sind die Montageprozesse durch eine höhere Fähigkeit und Präzision sowie geringeren und stabileren Taktzeiten automatisierter zu wandeln. Unter betriebswirtschaftlichen Gesichtspunkten steigern die Optimierung der Prozesskette und die Verringerung der Automatisierungshemmnisse durch Vorrichtungen und Maschinen den Automatisierungsgrad von Wandel.

Anhand der für die Validierung untersuchten Szenarien wird für ein breites Spektrum von Anwendungen das positive Potenzial von Selbstreferenz auf das automatisierte Wandeln roboterbasierter Großbauteilmontage aufgezeigt. Dabei weisen die Szenarien aus der Flugzeugmontage ein höheres Potenzial auf. Sie profitieren technisch und wirtschaftlich korreliert von einer gesteigerten Selbstreferenz. Demgegenüber muss im Automobil- und Anlagenbau ein Ausgleich zwischen technischen und wirtschaftlichen Aspekten stattfinden, um einen maximalen Automatisierungsgrad von Wandel zu erreichen (Abb. 8-1).

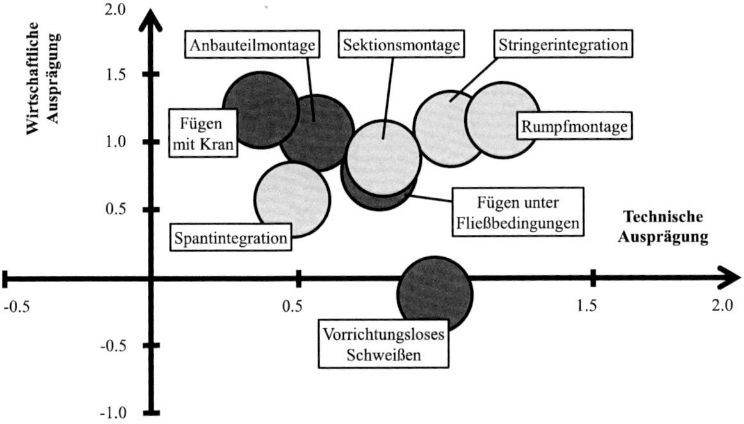

Abb. 8-1: Übersicht über Automatisierungsgradsteigerungen

Durch eine Einordnung der Potenziale von automatisiertem Wandel werden die industriell umgesetzten Projekte als diejenigen mit der höchsten Bewertung und die Forschungsprojekte mit der niedrigsten aufgeführt (Tab. 7-11). Dies weist auf die Unterschiede in der Komplexität von industriellen und forschungsorientierten Umsetzungen hin. Potenziale zum automatisierten Wandeln werden erst bei erkannten Hemmnissen sichtbar.

8.2 Handlungsempfehlungen für selbstreferenzielle Montage

Die Bereitstellung einer idealisierten geplanten Montage als Grundlage für selbstreferenzielles Verhalten setzt deren prinzipielle Eignung voraus, einen Prozess ausreichend zu beschreiben. Durch das iterative manuell geprägte Vorgehen ist diese Voraussetzung für die Teilstrategien des Fügens nachzuweisen. In der klassischen Vorgehensweise werden die Vorgaben aus der idealisierten Planung anhand der Inbetriebnahme vervollständigt und die Informationen ergänzt. Die Rückführung von Informationen aus dem Betrieb erweitert die Fähigkeiten der idealisierten Planung, den Wandel in einer für eine Automatisierung ausreichenden Beschreibung bereitzustellen.

- Überprüfung der Vollständigkeit der Planung von gewandelter Montage
- Aufnahme der Ergänzungen zu der Planung während der Inbetriebnahme
- Rückführung von Informationen zur Präzisierung und Validierung der Planungsmodelle

Beim Einsatz von Messtechnik in der Montage müssen Verfahren zum Schutz vor Umgebungseinflüssen bereits bei der Planung berücksichtigt werden. Die Sensoren sind im Vergleich zu den übrigen Montagekomponenten sensibel. Die erreichbare Präzision ist nur in Interaktion mit der Umwelt definiert. Durch die Reduzierung des Einsatzes von Vorrichtungen und speziellen Maschinen steigt die Abhängigkeit der Prozesse von der eingesetzten Sensorik. Die Verfügbarkeit der Anlage muss bereits bei der Planung der Anlage abgesichert werden. Die Entwicklung von Strategien zur Aufrechterhaltung und Qualitätssicherung im Fehlerfall sind in der Planung erforderlich.

- Schutz der Sensorik und Absicherung im Fehlerfall
- Definition der Präzision in Interaktion mit Umweltparametern
- Übertragung der Aufgaben von Vorrichtung und Maschinen bei deren Reduktion

Durch selbstreferenzielle Systeme entsteht ein Montagesystem, welches engere Flexibilitätskorridore an die Arbeitspunkte anpassen kann. Die Anpassungsrate und die Stabilität der Zielerreichung steigen und benötigen entsprechende Vorgaben aus der Marktbeobachtung und Ressourcenbestimmung. Die Verarbeitung der Rückmeldungen zur Optimierung der Prozesskette innerhalb des Unternehmens nutzt die Fähigkeiten besser aus.

- Erweiterung der Fähigkeitsbeschreibung einer selbstreferenziellen Montage
- Steigerung der Anpassungsrate als Aufgabe für die Produktionssteuerung
- Optimierung der Prozessketten anhand stabiler Prozessergebnisse

Die Charakterisierung der Wirkzonen von Montageprozessen reduziert deren Komplexität und die Anzahl der einzustellenden Parameter für die Steuerung der Montagequalität. Die

Parameter werden für eine Optimierung zugänglich und auf ihre Korrelation hinsichtlich Taktzeit, Verfügbarkeit oder Effizienz untersucht. Für die stabilen Ausgangsprozesse von Wandel werden über einen Abgleich Qualitätssteigerungen kalkuliert und über einen Wandlungsprozess umgesetzt. Die Einbindung virtueller Montagebeobachter zur Aufdeckung von Optimierungspotenzialen wird in GRS erleichtert.

- Erstellen einer Wirkzonen-Charakterisierung zur Beschreibung der Kernprozesse
- Ableitung signifikanter Parameter für die Steuerung von Montage
- Abgleich der stabilen Ausgangsprozesse zur Qualitätssteigerung

Durch die Arbeit im Verbund stellen selbstreferenzielle Systeme erweiterte Fähigkeiten zum Einsatz in der Montage bereit. Die Entwicklung neuer Montageverfahren und -strategien wird gefördert. Im Vordergrund der Forschung und Entwicklung steht bei Selbstreferenz nicht die Messtechnik. Diese stellt als Teil des GRS eine Funktion des Montagesystems dar. Durch die Fokussierung auf die Prozessentwicklung und -beschreibung werden Potenziale neuer Konzepte sichtbar und auf ihre Wirksamkeit und Eignung untersucht.

- Darstellung der Fähigkeiten selbstreferenzieller Systeme im Verbund
- Kapselung der Messtechnik zum Einsatz in nicht-messtechnischen Disziplinen
- Entwicklung neuer Füge- und Toleranzstrategien

Die zunehmende Einbindung von Sensorik in Montageprozessen und damit im industriellen Umfeld führt zu einer Weiterentwicklung und Reifegradsteigerung. Diese ist je nach Sensortyp und Einsatzszenario unterschiedlich. Kernpunkt der Entwicklung ist der Wechsel vom manuellen Einsatz unter Laborbedingungen zum automatisierten industriellen Einsatz. Dabei stellt die industrielle Umgebung mit den robusten anderen Komponenten eine Herausforderung dar. Der Einsatz in der Montage und die Automatisierung, also die Nutzung des Systems von angelerntem Personal oder Maschinen anstelle von messtechnischen Experten, sind ebenfalls zu beachten.

- Auslegung der Sensoren auf industrielle Umgebungen und Einsatzszenarien
- Anpassung der Sensoren an Anforderungen durch Wegfall generischer Fähigkeiten
- Erhöhung der Bedienbarkeit von Sensorik durch geschultes Personal und Maschinen

GRS als Kommunikationsstandard ermöglicht in den untersuchten Szenarien die Vernetzung der Anlage auch entlang der Prozesskette und den Betrieb als modulares System mit selbstreferenziellen Eigenschaften. Für industrielle Anwendungen müssen die kommunikationstechnischen Fähigkeiten in einer standardisierten Form bereitgestellt werden. Prinzipiell weisen die untersuchten Systeme eine ausreichende Ausstattung mit Schnittstellen und Rechenleistung auf, um die Ressourcen eigenständig anzubieten. Inwieweit ein Standard zur Kommunikation innerhalb eines Montagesystems von den Markteilnehmern gefordert oder angeboten wird, muss untersucht werden.

- Bereitstellung selbstreferenzieller Fähigkeiten zum Einsatz in der Montage
- Integration selbstreferenzieller Fähigkeiten in die Systeme anstelle von externen Rechnern
- Aufarbeitung des Marktumfeldes zur Implementierung eines Kommunikationsstandards

Durch eine bessere Beobachtbarkeit wird die Grenzpräzision von selbstreferenziellen Montagesystemen erhöht und führt zu einer Umsetzung erweiterter Montageprozesse. Allerdings wirken sich die höheren Anforderungen an die Beobachtbarkeit auch auf die Verfügbarkeit und Taktzeit aus, wenn die Bereitstellung von Sensorik zu knapp bemessen ist oder Redundanzen nicht vorgehalten werden. Die Umsetzung von Selbstreferenz ist bei neu aufzubauender Infrastruktur problematisch. Aus wirtschaftlichen Erwägungen wird häufig ein zu kleines Sensornetz für einen Demonstrator aufgebaut. Die Fähigkeit und Verfügbarkeit des Systems stellt sich dadurch als unzureichend dar. Für die Untersuchung der Eignung selbstreferenzieller Montagesysteme müssen die Effekte von Querbeeinflussungen in die Planung der Wahrnehmung mit einbezogen werden. Die Systeme sind nicht nur einzelnen Prozessen zugeordnet, sondern beeinflussen die Fähigkeiten der Gesamtanlage.

- Detaillierung der Zusammenhänge zwischen Beobachtbarkeit und Grenzpräzision
- Erfassung und Bereitstellung von Messkapazität und Redundanzen
- Planung der Beobachtbarkeit im Anlaufprozess

Die Kompensation selbstreferenzieller Montage basiert in weiten Teilen aus einer Schätzung der aktuellen Modellparameter. Sie definiert zusammen mit den Fähigkeiten z.B. der Wiederholgenauigkeit der eingesetzten Roboter und der Messunsicherheit des Messsystemverbunds die Grenzpräzision. Die vorhersagbare und tatsächliche Fähigkeit des Wiedererreichens eines stabilen Arbeitspunktes nach einer Wandlung ist abzusichern. Durch den Übergang der Wandlung in einen stabilen Zustand sinken Risiken. Das automatisierte Wandeln stellt einen systematischen Prozess mit minimiertem Risiko dar.

- Detaillierung der Zusammenhänge zwischen Kompensation und Grenzpräzision
- Untersuchung der Fehlerbeiträge von Parameterschätzungen und Prozessmodellen
- Bewertung der Risiken in Übergangsphasen von Wandel zu stabiler Produktion

Die aktuelle Markt- und Ressourcensituation definiert über die Unsicherheit der Modellparameter für Wandlungsentscheidungen den vorzuhaltenden Flexibilitätskorridor. Das Potenzial zum Anpassen der Montageprozesse an den optimalen Arbeitspunkt wird festgelegt. Je stabiler und präziser ein Prozess beschreibbar ist, desto geringer werden die Unsicherheiten bei der Markteinschätzung aufgeweitet. Die Unsicherheiten der Markteinschätzungen sinken in einem kürzeren Vorhersagezeitraum. Eine Steigerung der Reaktionsfähigkeit durch den Ersatz passiver Maßnahmen wie Vorrichtungen und spezieller Maschinen durch aktive Verfahren der Selbstreferenz verkürzt den benötigten Vorhersagezeitraum.

- Modellbildung von Markt- und Ressourcenparametern auf optimale Arbeitspunkte
- Bestimmung von Flexibilitätskorridoren aufgrund unsicherer Modellparameter
- Anforderungen an die Marktvorhersage zum wirtschaftlichen Einsatz von Selbstreferenz

Die Kosten des Einsatzes von Messtechnik und der quantifizierbare Ertrag werden in der Wahrnehmung von Montageplanern in einem Missverhältnis angesehen. Das kleine Marktumfeld und die hohen technischen Hürden führen zu einer Umlage von Forschungs- und Entwicklungskosten auf wenige Systeme. Daraus folgt eine wirtschaftliche Differenz von Komponentenkosten und Preis. Dieses Verhältnis ist bei den Robotern und weiteren Bestandteilen von Montagesystemen entgegengesetzt. Über Skaleneffekte und hohem Wettbewerbsdruck sind niedrige Preise für ein hohes Leistungsniveau möglich. Zudem werden Messsysteme durch die fehlenden Standards bei der Bedienung und der Anbindung mit einem hohen Risiko während der Integration technisch entwickelt. Durch eine einheitliche, gesteigerte und wettbewerbsorientierte Einbringung von Sensorik in die Montageprozesse sinken sowohl die Preise als auch die Entwicklungsaufwände und Risiken.

- Darstellung der Kosten-Nutzen-Rechnung selbstreferenzieller Systeme
- Schaffen von Wettbewerbsbedingungen für den Einsatz von Sensorik
- Quantifizierung von Skaleneffekten für die Preisgestaltung und Entwicklung von Sensorik

Die untersuchten Bewertungsmerkmale zeigen in den Kategorien Organisation, Technik und Betriebswirtschaft eine negative Korrelation auf. Unterschiedliche Strategien zur Optimierung des automatisierten Wandelns von roboterbasierter Großbauteilmontage sind möglich. Der organisatorisch fokussierten Kommunikation kommt eine gegenüber der technischen Prozessabsicherung durch Kompensation und betriebswirtschaftlichen Reduktion von Risiken durch Perzeption eine höhere Bedeutung bei der Entwicklung von Selbstreferenz zu. Ohne die Kommunikation ist keine Arbeit im Verbund möglich und Wahrnehmungs- und Kompensationsverfahren haben keine technische Grundlage. Das übergeordnete Ziel bei der wirtschaftlichen Bewertung selbstreferenzieller Systeme ist die Einsparung von Abweichungs-, Betriebs- und Investitionskosten und einer Minimierung der Risiken durch vorhersagbare und einstellbare Prozessergebnisse anhand eines guten Prozessverständnisses.

- Untersuchung von Strategien zur Automatisierungsgradsteigerung von Wandel
- Definition der Mindestanforderungen für Kommunikation zur Bereitstellung von GRS
- Aufbau eines Kennzahlensystems für die wirtschaftliche Bewertung von Selbstreferenz

Der gewählte Ansatz zur Gewichtung der Beiträge zum automatisierten Wandel über einen paarweisen Vergleich anhand der Erfahrungen aus den bearbeiteten Projekten bietet nur eine kleine Datengrundlage. Eine Detaillierung des Bewertungssystems durch die Einbringung von objektiven Skalen bzw. eine Vergrößerung der statistischen Grundlage erlaubt die Bestimmung der Querabhängigkeiten und Einzeleinflüsse innerhalb selbstreferenzieller Montage. Durch die Identifikation der Wirkmechanismen von Selbstreferenz auf die Wandlung von Montageprozessen sind diese gezielter und wirtschaftlicher einzusetzen, als mit der tendenziellen Auswertung in dieser Arbeit.

- Abgleich der Merkmalsliste mit Kennzahlensystemen zur Kosten-Nutzen-Bewertung
- Durchführung des paarweisen Vergleichs mit unterschiedlichen Nutzergruppen
- Entwicklung von Verfahren zur Einflussanalyse von Einzelmerkmalen

Die Kommunikation stellt eine Verbindung der CPS aus der virtuellen Planungswelt in die reale Montage her. In Verbindung mit GRS sorgt sie für eine einheitliche Prozessbeschreibung. Eine zunehmende Vernetzung innerhalb der Anlage aber auch zu den anderen Teilen der Prozesskette und den Fach- und Wissensbereichen sowie Zulieferern und Kunden innerhalb eines Qualitätsmanagementsystems wird möglich. Dabei ist in den untersuchten Szenarien festzustellen, dass Projekte in der industriellen Umsetzung einen höheren Beitrag von Selbstreferenz aufweisen als Forschungsprozesse. Erklärbar ist dies durch geringe Komplexität in den Validierungsszenarien von Forschungsprojekten. Diese werden an Beispielen oder simulativen Methoden validiert. Diese sind industriell nur deutlich komplexer umzusetzen.

- Untersuchung der Vernetzung selbstreferenzieller Montage das Qualitätsmanagement
- Vergleich von forschungsorientierten und industriellen Umsetzungskonzepten
- Forderung realistischer Szenarien für die Validierung von Forschungsergebnissen

Bei der Bewertung der Anwendungsszenarien fällt die unterschiedliche Korrelation von wirtschaftlichen und technischen Steigerungsbeiträgen von Selbstreferenz auf. Während bei der hochtechnologischen Flugzeugmontage eine technische Verbesserung zu einer wirtschaftlichen Verbesserung führt, muss im Fahrzeug- und Anlagenbau ein Ausgleich zu einem optimalen automatisierten Wandeln erreicht werden. Die Korrelation der Parameter deutet auf unterschiedliche Wirkmechanismen von Selbstreferenz hin. Für alle untersuchten Szenarien konnte durch den Einsatz von Selbstreferenz eine Steigerung des Automatisierungsgrades von Wandel festgestellt werden. Durch weitere Anwendungsszenarien vergrößert sich die Datenbasis zur Ableitung der Wirkmechanismen, die neben der roboterbasierten Montage auch in der Produktion wirken.

- Erklärung und Klassifizierung der Steigerungsbeiträge von Selbstreferenz
- Erweiterung der Datenbasis durch Anwendungsszenarien für statistische Auswertungen
- Prüfung der Übertragbarkeit der Wirkmechanismen auf andere Produktionsprozesse

Die Handlungsempfehlungen zeigen die Potenziale des Einsatzes von Selbstreferenz bei der Inbetriebnahme gewandelter Montage auf. Durch die Implementierung von Kommunikation, Perzeption und Kompensation entstehen Systeme, die eigenständig eine idealisierte Planung umsetzen. Eine virtuell bereits bestehende Wandlungsfähigkeit wird in die reale Produktion übertragen. Der gewählte Ansatz des abduktiven Schlusses stellt die Funktionalität selbstreferenzieller Montagesysteme bereit. Er leitet Anforderungen für die folgende Implementierung einheitlicher Standards und industrieller Lösungen her. Das beschriebene Handlungsfeld sollte in kommenden Forschungsarbeiten weiter detailliert werden.

8.3 Fazit der Arbeit

Wandlungsfähige Montagesysteme sollen eine Reaktion auf veränderte Marktbedingungen ermöglichen. Die Definition eines großen Flexibilitätsrahmens reicht nicht mehr aus, um auf die zunehmende Dynamisierung der Produktionszyklen zu reagieren. Dies zeigt sich besonders bei Montagezellen der roboterbasierten Großbauteilmontage. Bei jeder Wandlung wird eine Inbetriebnahme durchgeführt und profitiert von einem automatisierten Prozess, der durch Kompensation und Adaption systematisch und effizient Prozessfähigkeit sicherstellt.

Die Selbstreferenz als Lösungsansatz ermöglicht Montagezellen durch Kommunikation, Wahrnehmung und Kompensation die direkte Ausführung eines idealisiert geplanten Prozesses. Die Abweichungen des realen Systems werden von der Montagezelle selbstständig reduziert, wobei die Sensorik autonom eingesetzt wird. Aufgrund der höheren Konsistenz zwischen der Informations- und der physischen Welt wird Prozessfähigkeit, als Bewertungskriterium für den Beitrag von Selbstreferenz, automatisiert gesteigert.

Auf der Grundlage der Empfehlungen einer Expertengruppe (Demeester, et al., 2011) dient die Implementierung von globalen Referenzsystemen (GRS) als Kommunikationsstandard in Projekten für die Montage von Großbauteilen im Umfeld des Forschungsgroßgeräts "Indoor-GPS-basierte Roboterzelle". Der Kommunikationsstandard ermöglicht die Kooperation von Messtechnik und Robotern, welche die Beobachtbarkeit (Perzeption) und die Grenzpräzision (Kompensation) erhöht. Im Mittelpunkt dieser Arbeit steht die Entwicklung der Grundlagen für den Einsatz von Selbstreferenz als Kombination von Kommunikation, Perzeption und Kompensation bei der Inbetriebnahme gewandelter Montagezellen. Durch die Erkennung von Regelmäßigkeiten werden Handlungsempfehlungen abgeleitet und eine Forschungsagenda für selbstreferenzielle Montagezellen skizziert.

Die Erweiterung der Planungssysteme durch präzisere Vorhersagemodelle beinhaltet das Risiko einer Komplexitätsfalle. Für das Planungsmodell stehen Daten unvollständig zur Verfügung und die Ressourcen für eine holistische Programmierung eines Montagesystems in der Planungsphase fehlen. Die Stärke einer idealisierten Planung liegt in der Spezifikation einer Vorgabe für Prozesse, die als Aufgabenbeschreibung für selbstreferenzielle Montage dient. Die Fähigkeiten idealisierter Planung werden durch den Einsatz von Selbstreferenz nicht verringert, während der Automatisierungsgrad der Inbetriebnahme zunimmt.

Tab. 8-1: Branchenübergreifende Themenfelder in den Anwendungsszenarien

Nr.	Anwendungsszenarien		Themenfeld
	Fahrzeug- und Anlagenbau	**Luftfahrt**	
1	Bestehende Strukturen	Adaption entlang der Prozesskette	Optimierung der Wertschöpfungskette
2	Erstellung von Strukturen	Verformungs-kompensation	Optimierung der Produktqualität
3	Ungeregelte Komponenten	Einhaltung von Kraftgrenzen	Berücksichtigung von Nebenbedingungen
4	Zulassen von Bewegung	Ressourcen-verfügbarkeit	Dynamisierung der Systemstruktur

Im Fahrzeug- und Anlagenbau muss der technische und wirtschaftliche Ausgleich für den Umsetzungsgrad der Selbstreferenz berücksichtigt werden, während dieser im Flugzeugbau mit dem Automatisierungsgrad korreliert. Ursachen und quantitative Modelle der erkannten Regelmäßigkeiten beim Einsatz von Selbstreferenz für die Inbetriebnahme gewandelter Montagezellen sollten mit den Grundlagen dieser Arbeit entwickelt werden. Die Handlungsempfehlungen sind das Ergebnis des abduktiven Schließens. Bei einer Gegenüberstellung der Anwendungsszenarien werden branchenübergreifende Themenfelder (Tab. 8-1) sichtbar, welche Kernpunkte einer Forschungsagenda zu selbstreferenziellen Montagesystemen darstellen sollten.

Literaturverzeichnis

ABB, 2015b. *Anwendungshandbuch Steuerungssoftware IRC5,* Vasteras, Schweden: ABB AB Robotics Products.

Adobe, 2008. *PDF 32000-1: Document management — Portable document format — Part 1: PDF 1.7,* s.l.: Adobe Systems Incorporated.

Airbus SAS, 2012. *A350 XWB FAL. Efficiency in Motion.* [Online]
Available at: http://videos.airbus.com/video/a5eab2edd1es.html
[Zugriff am 13 03 2016].

Albrichsfeld, C. v. & Tolle, H., 2010. A self-adjusting active compliance controller for multiple robots handling an object. *Control Engineering Practice,* Band 10, pp. 165-173.

Alici, G. & Shirinzadeh, B., 2005. A systematic technique to estimate positioning errors for robot accuracy improvement using laser interferometry based sensing. *Mechanism and Machine Theory,* Band 40, pp. 879-906.

alicona, 2008. *Optisch 3D messen auf großen Bauteilen,* Graz, Österreich: alicona.

Andreff, N., Horaud, R. & Espiau, B., 2001. Robot Hand-Eye Calibration using Structure from Motion. *International Journal of Robotics Research,* 20(3), pp. 228-248.

Antoszewski, R. S., Falise, F. R., Sciuli, F. J. & Toto, M., 1987. *Windshield Insertion System for a Vehicle on a moving Conveyor Apparatus.* USA, Patentnr. 4670974.

Apetz, J., 2011. *Diplomarbeit: Analysis of large-volume metrology systems for automated joining of aircraft fuselage structures.* Aachen: Lehrstuhl für Fertigungsmesstechnik und Qualitätsmanagement.

API, 2010. *API product Specifications: Tracker 3.* [Online]
Available at: http://apitechnical.com/Downloads/2012/T3-Product-Specifications.pdf
[Zugriff am 14 05 2016].

API, 2012a. *American Petroleum Institute Standard 650 - Welded Tanks for Oil Storage,* Washington, D.C., USA: API Publishing Services.

API, 2012b. *Radian - API Product Specification.* [Online]
Available at:
http://www.apisensor.com/images/ProductLiterature/SpecSheets/Radian%20Spec%20Sheet%20EN0812_web.pdf
[Zugriff am 31 Januar 2014].

Ashby, W. R., 1962. Principles of the self-organizing system. In: H. von Foerster & G. Zopf, Hrsg. *Principles of Self-Organization: Transactions of the University of Illinois Symposium.* London, Vereinigtes Königreich: Pergamon Press, pp. 255-278.

ASME, 2006. *ASME B89.4.19-2006 Standard - Performance Evaluation of Laser- Based Spherical Coordinate Measurement Systems.* s.l.:www.asme.org.

Assal, S. F. M., Watanabe, K. & Izumi, K., 2006. Neural Network-Based Kinematic Inversion of Industrial Redundant Robots Using Cooperative Fuzzy Hint for the Joint Limits Avoidance. *IEEE/ASME transactions on mechatronics,* 11(5), pp. 593-603.

ASTM, 2014. *A6/A6M – 14: Standard Specification for General Requirements for Rolled Structural Steel Bars, Plates, Shapes, and Sheet Piling,* West Conshohocken, USA: ASTM International.

Aström, K. J. & Murray, R. M., 2012. *Feedback Systems.* 2.11b Hrsg. Princeton, NJ, USA: Princeton University Press.

Balsamoa, A., Pedonea, P., Riccib, E. & Verdib, M., 2009. Low-cost interferometric compensation of geometrical errors. *CIRP Annals - Manufacturing Technology,* 58(1), pp. 459-462.

Bancroft, S., 1985. An Algebraic Solution of the GPS Equations. *IEEE transactions on aerospace and electronic systems,* AES-21(7), pp. 56-59.

Baumer, 2009. *TZG01 Digital 3-D Camera - Quick Start Guide,* Radeberg: Baumer Optronic GmbH.

Beraldin, J.-A., 2004. Integration of Laser Scanning and Close-Range Photogrammetry - The Last Decade and Beyond. In: *International Society for Photogrammetry and Remote Sensing.* Istanbul, Türkei: National Research Council of Canada, pp. 972-983.

Berkholz, D., 2008. Wandlungsfähige Produktionssysteme – der Zukunft einen Schritt voraus. In: P. Nyhuis, G. Reinhart & E. Abele, Hrsg. *Wandlungsfähige Produktionssysteme - Heute die Industrie von morgen gestalten.* Garbsen: PZH Produktionstechnisches Zentrum, pp. 13-18.

Bertelsmeier, F., 2012. *Studienarbeit: Machbarkeitsstudie zum Aufbau eines optischen 6D-Messsystems nach dem Prinzip der Dispersion elektromagnetischer Wellen.* Aachen: Lehrstuhl für Fertigungsmesstechnik und Qualitätsmanagement.

Bertelsmeier, F., 2013. *Masterarbeit: Nutzung des Verformungsverhaltens zur optimierten Positionierung von CFK-Schalen bei der Sektionsmontage des Airbus A350-XWB.* Aachen: Lehrstuhl für Fertigungsmesstechnik und Qualitätsmanagement.

Beyer, L., 2004. *Genauigkeitssteigerung von Industrierobotern.* Forschungsberichte aus dem Laboratorium Fertigungstechnik Hrsg. Aachen: Shaker.

Bicchi, A. & Prattichizzo, D., 2000. Manipulability of Cooperating Robots with Unactuated Joints and Closed-Chain Mechanisms. *IEEE transactions on robotics and automation,* 16(4), pp. 336-345.

BIPM, 2015. *Key comparison CCTF-K001.UTC - Results,* s.l.: Bureau International des Poids et Mesures.

Björklund, S., 2003. *A Survey and Comparison of Time-Delay Estimation Methods in Linear Systems.* Licentiate Thesis no. 1061 Hrsg. Linköping, Schweden: Department of Electrical Engineering, Linköping University.

BMBF, 1999. *Rahmenkonzept „Forschung für die Produktion von morgen".* Bonn: Bundesministerium für Bildung und Forschung.

BMBF, 2008. *Intelligente, hochpräzise Montage mit Robotern durch Einsatz von Indoor GPS Systemen.* [Online]
Available at: http://www.kooperation-international.de/detail/info/intelligente-hochpraezise-montage-mit-robotern-durch-einsatz-von-indoor-gps-systemen.html
[Zugriff am 22 12 2015].

BMBF, 2010. *Produktionssysteme aktiv wandeln.* [Online]
Available at:
http://www.produktionsforschung.de/verbundprojekte/vp/index.htm?TF_ID=115&VP_ID=2985
[Zugriff am 22 12 2015].

BMWI, 2014. *Zukunft der Arbeit in Industrie 4.0.* Berlin: Bundesministerium für Wirtschaft und Energie (BMWi).

Bohn, M., 1998. *Toleranzmanagement im Entwicklungsprozeß.* Karlsruhe: Universität Karlsruhe.

Bongart, T., 2003. *Methode zur Kompensation betriebsabhängiger Einflüsse auf die Absolutgenauigkeit von Industrierobotern.* München: Herbert Utz Verlag.

Born, H. et al., 2001. *Verfahren und Vorrichtung zum Steuern eines Roboters.* DE, Patentnr. 19959330A1.

Bose, R. C. & Ray-Chaudhuri, D., 1960. On a class of error correcting binary group codes. *Information and Control,* 3(1), pp. 68-79.

Bouguet, J.-Y., 2010. *Camera Calibration Toolbox for Matlab.* [Online]
Available at: http://www.vision.caltech.edu/bouguetj/calib_doc/
[Zugriff am 3 August 2013].

Boyd, S. & Barratt, C., 1991. *Linear controller design: limits of performance.* Englewood Cliffs, NJ, USA: Prentice-Hall.

Braun, B. & Kinkel, S., 2012. *Fraunhofer-Institut fürSystem- und Innovationsforschung ISI.* [Online]
Available at: http://www.isi.fraunhofer.de/isi-de/service/presseinfos/2012/pri12-

22_rueckverlagerung_produktionsverlagerung.php
[Zugriff am 2 Januar 2013].

Braun, B., Starr, G., Wood, J. & Lumia, R., 2004. A framework for implementing cooperative motion on industrial controllers. *IEEE transactions on robotics and automation,* 20(3), pp. 583-589.

Brecher, C. et al., 2015. Kybernetische Ansätze in der Produktionstechnik. In: S. Jeschke, R. Schmitt & A. Dröge, Hrsg. *Exploring Cybernetics.* Wiesbaden: Springer, pp. 85-108.

Brown, D. C., 1971. Close-Range Camera Calibration. *Photogrammetric Engineering,* Januar, 37(8), pp. 855-866.

Brown, L. B., 1996. *Probing retroreflector and methods of measuring surfaces therewith.* US, Patentnr. 5530549.

Buch, S., 2007. *Strukturgleichungsmodelle : ein einführender Überblick.* Berlin: ESCP-EAP, Europ. School of Management.

Burks, A. W., 1946. Peirce's Theory of Abduction. *Philosophy of Science,* 13(4), pp. 301-306.

Caccavale, F., Chiacchio, P., Marino, A. & Villani, L., 2008. Six-DOF impedance control of dual-arm cooperative manipulators. *IEEE/ASME Transactions on mechatronics,* 13(5), pp. 576-586.

Calkins, J. M. & Salerno, R. J., 2000. A practical method for evaluating measurement system uncertainty. In: *Proceedings of the 2000 Boeing Large Metrology Conference.* Long Beach, CA, USA: s.n.

Campbell, M. et al., 2015a. *Multilateration with frequency scanning interferometry and four wave mixing.* [Online]
Available at: http://www.epmc.events/posters/Mike-Campbell.pdf
[Zugriff am 28 12 2015].

Campbell, M., Hughes, B. & Veal, D., 2016. A Novel Coordinate Measurement System Based on Frequency Scanning Interferometry. *Quality Digest*, 18 2.

Campbell, M. et al., 2015b. Dual-Sweep Frequency Scanning Interferometry Using Four Wave Mixing. *IEEE Photonics Letters,* 27(7), pp. 733-736.

Carter, G. C., 1976. *Time Delay Estimation,* New London, CT, USA: Naval Underwater Systems Center.

Castro, H. & Burdekin, M., 2003. Dynamic calibration of the positioning accuracy of machine tools and coordinate measuring machines using a laser interferometer. *International Journal of Machine Tools and Manufacture,* 43(9), pp. 947-954.

Chan, S. & Liaw, H., 2000. Experimental Implementation of Impedance Based Control Schemes for Assembly Task. *Journal of Intelligent and Robotic Systems,* 29(1), pp. 93-110.

Choi, D. H., Wickert, J. A. & Yoo, H. H., 2008. Effect of manufacturing tolerances on dynamic equilibria of multibody systems undergoing prescribed rotational motion. *Journal of Mechanical Science and Technology,* Band 22, pp. 1747-1756.

Choi, S., Eakins, W. J. & Fuhlbrigge, T. A., 2010. Trends and Opportunities for Robotic Automation of Trim & Final Assembly in the Automotive Industry. In: *6th annual IEEE Conference on Automation Science and Engineering.* Toronto, Kanada: IEEE, pp. 124-129.

Christian, F., 1989. Probabilistic clock synchronization. *Distributed Computing,* 3(3), pp. 146-158.

Coe, P. A., Howell, D. F. & Nickerson, R. B., 2004. Frequency scanning interferometry in ATLAS: remote, multiple, simultaneous and precise distance measurements in a hostile environment. *Measurement Science Technology,* Band 15, pp. 2175-2187.

Colledani, M. et al., 2014. Design and management of manufacturing systems for production quality. *CIRP Annals - Manufacturing Technology,* Band 63, pp. 773-796.

Connell, C., 2015. What's The Difference Between Measuring Location By UWB, Wi-Fi, and Bluetooth?. *Electronic Design,* 6 2.

Cooke, C. R., 1977. *Precision automatic tracking system.* US, Patentnr. 4020340A.

Coope, I., 2000. Reliable computation of the points of intersection of n spheres in R^n. *ANZIAM Journal,* Band 42, pp. C461-C477.

CSEM, 2006. *SwissRanger SR-3000 Manual,* Zürich, Schweiz: MESA Imaging SA.

Dale, J., 2009. *A study of interferometric distance measurement systems on a prototype rapid tunnel reference surveyor and the effects of reference network errors at the International Linear Collider.* Oxford, Großbritannien: Universty of Oxford.

Dalziel, M. R. et al., 1996. *Adaptive Vision-based Controller.* US, Patentnr. 5579444.

Dam, E. B., Koch, M. & Lillhom, M., 1998. *Quaternions, Interpolation and Animation,* Kopenhagen, Schweden: Department of Computer Science, University of Copenhagen.

de Gea, J. & Kirchner, F., 2008. Using neuroevolution for optimal impedance control. In: *2008 IEEE International Conference on Emerging Technologies and Factory Automation.* Hamburg: IEEE, pp. 1063-1066.

Demeester, F. et al., 2011. Referenzsysteme für wandlungsfähige Produktion. In: C. Brecher, F. Klocke, R. Schmitt & G. Schuh, Hrsg. *Wettbewerbsfaktor Produktionstechnik - Aachener Perspektiven.* Aachen: Shaker, pp. 449-477.

Depenthal, C., 2008. *Entwicklung eines zeitreferenzierten 4-D-Kalibrier- und Prüfsystems für kinematische optische Messsysteme,* Karlsruhe: Universität Fridericiana zu Karlsruhe.

Devol, G. C., 1961. *Programmed Article Transfer.* US, Patentnr. 2988237.

DFG, 2006. *EXC 128: Integrative Produktionstechnik für Hochlohnländer.* [Online]
Available at: http://gepris.dfg.de/gepris/projekt/25065172
[Zugriff am 22 12 2015].

DFG, 2008. *Indoor-GPS basierte Roboterzelle.* [Online]
Available at: http://gepris.dfg.de/gepris/projekt/78437013
[Zugriff am 22 12 2015].

DFG, 2010a. *Bestimmung der Messunsicherheit kontinuierlich mit Lasertrackern erfasste Bahnkurven für die Kalibrierung dynamischer Bewegungen von Robotern und großen Werkzeugmaschinen.* [Online]
Available at: http://gepris.dfg.de/gepris/projekt/162408433
[Zugriff am 22 12 2015].

DFG, 2010b. *Effizientes Einrichten kooperierender Montageroboter mittels Indoor-GPS.* [Online]
Available at: http://gepris.dfg.de/gepris/projekt/182894942
[Zugriff am 22 12 2015].

Diebel, J., 2006. *Representing Attitude: Euler Angles, Unit Quaternions, and Rotation Vectors,* Stanford, Kalifornien, USA: Stanford University.

Diebold, K., 2008. *Komposite verleihen Flügel.* [Online]
Available at: http://www.industrieanzeiger.de/fertigung/-/article/32571342/33693817
[Zugriff am 20 Oktober 2013].

DIN, 1980. *Norm DIN IEC 381-2 Analoge Analoge Signale für Regel- und Steueranlagen - Analoge Gleichspannungssignale,* Berlin: Beuth.

DIN, 1985. *Norm DIN IEC381-1 Analoge Signale für Regel- und Steuersignale - Analoge Gleichstromsignale.* 1982 Hrsg. Berlin: Beuth.

DIN, 1995. *DIN 1319-1: Grundlagen der Messtechnik - Grundbegriffe,* Berlin: Beuth.

DIN, 1998. *EN ISO 9283: Industrieroboter - Leistungskenngrößen und zugehörige Prüfmethoden.* Berlin: Beuth.

DIN, 2000. *Norm DIN 32877: Optoelektronische Abstands-, Profil- und Formmessung,* Berlin: Beuth.

DIN, 2003. *Norm DIN 8583-0: Fertigungsverfahren Fügen,* Berlin: Beuth.

DIN, 2009. *DIN IEC 60050-351: Internationales Elektrotechnisches Wörterbuch - Teil 351: Leittechnik,* Berlin: Beuth.

DoD, 2008. *Department of Defense: Global positioning system - standard positioning service performance standard.* [Online]

Available at: http://www.gps.gov/technical/ps/2008-SPS-performance-standard.pdf
[Zugriff am 3 Januar 2013].

Dornieden, C., 2012. *Diplomarbeit: Optisches Tracking für globale Referenzsysteme,* Aachen: Lehrstuhl für Fertigungsmesstechnik und Qualitätsmanagement.

Dreckmann, M., Lilienthal, A., Schnell, M. & Neddermayer, W., 2003. *Verfahren zur Verringerung von Fehlern bei der Positionierung eines Roboters gegenüber einem Werkstück.* DE, Patentnr. 10150225A1.

Duden, 2017. *Komplexität, die.* [Online]
Available at: http://www.duden.de/rechtschreibung/Komplexitaet
[Zugriff am 18 05 2017].

ECMA, 2013. *Standard ECMA-404: The JSON Data Interchange Format,* Genua, Schweiz: ECMA.

Economou, G., Youngquist, R. & Davies, D., 1986. Limitations and noise in interferometric systems using frequency ramped single-mode diode lasers. *Journal of lightwave technology,* 4(11), pp. 1601-1608.

Einstein, A., 1905. Zur Elektrodynamik bewegter Körper. *Annalen der Physik,* 322(10), pp. 891-921.

Elatta, A. et al., 2004. An Overview of Robot Calibration. *Information Technology Journal,* 3(1), pp. 74-78.

English, K., Hayes, M. J. D., Leitner, M. & Sallinger, C., 2002. Kinematic Calibration of Six-Axis Robots. In: *Proceedings of the CSME Forum.* Kingston, Kanada: Queen's University, p. CD.

Estler, W. T., Parker, D. H., Peggs, G. N. & Parker, D. H., 2002. Large-Scale Metrology – An Update. *CIRP Annals - Manufacturing Technology,* 51(2), pp. 587-609.

Etalon AG, 2016. *Absolute Multiline Technologie.* [Online]
Available at: http://www.etalon-ag.com/de/produkte/absolute-multiline-technologie/
[Zugriff am 16 5 2016].

EtherCAT, 2014. *Industrial Ethernet Technologies,* Nürnberg: EtherCAT Technology Group.

EtherCAT, 2015. *Slave Implementation Guide,* s.l.: EtherCAT Technology Group.

Euler, L., 1775. Formulae generales pro translatione quaqunque corporum rigidorum. *Novi Commentarii Academiae Scientiarum Imperialis Petropolitanae,* Band 20, pp. 189-207.

Ewert, D., 2014. *Adaptive Ablaufplanung für die Fertigung in der Factory of the Future.* 830 Hrsg. Aachen: VDI.

Faber, W. et al., 2001. *Verfahren und Vorrichtung zur adaptiven Roboterführung.* DE, Patentnr. 10002230A1.

Fanuc, 2010. *FANUC Robotics SYSTEM R-30iA Controller KAREL Reference Manual,* Rochester Hills, Michigan, USA: FANUC Robotics America, Inc..

Fanuc, 2012. *Dynamic Path Modification,* Rochester Hills, Michigan, USA: FANUC Robotics America Corporation.

Fanuc, 2014. *Interop.FRRobot.dll,* s.l.: Fanuc.

Faro, 2006. *FARO Lasertracker Xi:.* [Online]
Available at:
ftp://ftp.faro.com/Products/Tracker/Tracker%20Information/04REF201_038_LASER_TRACKER_Xi.pdf
[Zugriff am 14 5 2016].

Faro, 2013. *FARO ION - Features, Benefits & Technical Specifications.* [Online]
Available at: www.faro.com
[Zugriff am 23 Januar 2014].

Faure, S., Gaillet, A., Lefebre, R. & Reboulet, C., 1997. *Verfahren zur hybriden Positions/Kraft-Steuerung für einen Robotermanipulator.* EP, Patentnr. 0608187B1.

Fechter, M., 2014. *Master Thesis: Metrology assisted robotic alignment of bulk container sheets.* Aachen: Lehrstuhl für Fertigungsmesstechnik und Qualitätsmanagement.

Feldmann, K., Ziegler, C. & Michl, M., 2007. Bewegungssteuerung für kooperierende Industrieroboter in der Montageautomatisierung. *wt Werkstattstechnik online,* 97(9), pp. 713-717.

Ferri, C., Mastrogiacomo, L. & Faraway, J., 2010. Sources of variability in the set-up of an indoor GPS. *International Journal of Computer Integrated Manufacturing,* 23(6), pp. 487-499.

Figuera, J. A. N. & Trabasso, L. G., 2015. Riveting-Induced Deformations on Aircraft Structures. *Journal of Aircraft,* 52(6), pp. 2032-2050.

Forbes, A. B., 2012. Weighting observations from multi-sensor coordinate measuring systems. *Measurement Science and Technology,* 23(2), p. 025004.

Forbes, A., Hughes, B. & Sun, W., 2011. *A reference model for multi-station co-ordinate measuring systems,* s.l.: NPL.

Franceschini, F. et al., 2011. *Distributed Large-Scale Dimensional Metrology.* London: Springer.

Franceschini, F., Galetto, M., Maisano, D. & Mastrogiacomo, L., 2016. Combining multiple Large Volume Metrology systems: Competitive versus cooperative data fusion. *Precision Engineering,* Band 43, pp. 514-524.

Franceschini, F. & Maisano, D., 2014. The evolution of large-scale dimensional metrology from the perspective of scientific articles and patents. *International Journal Advanced Manufacturing Technology,* 70(5), pp. 887-909.

Franceschini, F., Maisano, D., Mastrogiacomo, L. & Pralio, B., 2010. Ultrasound Transducers for Large-Scale Metrology: A Performance Analysis for Their Use by the MScMS. *IEEE Transactions on Instrumentation and Measurement,* 59(1), pp. 110-121.

Franceschini, M. G., Maisano, D. & Mastrogiacomo, L., 2009. Mobile Spatial coordinate Measuring System (MScMS) – introduction to the system. *International Journal of Production Research,* 47(14), pp. 3867-3889.

Fratena, R. & Mitchell, C., 2010. Study: Comparison Between Photogrammetry and Laser Radar. *Quality Digest*, 9 3.

Fuchs, A., 2011. *Methodische Aspekte linearer Strukturgleichungsmodelle.* Würzburg: Julius-Maximilians-Universität Würzburg.

Galetto, M., Mastrogiacomo, L. & Pralio, B., 2011. MScMS-II: an innovative IR-based indoor coordinate measuring system for large-scale metrology applications. *The International Journal of Advanced Manufacturing Technology,* 52(1-4), pp. 291-302.

Galetto, M., Mastrogiacomo, Maisano, D. & Franceschini, F., 2015. Cooperative fusion of distributed multi-sensor LVM (Large Volume Metrology) systems. *CIRP Annals - Manufacturing Technology,* 64(1), pp. 483-486.

Gao, W. et al., 2015. Measurement technologies for precision positioning. *CIRP Annals - Manufacturing Technology,* 64(2), pp. 773-796.

Garcia, J. G., Robertsson, A., Ortega, J. G. & Johansson, R., 2008. Sensor Fusion for Compliant Robot Motion Control. *IEEE transactions on robotics,* 24(2), p. 430.

Garcia-Rodriguez, R. & Parra-Wega, V., 2009. A Neuro-Sliding Mode Control Scheme for Constrained Robots with Uncertain Jacobian. *Journal of Intelligent and Robotic Systems,* Band 54, pp. DOI 10.1007/s10846-008-9283-9.

Gąska, A. et al., 2014. Modeling of the residual kinematic errors of coordinate measuring machines using LaserTracer system. *The International Journal of Advanced Manufacturing Technology,* 73(1), pp. 497-507.

Gatla, C. S., Lumia, R., Wood, J. & Starr, G., 2007. An Automated Method to Calibrate Industrial Robots Using a Virtual Closed Kinematic Chain. *IEEE transactions on robotics,* 23(6), pp. 1105-1116.

Gershenson, C., 2006. *A General Methodology for Designing Self-Organizing Systems.*
[Online]
Available at: https://arxiv.org/abs/nlin/0505009
[Zugriff am 01 05 2017].

Gevatter, H.-J. & Grünhaupt, U., 2006. *Handbuch der Mess- und Automatisierungstechnik.* 2. Hrsg. Berlin: Springer.

GG, 2002. *Geoinformatik-Service - Absolutmessung.* [Online]
Available at: http://www.geoinformatik.uni-rostock.de/einzel.asp?ID=2090463375
[Zugriff am 20 05 2017].

Gong, C., Yuan, J. & Ni, J., 2000. Nongeometric error identification and compensation for robotic system by inverse calibration. *International Journal of Machine Tools and Manufacture,* 40(14), pp. 2119-2137.

Gonzales-Banos, H. H., Ng-Thow-Hing, V. & Yang, A. Y., 2011. *Interface for Robot Motion Control.* US, Patentnr. 8060251B2.

Gonzales-Banos, H., Wormer, J. A. & Guan, L., 2013. *Interface for Sensor Query and Control.* US, Patentnr. 8355804B2.

Goodwin, E. P. et al., 2014. *Scan mirrors for laser radar.* World, Patentnr. 2014/081043A2.

Gossel, O., 1996. *Steigerung der Genauigkeit von Industrierobotern basierend auf einer durchgängigen Genauigkeitsanalyse.* Hamburg: Technische Universität Hamburg-Harburg.

Gräser, R.-G., 1999. *Ein Verfahren zur Kompensation temperaturinduzierter Verformungen an Industrierobotern.* München: Herbert Utz Verlag.

GS1, 2016a. *GS1 DataMatrix Guideline.* [Online]
Available at: http://www.gs1.org/docs/gsmp/RFID_Barcode_Interoperability_Guidelines.pdf
[Zugriff am 24 05 2016].

GSI, 2013. *V-STARS/D5,* Melbourne, Florida, USA: Geodetic Systems.

GSI, 2016b. *What is Photogrammetry? - Geodetic Systems, Inc.* [Online]
Available at: http://www.geodetic.com/v-stars/what-is-photogrammetry.aspx
[Zugriff am 16 5 2016].

Gudino-Lau, J. & Arteaga, M. A., 2005. Dynamic model and simulation of cooperative robots: a case study. *Robotica,* Band 23, pp. 615-624.

Guðmundsson, S. Á., 2006. *Robot Vision Applications using the CSEM SwissRanger Camera.* [Online]
Available at: http://www2.imm.dtu.dk/pubdb/views/publication_details.php?id=4913
[Zugriff am 14 5 2016].

Gusella, R. & Zatti, S., 1989. The Accuracy of the Clock Synchronization Achieved by TEMPO in Berkeley UNIX 4.3BSD. *IEEE Transaction on Software Engineering,* 15(7), pp. 847-853.

Hadjimichael, T. et al., 2010. Laser Radar Metrology Measurements through a Chamber Window of James Webb Space Telescope Alignment Fixtures during Cryogenic Testing. *Proc. SPIE 7793, Optical System Alignment, Tolerancing, and Verification IV*, 3 September.

Haroud, N. & Dornaika, F., 1995. Hand-Eye Calibration. *International Journal of Robotics Research,* 14(3), pp. 195-210.

Hartley, R. & Zissermann, A., 2004. *Multiple View Geometry in Computer Vision.* 2 Hrsg. New York: Cambridge University Press.

Hedges, T. M., Takagi, H., Pratt, T. & Sobel, M. J., 2003. *Position Measurement System and Method using Cone Math Calibration.* US, Patentnr. 6535282 B2.

Heger, C. L., 2006. *Bewertung der Wandlungsfähigkeit von Fabrikobjekten.* Garbsen: PZH.

Heinol, H. G., 2001. *Untersuchung und Entwicklung von modulationslaufzeitbasierten 3D-Sichtsystemen.* Siegen: Universität Siegen.

Heinrich, B., Linke, P. & Glöckler, M., 2015. *Grundlagen Automatisierung.* Wiesbaden: Springer.

Heisel, U., Schön, M. & Stehle, T., 2012. Entwicklung eines 5D-Koordinatenmessgeräts. *ZWF,* 107(7-8), pp. 493-496.

Hennes, M., Urban, S. & Wursthorn, S., 2014. Zur Synchronisierung von Multi-Sensor-Systemen - Grundlagen und Realisierungen. In: DVW - Gesellschaft für Geodäsie, Hrsg. *Multi-Sensor-Systeme – Bewegte Zukunftsfelder.* Hamburg: Wißner, pp. 25-40.

Hesse, S. & Malisa, V., 2010. *Robotik - Montage - Handhabung.* Taschenbuch Hrsg. Leipzig: Hanser.

Hexagon MI, 2008. *PCMM Systemspezifikationen - Leica Absolute Tracker und Leica T-Produkte,* Unterentfelden, Schweiz: s.n.

Hexagon MI, 2012. *Leica Absolute Interferometer.* [Online]
Available at: http://hexagonmi.com/-/media/Hexagon%20MI%20Legacy/m1/metrology/general/white-tech-paper/Leica%20Absolute%20Interferometer_white%20paper_en.ashx
[Zugriff am 14 5 2016].

Hexagon MI, 2014. *Leica absolute Tracker AT960,* s.l.: Hexagon Metrology.

Heylighen, F. & Gershenson, C., 2003. The Meaning of Self-Organization in Computing. *IEEE Intelligent Systems,* 18(4), pp. 72-75.

Hoffmeister, M., 2012. *Modelle zur aufgabengeführten Produktionsausführung in der wandlungsfähigen Produktion.* Stuttgart: Fraunhofer Verlag.

Hollerbach, J. M. & Wampler, C. W., 1996. The Calibration Index and Taxonomy for Robot Kinematic Calibration Methods. *The International Journal of Robotics Research,* 15(6), pp. 573-891.

Hooper, S. E., 1944. Whitehead's Philosophy: "Theory of Perception". *Philosophy,* pp. 136-158.

Horaud, R., Mohr, R. & Lorecki, B., 1993. On single-scanline camera calibration. *IEEE Transactions on Robotics and Automation,* 9(1), pp. 71-75.

Hughes, B. et al., 2010. *iGPS Capability Study,* Teddington, Middlesex, UK: National Physical Laboratory.

Hughes, B. & Warden, M., 2013. A Novel Coordinate Measurement System Based on Frequency Scanning Interferometry. *The Journal of CMSC,* 8(2), pp. 18-24.

Hui, B., Wen, G., Zhang, P. & Li, D., 2013. A Novel Line Scan Camera Calibration Technique with an Auxiliary Frame Camera. *IEEE transactions on instrumentation and measurement,* 62(9), pp. 2567-2575.

Hülsmann, M., Grapp, J., Li, Y. & Wycisk, C., 2007b. Self-Organization in Management Science. In: M. Hülsmann & K. Windt, Hrsg. *Understanding Autonomous Cooperation & Control in Logistics - The Impact on Management, Information and Communication and Material Flows.* Berlin: Springer, pp. 169-192.

Hülsmann, M., Wycisk, C., Agarwal, R. & Grapp, J., 2007a. Prologue to Autonomous Cooperation – The Idea of Self-Organization as its Basic Concepts. In: M. Hülsmann & K. Windt, Hrsg. *Understanding Autonomous Cooperation & Control in Logistics – The Impact on Management, Information and Communication and Material Flow.* Berlin: Springer, pp. 23-44.

Hussmann, S., Ringbeck, T. & Hagebeuker, B., 2008. A performance review of 3D TOF vision systems in comparison to stereo vision systems. In: A. Bhatti, Hrsg. *Stereo Vision.* Wien, Österreich: I-Tech, pp. 103-120.

IEC/IEEE, 2009. *Norm IEC61588:2009 IEEE1588-2008,* s.l.: IEC/IEEE.

IEC, 2010. *Norm IEC 61158 Industrial communication networks - Fieldbus specifications - Part 1: Overview and guidance for the IEC 61158 and IEC 61784 series,* s.l.: IEC.

IEEE, 2008. *IEEE 754:2008 Standard for Floating-Point Arithmetic.* [Online]
Available at: http://dx.doi.org/10.1109/IEEESTD.2008.4610935
[Zugriff am 25 04 2015].

Imkamp, D., Schmitt, R. & Berthold, J., 2012. Blick in die Zukunft der Fertigungsmesstechnik. *tm - Technisches Messen,* 79(10), pp. 433-439.

Instituto Técnico de Aeronáutica, 2016. *Tecnologia de alinhamento e nivelamento automatizados.* [Online]
Available at: http://www.ita.br/noticias/lam
[Zugriff am 20 02 2016].

Isenberg, C., Schönberg, A., Schmitt, R. & Bertelsmeier, F., 2016. *Optisches Messverfahren und Vorrichtung zur Bestimmung von Position und Orientierung von Werkstücken und/oder Maschinen.* DE, Patentnr. 10 2014 014 968 A1.

ISO/IEC, 2000. *Norm ISO/IEC 18004: Information technology - Automatic identification and data capture techniques - Bar code symbology - QR Code,* s.l.: ISO/IEC.

ISO, 1996. *ISO/IEC 7498-1.* [Online]
Available at:
http://standards.iso.org/ittf/PubliclyAvailableStandards/s020269_ISO_IEC_7498-1_1994(E).zip
[Zugriff am 23 04 2016].

ISO, 2001. *Geometrical Product Specifications (GPS) — Acceptance and reverification tests for coordinate measuring machines (CMM) - Part 2: CMMs used for measuring size,* Genua, Schweiz: ISO.

ISO, 2012. *ISO 19005-3: Document management -- Electronic document file format for long-term preservation -- Part 3: Use of ISO 32000-1 with support for embedded files (PDF/A-3).* [Online]
Available at:
http://www.iso.org/iso/home/store/catalogue_tc/catalogue_detail.htm?csnumber=57229
[Zugriff am 27 04 2016].

ISO, 2014a. *Geometrische Produktspezifikation (GPS) – Annahmeprüfung und Bestätigungsprüfung für Koordinatenmessgeräte (KMG) – Teil 10: Lasertracker (ISO/DIS 10360-10:2014),* Berlin: Beuth.

ISO, 2014b. *Norm ISO/IEC/IEEE 8802-3:2014 Standard for Ethernet.* [Online]
Available at: http://dx.doi.org/10.1109/IEEESTD.2014.6781545
[Zugriff am 25 04 2016].

Jähne, B., 2005. *Digitale Bildverarbeitung.* 6. Hrsg. Berlin: Springer.

Janssen, M., 2015. *Selbstoptimierende Montage schalenförmiger Großbauteile mit rekonfigurierbaren Handhabungssystemen,* Aachen: Apprimus.

Jatzkowski, P., 2011. *Ressourceneffiziente Kalibrierung von 5-Achs-Werkzeugmaschinen mit Tracking-Interferometern,* Aachen: Apprimus.

JCGM, 2008. *Evaluation of measurement data - Guide to the expression of uncertainty in measurement.* 1 Hrsg. Sèvres, Frankreich: JCGM.

Jeon, S., Tomizuka, M. & Katou, T., 2009. Kinematic Kalman Filter (KKF) for Robot End-Effector Sensing. *Journal of Dynamic Systems, Measurement, and Control,* 131(2), pp. 021010-1-8.

Jeschke, S., Schmitt, R. & Dröge, A., 2015. *Exploring Cybernetics.* Wiesbaden: Springer.

Justen, D., 2001. *Untersuchung eines neuartigen 2D-gestützten 3D-PMD-Bildverarbeitungssystems.* Berlin: Mensch und Buch.

Kagermann, H., Wahlster, W. & Helbig, J., 2012. *Umsetzungsempfehlungen für das Zukunftsprojekt Industrie 4.0.* Berlin: Promotorengruppe Kommunikation der Forschungsunion Wirtschaft – Wissenschaft.

Kalman, R. E., 1960. A New Approach to Linear Filtering and Prediction Problems. *Transaction of the ASME—Journal of Basic Engineering,* pp. 35-45.

Kampker, A., Burggräf, P. & Maue, A., 2014. *ProAktiW - Produktionssysteme aktiv wandeln.* Aachen: Apprimus.

Kantz, H. & Schreiber, T., 2004. *Nonlinear time series analysis.* 2 Hrsg. Cambridge: University Press.

Kihlmann, H., 2005. *Affordable Automation for Airframe Assembly.* Linköping Studies in Science and Technology Thesis No. 953 Hrsg. Linköping, Schweden: Linköpings Universitet.

Kim, J. Y. & Cho, H. S., 2000. A Neural Net-based Assembly Algorithm for Flexible Parts Assembly. *Journal of Intelligent and Robotic Systems,* Band 29, pp. 133-160.

Kim, K. I., 1999. Two Strategies for Handling Unknown Loads of Two Coordinating Robots. *KSME International Journal,* 13(2), pp. 116-129.

Kinkel, S. & Maloca, S., 2009. Ausmaß und Motive von Produktionsverlagerungen und Rückverlagerungen im deutschen Verarbeitenden Gewerbe. In: S. Kinkel, Hrsg. *Erfolgsfaktor Standortplanung.* Berlin: Springer, pp. 23-34.

Kohlrausch, F., 1871. Eine durch Dispersion hervorgebrachte stereoskopische Erscheinung. In: J. Poggendorf, Hrsg. *Annalen der Physik und Chemie.* Leipzig: Johann Ambrosius Barth, pp. 144-147.

Kohoutek, T. K., Mautz, R. & Donaubauer, A., 2010. Real-time indoor positioning using range imaging sensors. *Proceedings SPIE,* Band 7724, pp. 77240K-1-8.

Kovac, I., 2004. Flexible inspection systems in the body-in-white manufacturing. In: *International Workshop on Robot Sensing, 2004. ROSE 2004.* Graz, Österreich: IEEE, pp. 41-48.

Krause, K. et al., 2012. *Verfahren zum Steuern eines Roboterwerkzeugs.* DE, Patentnr. 112010000794T5.

Kroger, T. & Wahl, F. M., 2008. Multi-sensor integration and sensor fusion in industrial manipulation: Hybrid switched control, trajectory generation, and software development. In: *IEEE International Conference on Multisensor Fusion and Integration for Intelligent Systems.* Seoul, Südkorea: IEEE, pp. 411-418.

Krystek, M., 2012. *Berechnung der Messunsicherheit.* 1 Hrsg. Berlin: Beuth.

Kubus, D., Kroger, T. & Wahl, F. M., 2008. Improving force control performance by computational elimination of non-contact forces/torques. In: S. Hutchinson, Hrsg. *IEEE International Conference on Robotics and Automation, 2008. ICRA 2008.* Pasadena, CA, USA: IEEE, pp. 2617-1622.

Kuka, 1999. *kue_weg2.src.* Augsburg: s.n.

Kuka, 2008. *KUKA System Software 5.5,* Augsburg: Kuka.

Kuka, 2013a. *KUKA.RobotSensorInterface 3.2,* Augsburg: KUKA Roboter GmbH.

Kuka, 2013b. *PrimaryInterOp.Cross3Krc.dll.* Augsburg: Kuka Robotics.

Kyle, S., 2005. *Alternatives in 6DOF probing - more flexibility, lower cost, universal?,* Austin, TX, USA: CMSC.

Lamers, C., 2011. *Studienarbeit: Absolutes Positionieren und Bahnverfahren von Robotern mittels Indoor-GPS.* Aachen: Lehrstuhl für Fertigungsmesstechnik und Qualitätsmanagement.

Langmann, B., Hartmann, K. & Loffeld, O., 2011. Comparison of Depth Super-Resolution Methods for 2D/3D Images. *International Journal of Computer Information Systems and Industrial Management Applications,* Band 3, pp. 635-645.

Lässig, R. et al., 2012. *Serienproduktion von hochfesten Faserverbundbauteilen.* München: Roland Berger.

Lee, M.-s.et al., 2009. The Effective Kinematic Calibration Method of Industrial Manipulators using IGPS. In: *ICCAS-SICE.* Fukuoka, Japan: IEEE, pp. 5059-5062.

Leica, 2016. *Leica ScanStation P30/P40,* Heerbrugg, Schweiz: Leica Geosystems AG.

Leitao, P., 2008. Self-organization in Manufacturing Systems: Challenges and Opportunities. *IEEE International Conference on Self-Adaptive and Self-Organizing Systems Workshops,* Band 2, pp. 174-179.

Light, T., Gorlach, I., Schönberg, A. & Schmitt, R., 2013. Application of a Camera for Measuring Robot Position Accuracy. In: D. Dimitrov & C. Schutte, Hrsg. *Proceedings International Conference on Competitive Manufacturing.* Stellenbosch, Südafrika: Stellenbosch University, pp. 247-252.

Linß, G., Zinner, C., Dornig, S. & Sommer, S., 2005. Prüfprozesse überprüft. *QZ,* 50(4), pp. 43-47.

Li, X. & Zhang, B., 2011. Toward general industrial robot cell calibration. In: *2011 IEEE 5th International Conference on Robotics, Automation and Mechatronics (RAM).* Qingdao, China: IEEE, pp. 137-142.

Lombardi, M. A., Nelson, L. M., Novick, A. N. & Zhang, V. S., 2001. Time and Frequency Measurements Using the Global Positioning System. *Cal Lab - The Int. Journ.of Metrology,* 8(3), pp. 26-33.

Loser, R., 2001. *Weiterentwicklung eines absoluten, hochpräzisen und trackingfähigen Distanzmessers für industrielle Anwendungen,* Zürich, Schweiz: ETH.

Ludwig, R., 2011. *Robotergestützte Qualitätsprüfung in der Automobilfertigung.* Aachen: Shaker.

Luhmann, T., 2010. *Erweiterte Verfahren zur geometrischen Kamerakalibrierung in der Nahbereichsphotogrammetrie.* München: Verlag der Bayerischen Akademie der Wissenschaften.

Luhmann, T., 2016. *Industriephotogrammetrie.* [Online]
Available at: https://www.qz-online.de/qualitaets-management/qm-basics/messen_pruefen/optische_3-d-messtechnik/artikel/industriephotogrammetrie-154169.html
[Zugriff am 16 5 2016].

Malajner, M., Planin, P. & Gleich, D., 2015. UWB Ranging Accuracy. In: P. Liatsis, A. Uus & S. Miah, Hrsg. *2015 International Conference on Systems, Signals and Image Processing (IWSSIP).* London, UK: IEEE, pp. 61-64.

Markley, F. L., Cheng, Y., Crassidis, J. L. & Oshman, Y., 2007. *Quaternion Averaging.* [Online]
Available at: http://hdl.handle.net/2060/20070017872
[Zugriff am 13 04 2016].

Maropoulos, P. G., 2003. Digital enterprise technology—defining perspectives and research priorities. *International Journal of Computer Integrated Manufacturing,* 16(7-8), pp. 467-478.

Maropoulos, P. G., Muelaner, J. E., Summers, M. D. & Martin, O., 2014. A new paradigm in large-scale assembly-research priorities in measurement assisted assembly. *International Journal of Advanced Manufacturing Technology,* 70(1-4), pp. 621-633.

Maropoulos, P. G. et al., 2006. Integration of measurement planning with aggregate product modelling for spacecraft design and assembly. *Proceedings of the Institution of Mechanical Engineers, Part B: Journal of Engineering Manufacture,* 220(10), pp. 1687-1695.

Massotte, P., 1995. Self-organization : A new approach to improve the reactivity of the production systems. *Emerging Technologies and Factory Automation,* Band 1, pp. 23-32.

Mautz, R., 2012. *Indoor Positioning Technologies.* Zürich, Schweiz: ETH.

McManamon, P. F. et al., 1996. Optical Phased Array Technology. *Proceedings of the IEEE,* 84(2), pp. 268-298.

Meffert, G., Mbarek, T. & Biyiklioglu, N., 2012. High Precision Positioning System for Aircraft. In: S. Gomes & M. Vaz, Hrsg. *Experimental Mechanics - New Trends and Perspectives.* Porto, Portugal: INEGI-Instituto de Engenharia Mecânica e Gestão Industrial, pp. 533-534.

Meier, C., Bartelt, R. & Massat, H.-J., 1984. *Robotersteuerung.* DE, Patentnr. 3244307A1.

Meijering, E., 2002. A Chronology of Interpolation: From Ancient Astronomy to Modern Signal and Image Processing. *Proceedings of the IEEE,* 90(3), pp. 319-342.

Meißner, A. et al., 2012. *Betriebsverfahren für ein Positioniersystem.* DE, Patentnr. 102011116437A1.

Metris, 2007a. *Laser Radar MV224/260 - Automated large volume inspection,* Leuven, Belgien: Metris HQ.

Metris, 2007. *iGPS Data Sheet v1.3,* Leuven, Belgien: Metris HQ.

Microsoft, 2016. *GetPrivateProfileString function.* [Online]
Available at: https://msdn.microsoft.com/de-de/library/ms724353.aspx
[Zugriff am 12 04 2016].

Millar, A. & Kihlman, H., 2009. Reconfigurable Flexible Tooling for Aerospace Wing Assembly. *SAE Technical Paper*, 10 11, 1(3243), pp. 10.4271/2009-01-3243.

Mills, D. L., 1991. Internet Time Synchronization: The Network Time Protocol. *IEEE Transactions on Communications,* 39(10), pp. 1482-1493.

Moreno, D. & Taubin, G., 2012. Simple, Accurate, and Robust Projector-Camera Calibration. In: *2012 Second International Conference on 3D Imaging, Modeling, Processing, Visualization & Transmission.* Zürich, Schweiz: IEEE, pp. 464-471.

Mosqueira, G. et al., 2012b. Analysis of the indoor GPS system as feedback for the robotic alignment of fuselages using laser radar measurements as comparison. *Robotics and Computer-Integrated Manufacturing,* 28(6), pp. 700-709.

Mosqueira, G., Yoshioka, L. R., Saotome, O. & Trabasso, L. G., 2012a. System requirements for the supervisory control of a fuselage alignment robotic cell. In: S. C. A. Alfaro, J. M. S. T. Mot & V. J. De Negri, Hrsg. *ABCM Symposium Series in Mechatronics - Vol. 5.* Rio de Janeiro, RJ, Brasilien: ABCM – Brazilian Society of Mechanical Sciences and Engineering, pp. 813-821.

Muelaner, J. E., Cai, B. & Maropoulos, P. G., 2010. Large Volume Metrology Instrument Selection and Measurability Analysis. *Advances in Intelligent and Soft Computing,* Band 66, pp. 1024-1041.

Muelaner, J. E. & Maropoulos, P. G., 2014. Large Volume Metrology Technologies for the Light Controlled Factory. *Procedia CIRP,* Band 25, pp. 169-176.

Muelaner, J. E., Martin, P. G. & Maropoulos, O. C., 2013. Achieving Low Cost and High Quality Aero Structure Assembly through Integrated Digital Metrology Systems. *Procedia CIRP,* Band 7, pp. 688-693.

Muelaner, J. E. et al., 2009. Study of the uncertainty of angle measurement for a rotary-laser automatic theodolite (R-LAT). *Proceedings of the Institution of Mechanical Engineers, Part B: Journal of Engineering Manufacture,* 223(3), pp. 217-229.

Muelaner, J. E. et al., 2012. Verification of the indoor GPS system, by comparison with calibrated coordinates and by angular reference. *Journal of Intelligent Manufacturing,* 23(6), pp. 2323-2331.

Müller, R., 1996. *Verbesserung des kinematischen und dynamischen Bewegungsverhaltens von Handhabungsgeräten mit geschlossenen kinematischen Teilketten - Parameteridentifikation, Bahnplanung und Bahnoptimierung, Verformungskompensation.* Aachen: trans-aix-press.

Mulsow, C., 2007. Ein photogrammetrisches Verfahren zur Kalibrierung eines Beamers. In: T. Luhmann & C. Müller, Hrsg. *Photogrammetrie - Laserscanning - Optische 3D-Messtechnik, Oldenburger 3D-Tage 2007.* Karlsruhe: Wichmann, pp. 58-67.

Muralikrishnan, B. et al., 2008. Performance Evaluation of Laser Trackers. In: R. Madhavan & E. R. Messina, Hrsg. *Performance Metrics for Intelligent Systems (PERMIS) Workshop.* Gaithersburg, MD, USA: National Institute of Standards and Technology, pp. 149-155.

Muralikrishnan, B. et al., 2009. ASME B89.4.19 Performance Evaluation Tests and Geometric Misalignments in Laser Trackers. *Journal of Research of the National Institute of Standards and Technology,* 114(1), pp. 21-35.

Muralikrishnan, B. et al., 2010. Choosing Test Positions for Laser Tracker Evaluation and future Standards development. *Journal of the CMSC,* 15 Julie, Band 6, pp. 12-19.

Naing, S., 2004. *Feature based design for jigless assembly.* Cranfield, Großbritannien: Cranfiedl University.

NDI, 2016. *Measure Scan Track,* Waterloo, Ontario, Kanady: Northern Digital Inc..

Neagoe, T. & Cristea, V., 2006. NTP versus PTP in Computer Networks Clock Synchronization. In: M. Lavoie, K. Al-Haddad & P. J. Lagacé, Hrsg. *IEEE International Symposium on Industrial Electronics.* Montreal, Kanada: IEEE, pp. 317-362.

Negroni, D. Y. & Trabasso, L. G., 2011. *Process for joining aircraft structural components.* US, Patentnr. 9102019B2.

Neukirch, C. & Dietrich, E., 2011. Messsystem und Messprozess sind zweierlei. *QZ,* 56(4), pp. 16-20.

Neumann, P., 2006. Communication in industrial automation—What is going on?. *Control Engineering Practice,* 15(11), pp. 1332-1347.

Nguyen, H.-N., Zhou, J. & Kang, H.-J., 2013. A New Full Pose Measurement Method for Robot Calibration. *Sensors,* Band 13, pp. 9132-9147.

Nikon, 2010. *Laser Radar MV330/350 - Automated large volume inspection,* Leuve, Belgien: Nikon Metrology.

Nikon, 2011. *SENER has giant heliostats for its Gemasolar thermal plant produced using Laser Radar,* Leuven, Belgien: Nikon Metrology.

Nikon, 2014a. *Innovating Automotive Inline Inspection using Laser Radars.* [Online]
Available at: https://youtu.be/F2yld4WIhgk
[Zugriff am 10 07 2016].

Nikon, 2014b. *Creating complex "spare" tooling using MV330 laser radar,* Leuven, Belgien: Nikon Metrology.

Nikon, 2016a. *NIkon Metrology - Laser Radar MV331/351 - Automated large volume inspection.* [Online]
Available at:
http://www.nikonmetrology.com/de_EU/content/download/10705/180162/version/12/file/Laser_Radar_MV331_EN_0216+WEB.pdf
[Zugriff am 15 5 2016].

Nikon, 2016b. *Laser Radar, KMG der nächsten Generation für die Fertigung,* Leuven, Belgien: Nikon Metrology.

Nikon, 2016. *K-Series Optical CMM solutions,* Leuven, Belgien: Nikon Metrology NV.

Nikon, 2016. *Laser Radar - KMG der nächsten Generation für die Fertigung,* Leuven, Belgien: Nikon Metrology.

NMS, 2015. *NMS Online Absolute ScanCell.* [Online]
Available at: http://www.de.nms-int.com/riesenia/nms-online-absolute-scancell/
[Zugriff am 08 Februar 2016].

Nofen, D., 2006. *Regelkreisbasierte Wandlungsprozesse der modularen Fabrik.* Garbsen: PZH.

Norman, A., Schönberg, A., Gorlach, I. & Schmitt, R., 2010. Cooperation of Industrial Robots with Indoor-GPS. In: *Proceedings of the International Conference on Competitive Manufacturing - COMA '10.* Stellenbosch, Südafrika: Stellenbosch University, pp. 215-224.

Norman, A., Schönberg, A., Gorlach, I. & Schmitt, R., 2012. Validation of iGPS as an external measurement system for cooperative robot positioning. *The International Journal of Advanced Manufacturing Technology*, 6 April, p. Online First.

Novick, A. N. & Lombardi, M. A., 2015. *Practical Limitations of NTP Time Transfer.* [Online]
Available at: http://tf.nist.gov/general/pdf/2776.pdf
[Zugriff am 2 1 2016].

NRK, 2014. *NRK Introduces SA Robot Calibration Appliance.* [Online]
Available at: http://www.kinematics.com/about/nrk-introduces-sa-robot-calibration-appliance.php
[Zugriff am 21 06 2016].

Nyhuis, P., Reinhart, G. & Abele, E., 2008. *Wandlungsfähige Produktionssysteme: Heute die Industrie von morgen gestalten.* 1. Hrsg. Garbsen: TEWISS.

Oberhansberg, F., 2015. *Masterarbeit: Untersuchung der dynamischen Laufeigenschaften einer Fahrerkabine in der Fließmontage zum Automatisieren der Montage in Bewegung.* Aachen: Lehrstuhl für Fertigungsmesstechnik und Qualitätsmanagement.

OpenCV, 2016. *Feature Detection.* [Online]
Available at: http://docs.opencv.org/2.4/modules/imgproc/doc/feature_detection.html
[Zugriff am 24 5 2016].

Ott, C., Albu-Schaffer, A., Kugi, A. & Hirzinger, G., 2008. On the Passivity-Based Impedance Control of Flexible Joint Robots. *IEEE transactions on robotics and automation,* 24(2), pp. 416-429.

Parker, D. H., 2005. Multidirectional retroreflector assembly with a common virtual reflection point using four-mirror retroreflectors. *Precision Engineering,* 29(3), pp. 361-366.

Parker, R. P. & Wirth, A., 1999. Manufacturing flexibility: Measures and relationships. *European Journal of Operational Research,* Band 118, pp. 429-449.

Park, F. C. & Martin, B. J., 1994. Robot Sensor Calibration: Solving AX = XB on the Euclidean Group. *IEEE transactions on robotics and automation,* 10(5), pp. 717-721.

Pásztor, A. & Veitch, D., 2002. PC based precision timing without GPS. In: R. Muntz, M. Martonosi & E. de Souza e Silva, Hrsg. *Proceedings of the 2002 ACM SIGMETRICS international conference on Measurement and modeling of computer systems.* New York, USA: ACM, pp. 1-10.

Peggs, G. N. et al., 2009. Recent developments in large-scale dimensional metrology. *Journal of Engineering Manufacture,* 223(6), pp. 571-595.

Peirce, C. S., 1878. Illustrations of the Logic of Science - Sixth Paper - Deduction, Induction, and Hypothesis. In: E. L. Youmans & W. J. Youmans, Hrsg. *The Popular Science Monthly.* New York, USA: D. Appleton and Comany, pp. 470-482.

Perry, D. A., 1995. Self-organizing systems across scales. *Trends in Ecology & Evolution,* 10(6), pp. 241-244.

Pfeifer, T. & Schmitt, R., 2010. *Fertigungsmesstechnik.* 3. Auflage Hrsg. München: Oldenburg Wissenschaftsverlag.

Phillips, A. & Davis, M., 2009. *RFC 5646: Tags for Identifying Languages.* [Online] Available at: https://tools.ietf.org/rfc/rfc5646.txt
[Zugriff am 12 04 2016].

Plutynski, A., 2011. Four Problems of abduction: a brief history. *The Journal of the International Society for the History of Philosophy of Science,* 1(Fall), pp. 1-23.

PMDTec, 2012. *PMD PhotonICs® 19k-S3,* Siegen: PMD Technologies.

PNO, 2010. *PROFIBUS Systembeschreibung – Technologie und Anwendung,* Karlsruhe: PROFIBUS Nutzerorganisation e.V. (PNO).

PNO, 2011. *PROFINET Systembeschreibung – Technologie und Anwendung,* Karlsruhe: PROFIBUS Nutzerorganisation e.V. PNO.

Pollinger, F. et al., 2012. Effective humidity in length measurements: comparison of three approaches. *Measurement Science and Technology,* 23(2), p. 025503.

Ponce-Cruz, P. & Ramírez-Figueroa, F. D., 2010. *Intelligent Control Systems with LabVIEW.* London: Springer.

Popper, K., 1935. *Logik der Forschung.* Schriften zur wissenschaftlichen Weltauffassung: Band 9 Hrsg. Wien: Springer.

Prabhu, V. A., Song, B., Thrower, J. & Tiwari, A., 2015. Digitisation of a moving assembly operation using multiple depth imaging sensors. *The International Journal of Advanced Manufacturing Technology*, 9 Oktober, pp. 1-22.

Prabhu, V. A. et al., 2014. Dynamic alignment control using depth imagery for automated wheel assembly. *Procedia CIRP,* Band 25, pp. 161-168.

Pradeep, V., Konolige, K. & Berger, E., 2014. Calibrating a multi-arm multi-sensor robot: A bundle adjustment approach. In: O. Khatib, V. Kumar & G. Sukhatme, Hrsg. *Experimental Robotics.* Berlin Heidelberg: Springer, pp. 211-225.

Premium Aerotec, 2012. Roboter statt Handarbeit. *ON*, pp. 18-19.

Produktion, 2012. *Die 4. industrielle Revolution kommt in Schwung.* [Online] Available at: http://www.produktion.de/special/industrie-4-0/die-4-industrielle-revolution-

kommt-in-schwung/
[Zugriff am 2 Januar 2013].

Psillos, S., 2011. An explorer upon untrodden ground: Peirce on abduction. In: D. M. Gabbay, J. Woods & S. Hartmann, Hrsg. *Handbook of the History of Logic. Volume 10: Inductive Logic.* Oxford, Grioßbrittannien: Elsevier, pp. 117-151.

PTB, 2016. *Koordinierte Weltzeitskala UTC.* [Online]
Available at: https://www.ptb.de/cms/ptb/fachabteilungen/abt4/fb-44/ag-441/darstellung-der-gesetzlichen-zeit/koordinierte-weltzeitskala-utc.html
[Zugriff am 02 01 2016].

PTKA, 2011. *Wandlungsfähige Produktionssysteme.* [Online]
Available at:
http://www.produktionsforschung.de/themenfelder/UCM01_000769?TF_ID=115
[Zugriff am 2 Januar 2013].

Puttock, M., 1978. Large-Scale Metrology. *Annals of CIRP,* 27(1), pp. 351-356.

Puzik, A., 2011. *Genauigkeitssteigerung bei der spanenden Bearbeitung mit Industrierobotern durch Fehlerkompensation mit 3D-Piezo-Ausgleichsaktorik.* Heimsheim: Jost Jetter Verlag.

Quinn, T. & Kovalevski, J., 2005. The development of modern metrology and its role today. *Philosophical Transactions of the Royal Society,* Band 363, pp. 2307-2327.

Radkhah, K., Hemker, T. & Stryk, O. V., 2010. Self-calibration for industrial robots with rotational joints. *International Journal of Mechatronics and Manufacturing Systems,* 3(3-4), pp. 187-209.

Radkhah, K., Hemker, T. & von Stryk, O., 2008. A novel self-calibration method for industrial robots incorporating geometric and nongeometric effects. In: *IEEE International Conference on Mechatronics and Automation.* Takamatsu, Japan: IEEE, pp. 964-869.

Ramirez, J. & Wollnack, J., 2014. Flexible automated assembly systems for large CFRP-structures. *Procedia Technology,* Band 15, pp. 447-455.

Ramirez, J. & Wollnack, J., 2014. Flexible Automated Assembly Systems for Large CFRP-structures. *Procedia Technology,* Band 15, pp. 447-455.

Rawiel, G., Wiest, U., Verl, A. & Pieters, S., 1999. *Verfahren zum Erfassen und Kompensieren von kinematischen Veränderungen eines Roboters.* EP, Patentnr. 0963816A2.

Rehbein, A., 2015. *Masterarbeit: Dynamic Pose-Correcting Control for Industrial R6 Robots Using External End Effector Measurements.* Maastricht: Maastricht University, Knowledge Engineering.

Reinhart, G. et al., 2007. Robotergestützte kognitive Montagesysteme. *wt Werkstattstechnik online,* 97(9), pp. 689-693.

Reis, 2005. *XML-Kommunikation,* Obernburg: Reis Robotics.

Reis, 2008. *Sensorfunktion,* Obernburg: Reis Robotics.

Richter, A., 2015. *Master Thesis: Automated manufacture of bulk containers as-sisted of robotic manipulators and large volume metrology systems.* Aachen: Lehrstuhl für Fertigungsmesstechnik und Qualitätsmanagement.

Richter, A., Fechter, M. & Ahmann, M., 2012. *Projektarbeit: Regelung kooperierender Roboterbewegungen in einem globalen Referenzsystem.* Aachen: Lehrstuhl für Fertigungsmesstechnik und Qualitätsmanagement.

Riedel, M., Nefzi, M. & Corves, B., 2010. Grasp planning for a reconfigurable parallel robot with an underactuated arm structure. *Mechanical Sciences,* Band 1, pp. 33-42.

Ringbeck, T. & Hagebeuker, B., 2007. *A 3D time of flight camera of object detection,* Zürich: Optical 3-D Measurement Techniques.

Rohling, C., 2015. *Use of Laser Radar in Automotive Inspection.* [Online]
Available at: https://www.cmsc.org/contentmgr/showdetails.php/id/14195
[Zugriff am 08 Februar 2016].

Roland Berger, 2015. *Aerostructure equipment market,* München: s.n.

Roth, Z. S., Mooring, B. W. & Ravani, B., 1987. An Overview of Robot Calibration. *IEEE Journal of robotics and automation,* 3(5), pp. 377-385.

Saadat, M. & Cretin, C., 2002. Dimensional variations during Airbus wing assembly. *Assembly Automation,* 22(3), pp. 270-276.

Santos, K. M. & Trabasso, L. G., 2012. A cooperative robotic system applied to the riveting process. In: S. C. A. Alfaro, J. M. S. T. Motta & V. J. De Nigri, Hrsg. *ABCM Symposium Series in Mechatronics - Vol. 5.* Rio de Janeiro, Brasilien: ABCM, pp. 1185-1193.

Sayler, S., 2011. *Universelle Manipulationsstrategien für die industrielle Montage.* Karlsruhe: KIT Scientific Publishing.

Schaafhausen, W., Motzkau, G. & Wehn, M., 2013. *Positionsgenau variable Stringerpositionierung.* EP, Patentnr. 2596904A1.

Schallnus, R., 2005. *Mitarbeiterqualifizierung und Wissensnutzung in Konzernen und Unternehmungsnetzwerken.* [Online]
Available at: http://www.diss.fu-berlin.de/diss/receive/FUDISS_thesis_000000002158
[Zugriff am 21 12 2015].

Scharr, H., 2007. Optimal Filters for Extended Optical Flow. In: B. Jähne, R. Mester, E. Barth & H. Scharr, Hrsg. *Complex Motion. First International Workshop, IWCM 2004, Günzburg, Germany, October 12-14, 2004, Revised Papers.* Berlin: Springer, pp. 14-30.

Scheimpflug, T., 1904. *Improved Method and Apparatus for the Systematic Alteration or Distortion of Plane Pictures and Images by Means of Lenses and Mirrors for Photography and for other purposes.* Österreich, Patentnr. 1196.

Schimmels, J. M., 2001a. Multidirectional compliance and constraint for improved robotic deburring. Part 1: improved positioning. *Robotics and Computer Integrated Manufacturing,* Band 17, pp. 277-286.

Schimmels, J. M., 2001b. Multidirectional compliance and constraint for improved robotic deburring.Part 2: improved bracing. *Robotics and Computer Integrated Manufacturing,* Band 17, pp. 287-294.

Schlemmer, M., Steinmetz, M., Schedl, M. & Finsterwalter, R., 1999. *Verfahren zur automatischen Kollisionsvermeidung eines Manipulators in einem durch Hindernisse beschränkten Arbeitsraum.* DE, Patentnr. 19810341A1.

Schlickenrieder, K. P., 2007. *Methodik zur Prozessoptimierung beim automatisierten elastischen Kleben großflächiger Bauteile.* München: Lehrstuhl für Werkzeugmaschinen und Fertigungstechnik der Technischen Universität München.

Schmitt, R. et al., 2014b. Präzisionsfertigung und -montage von Großbauteilen. In: C. Brecher, F. Klocke, R. Schmitt & G. Schuh, Hrsg. *Integrative Produktion - Industrie 4.0 Aachener Perspektiven.* Aachen: Shaker, p. 403.

Schmitt, R. et al., 2011b. Selbstoptimierende Produktionssysteme. In: C. Brecher, Hrsg. *Integrative Produktionstechnik für Hochlohnländer.* Berlin: Springer, pp. 747-1057.

Schmitt, R. et al., 2012c. In: C. Brecher, Hrsg. *Integrative Production Technology for High-Wage Countries.* Berlin Heidelberg: Springer.

Schmitt, R. & Damm, B., 2008. Prüfen und Messen im Takt. *QZ,* 53(9), pp. 57-59.

Schmitt, R., Janssen, M. & Bertelsmeier, F., 2014c. Self-Optimizing Compensation of Large Component Deformations. In: *Metrology for Aerospace.* Benevento: IEEE, pp. 89-94.

Schmitt, R., Jatzkowski, P., Janssen, M. & Bertelsmeier, F., 2013a. Self-Optimization in Large Scale Assembly. *Procedia Engineering,* Band 63, pp. 843-851.

Schmitt, R., Jatzkowski, P. & Schönberg, A., 2012a. Navigation as a Key for Self-Optimizing Assembly Processes. In: S. Trzcielinski & W. Karwowski, Hrsg. *Advances in Ergonomics in Manufacturing.* Boca Raton, USA: CRC Press, pp. 282-291.

Schmitt, R., Jatzkowski, P., Schönberg, A. & Lamers, C., 2012b. Optische Erfassung dreidimensionaler Strukturen in einem globalen Referenzsystem. In: R. Schmitt, Hrsg. *XXVI. Messtechnisches Symposium des Arbeitskreises der Hochschullehrer für Messtechnik e.V..* Aachen: Shaker, pp. 69-78.

Schmitt, R. et al., 2010b. Performance evaluation of iGPS for industrial applications. In: *International Conference on Indoor Positioning and Indoor Navigation (IPIN).* s.l.:s.n., pp. 1-8.

Schmitt, R., Peterek, M. & Quinders, S., 2014e. Concept of a Virtual Metrology Frame Based on Absolute Interferometry for Multi Robotic Assembly. In: S. Ratchev, Hrsg. *Precision Assembly Technologies and Systems.* Berlin: Springer, pp. 79-84.

Schmitt, R. & Pfeifer, T., 2010. *Qualitätsmanagement: Strategien, Methoden, Techniken.* 4. Hrsg. München: Carl Hanser Verlag.

Schmitt, R., Schönberg, A. & Bertelsmeier, F., 2013b. Optische Erfassung dreidimensionaler Strukturen in einem globalen Referenzsystem. *tm - Technisches Messen,* 80(4), pp. 129-134.

Schmitt, R., Schönberg, A. & Damm, B., 2010a. Indoor-GPS based robots as a key technology for versatile production. In: *Proceedings for the joint conference of ISR 2010.* Berlin: VDE, pp. 199-205.

Schmitt, R., Schönberg, A., Lamers, C. & Demeester, F., 2011a. Global referencing systems and their contribution to a versatile production. In: *Proceedings of the 2011 International Conference on Indoor Positioning and Indoor Navigation (IPIN).* Guimaraes: Departamento de Sistemas de Informação, Universidade do Minho, p. Online.

Schmitt, R. et al., 2014d. Systemintegration am Beispiel des Demonstrators. In: A. Kampker, P. Burggräff & A. Maue, Hrsg. *ProAktiW - Produktionssysteme aktiv wandeln.* Aachen: Apprimus, pp. 140-157.

Schmitt, R., Witte, A., Janssen, M. & Bertelsmeier, F., 2014a. Metrology assisted assembly of airplane structure elements. *Procedia CIRP,* Band 23, pp. 116-121.

Schneider, C.-T., 2012. *Industrial Photogrammetry,* Hannover: AICON3d.

Schönberg, A. & Wehn, M., 2014. *Vortrag: Absolute positioning of robots for integrating stringers on a CFRP-shell,* North Charleston, South Carolina, USA: Coordinate Metrology Society.

Schönberg, A. & Wehn, M., 2015a. *Vortrag: Industrial automated Lasertracker application,* Hollywood, Florida, USA: Coordinate Metrology Society.

Schönberg, A. & Wehn, M., 2015b. *Industrial automated Lasertracker application,* Manchester, Großbrittannien: European Portable Metrology Conference.

Schönberg, A. & Wehn, M., 2016. Industrial Automated Laser Tracker Application. *The Journal of the CMSC,* 9(1), pp. 8-15.

Schuh, G. et al., 2014. Collaboration Mechanisms to Increase Productivity in the Context of Industrie 4.0. *Procedia CIRP,* 19(2nd CIRP Robust Manufacturing Conference), pp. 51-56.

Schulze, R., 2012. Renaissance des Produktionsstandortes Deutschland. *VDI Nachrichten*, 21 12, Issue 51/52.

Schuon, S., Theobalt, C., Davis, J. & Thrun, S., 2009. LidarBoost: Depth superresolution for ToF 3D shape scanning. In: *IEEE Conference on Computer Vision and Pattern Recognition.* Miami, FL, USA: IEEE, pp. 343-350.

Schürmann, B., Dornseifer, T., Mihatsch, O. & Miesbach, S., 1993. *Modellbasierte neuronale Bahnführung eines Industrieroboters.* DE, Patentnr. 4311290A1.

Schurz, G., 1995. Die Bedeutung des abduktiven Schließens in Erkenntnis- und Wissenschaftstheorie. In: A. Schramm, Hrsg. *Philosophie in Österreich 1996.* Wien, Österreich: Hölder-Pichler-Tempsky, pp. 91-109.

Schwarte, R., 1996. *Verfahren und Vorrichtung zur Bestimmung der Phasen- und/oder Amplitudeninformation einer elektromagnetischen Welle.* DE, Patentnr. 19704496 C2.

Schwendemann, J. & Müller, T., 2011. *Untersuchungen zur automatisierten Triangulation und zum Systemverhalten des Messsystems iGPS.* Karlsruhe: Hochschule Karlsruhe - Technik und Wirtschaft, Fakuktät Geomatik.

Schwendemann, J., Müller, T. & Krautschneider, R., 2010. Indoor navigation of machines and measuring devices with iGPS. In: *2010 International Conference onIndoor Positioning and Indoor Navigation (IPIN).* Zürich, Schweiz: IEEE, pp. 1-8.

Schwenke, H., Franke, M., Hannaford, J. & Kunzmann, H., 2005. Error mapping of CMMs and machine tools by a single tracking interferometer. *CIRP Annals - Manufacturing Technology,* 54(1), pp. 475-478.

Schwenke, H. et al., 2008. Geometric error measurement and compensation of machines - An update. *CIRP Annals - Manufacturing Technology,* Band 57, pp. 660-675.

Schwenke, H., Neuschaefer-Rube, U., Pfeifer, T. & Kunzmann, H., 2002. Optical Methods for Dimensional Metrology in Production Engineering. *CIRP Annals - Manufacturing Technology,* 51(2), pp. 685-699.

Sciavicco, L. & Siciliano, B., 2000. *Modelling and Control of Robot Manipulators.* 2 Hrsg. London, Großbritannien: Springer.

Sebastian, R. L., Clark, R. B., Simonson, D. L. & Slotwinski, A. R., 1994. Fiber optic coherent laser radar 3D vision system. In: D. J. Svetkoff, Hrsg. *Proc. SPIE 2348, Imaging and Illumination for Metrology and Inspection.* Boston, MA, USA: SPIE, p. doi:10.1117/12.198849.

Settele, N., Lehmann, M., Kokott, H.-C. & Rawiel, G., 1997. *Verfahren und Vorrichtung zum Vermessen und Kalibrieren eines mehrachsigen Manipulators.* DE, Patentnr. 19616276A1.

Shalizi, C. R., 2001. *Causal Architecture, Complexity and Self-Organization in Time Series and Cellular Automata,* Madison, USA: The University of Wisconsin.

Shalizi, C. R., Shalizi, K. L. & Haslinger, R., 2004. Quantifying Self-Organization with Optimal Predictors. *Physical Review Letters,* 93(118701), pp. 1-4.

Shen, T.-S. & Menq, C.-H., 2002. Digital Projector Calibration for 3-D Active Vision Systems. *Journal of Manufacturing Science and Engineering,* 124(1), pp. 126-134.

Shi, Y., Zhang, J. & Zhang, Z., 2016. Experimental analysis of beam pointing system based on liquid crystal optical phase array. *Photonic Sensors,* pp. doi:10.1007/s13320-016-0348-2.

Siebeck, J., 2003. *Concepts for the Representation, Storage, and Retrieval of Spatio-Temporal Objects in 3D/4D Geo-Information-Systems,* Bonn: Rheinischen Friedrich-Wilhelms-Universität Bonn.

Simonetto, M. L. & Trabasso, L. G., 2014. *Automated Positioning and Alignment Method for Aircraft Structures using Robots.* US, Patentnr. 8634950B2.

Sinnerbrink, R., 2008. Effizienzsteigerung in der Logistik. *Inspect,* 9(4), pp. 44-46.

Slabaugh, G., Schafer, J. & Livingston, M., 2001. *Optimal Ray Intersection For Computing 3D Points From N-View Correspondences.* [Online]
Available at: http://www.staff.city.ac.uk/~sbbh653/publications/opray.pdf
[Zugriff am 15 12 2015].

Sładek, J. et al., 2013. Virtual Coordinate Measuring Machine Built Using Lasertracer System and Spherical Standard. *Metrology and Measurement Systems,* 20(1), pp. 77-86.

Slotwinski, A., 2006. *Compact fiber optic geometry for a counter-chirp FMCW coherent laser radar.* US, Patentnr. 7139446B2.

Slotwinski, T. & Blanckaert, P., 2007. Frequency Modulated Coherent Laser Radar Technology. In: *Proceedings of the OPTIMESS2007 Workshop.* Leuven, Belgien: OPTIMESS Scientific Research Network, pp. 386-391.

Smith, B. E., 1910. *The Century Dictionary.* New York, USA: The Century Co..

Smith, D. G., Slotwinski, A. & Hedges, T., 2015. Simulation of laser radar tooling ball measurements: focus dependence. In: D. G. Smith, F. Wyrowski & A. Erdmann, Hrsg. *Proc. SPIE 9630, Optical Systems Design 2015: Computational Optics.* Jena: SPIE, p. doi:10.1117/12.2191766.

Som, F., Michl, M. & Ziegler, C., 2007. Verkürzte Programmier- und Montagezeiten für kooperierende Industrieroboter. *ZWF,* 102(10), pp. 686-689.

Sontag, E., 1998. *Mathematical Control Theory. Deterministic Finite-Dimensional Systems.* 2 Hrsg. New York, NY, USA: Springer.

Spath, D. et al., 2013. *Produktionsarbeit der Zukunft - Industrie 4.0.* Stuttgart: Fraunhofer Verlag.

Spath, D., Hirsch-Kreinsen, H. & Kinkel, S., 2008. *Organisatorische Wandlungsfähigkeit produzierender Unternehmen.* Stuttgart: Fraunhofer Verlag.

Spiller, A., 2014. *Unterstützung der Werkstückhandhabung kooperierender Industrieroboter durch Kraftregelung.* Stuttgart: Fraunhofer.

Spong, M. W., Hutchinson, S. & Vidyasagar, M., 2005. *Robot Modeling and Control.* Hoboken, New Jersey, USA: John Wiley & Sons.

Spong, M. W., Hutchinson, S. & Vidyasagar, M., 2006. *Robot Modeling and Control.* Hoboken, NJ, USA: Wiley.

Stewenius, H., Engels, C. & Nistér, D., 2006. Recent developments on direct relative orientation. *ISPRS Journal of Photogrammetry and Remote Sensing,* 60(4), pp. 284-294.

Storm, C., Schönberg, A. & Schmitt, R., 2017. Model Predictive Control Approach for assembling Large Components in Motion. *Production Engineering,* pp. doi:10.1007/s11740-017-0717-8.

Summers, A., Wang, Q., Brady, N. & Holden, R., 2016. Investigating the measurement of offshore wind turbine blades using coherent laser radar. *Robotics and Computer-Integrated Manufacturing,* Band 41, pp. 43-52.

Surphaser, 2016a. *Surphaser® 105HSX.* [Online]
Available at: http://www.surphaser.com/pdf/Surphaser%2075.pdf
[Zugriff am 15 5 2016].

Surphaser, 2016b. *Ultra Short Range Surphaser® 75USR.* [Online]
Available at: http://www.surphaser.com/pdf/50HS_ER_100HSX%20Brochure.pdf
[Zugriff am 15 5 2016].

Swain, A. K. & Morris, A. S., 2004. Dynamic control of multi-arm co-operating manipulator systems. *Robotica,* Band 22, pp. 271-283.

Swyt, D. A., 2001. Length and Dimensional Measurements at NIST. *Journal of Research of the National Institute of Standards and Technology,* 106(1), pp. 1-23.

Szeliski, R., 2011. *Computer Vision - Algorithms and Applications.* Londin: Springer.

Talbot, J., Wanga, Q., Brady, N. & Holden, R., 2016. Offshore wind turbine blades measurement using Coherent Laser Radar. *Measurement,* Band 79, pp. 53-65.

Terada, T., 1996. *Robot teaching program correction method.* US, Patentnr. 5572103.

Teutsch, C., 2007. *Model-based analysis and evaluation of point sets from optical 3D laser scanners.* Aachen: Shaker.

TI, 2002. *Interface Circuits for TIA/EIA-232-F,* Dallas, TX, USA: Texas Instruments.

Tilch, S. & Mautz, R., 2010a. Current investigations at the ETH Zurich in optical indoor positioning. In: *7th Workshop on Positioning Navigation and Communication (WPNC).* Dresden: IEEE, pp. 174-178.

Tilch, S. & Mautz, R., 2010b. Development of a new laser-based, optical indoor positioning system. *International Archives of the Photogrammetry, Remote Sensing and Spatial Information Sciences Commission,* Band 1501, pp. 575-580.

Tilch, S. & Mautz, R., 2013. CLIPS – a camera and laser-based indoor positioning system. *Journal of Location Based Services ,* 7(1), pp. 3-22.

Tinos, R., Terra, M. H. & Bergermann, M., 2007. A fault tolerance framework for cooperative robotic manipulators. *Control Engineering Practice,* Band 15, pp. 615-625.

Traa, J., 2013. *Least-Squares Intersection of Lines.* [Online]
Available at: http://cal.cs.illinois.edu/~johannes/research/LS_line_intersect.pdf
[Zugriff am 15 12 2015].

Triggs, B., McLauchlan, P., Hartley, R. & Fitzgibbon, A., 2002. Bundle Adjustment - A Modern Synthesis. In: B. Triggs, A. Zissermann & R. Szeliski, Hrsg. *Vision Algorithms: Theory and Practice.* Berlin Heidelberg: Springer, pp. 298-372.

Tüchler, M., Schwarz, V. & Huber, A., 2005. Accuracy of an UWB localization system based on a CMOS chip. In: K. Kyamalcya, K. Jobmann & H. Kuchenbecker, Hrsg. *Joint 2nd Workshop on Positioning, Navigation and Communication 2005 (WPNC '05) and 1st Ultra-wideband Expert Talk 2005 (UET '05).* Hannover: Shaker, pp. 211-220.

TZN, 2012. *Technologiezentrum Nordenham,* Nordenham: Böning.

Ulrich, T., 2013. Uncertainty estimation and multi sensor fusion for kinematic laser tracker measurements. *Metrologia,* Band 50, pp. 307-317.

USACE, 2011. *US Army Corps of Engineers: Engineering and Design: Navstar Global Positioning System Surveying.* [Online]
Available at: http://publications.usace.army.mil/publications/eng-manuals/EM_1110-1-1003_pfl/
[Zugriff am 3 Januar 2013].

USAF, 2013. *U.S. Air Force: 2nd Space Operations Squadron.* [Online]
Available at: http://www.schriever.af.mil/About-Us/Fact-Sheets/Display/Article/275806/2nd-space-operations-squadron
[Zugriff am 16 5 2016].

USB, 2013. *Universal Serial Bus 3.1 Specification.* [Online]
Available at: http://www.usb.org/developers/docs/usb_31_073113.zip
[Zugriff am 14 Januar 2014].

USCG, 1996. *U.S. Coast Guard Navigation Center: Navstar GPS user equipment introduction.* [Online]
Available at: http://www.navcen.uscg.gov/pubs/gps/gpsuser/gpsuser.pdf
[Zugriff am 3 Januar 2013].

VDI/GMA FA 7.21, 2015. *VDI GMA Fachausschuss 7.21 »Industrie 4.0«: Begriffsdefinitionen rund um Industrie 4.0.* [Online]
Available at:
https://www.iosb.fraunhofer.de/servlet/is/48960/Begriffsdefinitionen_VDI_GMA_FA7-21_v4.pdf?command=downloadContent&filename=Begriffsdefinitionen_VDI_GMA_FA7-21_v4.pdf
[Zugriff am 29 04 2017].

VDI/VDE, 2002a. *VDI/VDE 2634-1: Optische 3D-Messsysteme - Bildgebende Systeme mit punktförmiger Antastung,* Berlin: Beuth.

VDI/VDE, 2002b. *VDI/VDE 2634-2: Optische 3-D-Messsysteme - Bildgebende Systeme mit flächenhafter Antastung,* Berlin: Beuth.

VDI/VDE, 2008. *VDI/VDE 2634-3: Optische 3-D-Messsysteme - Bildgebende Systeme mit flächenhafter Antastung in mehreren Einzelansichten,* Berlin: Beuth.

VDI, 2002. *VDI 3423: Verfügbarkeit von Maschinen und Anlagen,* Berlin: Beuth.

VDI, 2006. *Richtlinie VDI 2014-3: Entwicklung von Bauteilen aus Faser Kunststoff-Verbund - Berechnungen.* s.l.:s.n.

VDI, 2011. *VDI/VDE 2617 Blatt 10 - Genauigkeit von Koordinatenmessgeräten - Kenngrößen und deren Prüfung - Annahme- und Bestätigungsprüfung von Lasertrackern,* Düsseldorf: VDI/VDE-Gesellschaft Mess- und Automatisierungstechnik (GMA).

VDI, 2012. *VDI/VDE 2617 Blatt 10.1: Genauigkeit von Koordinatenmessgeräten - Kenngrößen und deren Prüfung - Lasertracker mit Multisensorik,* Düsseldorf: VDI/VDE-Gesellschaft Mess- und Automatisierungstechnik (GMA).

Veryha, Y. & Kurek, J., 2003. Application of Joint Error Mutual Compensation for Robot End-effector Pose Accuracy Improvement. *Journal of Intelligent and Robotic Systems,* Band 36, pp. 615-629.

Villani, E. et al., 2010. Avaliação metrológica de um robô industrial para montagem estrutural de aeronaves. *Revista Controle & Automação,* 21(11/12), pp. 634-646.

VIRTEK, 2014. *Iris Spatial Positioning System Brochure.* [Online]
Available at: http://www.gerbertechnology.com/PDF/Iris_Brochure_G.pdf
[Zugriff am 18 5 2016].

von Albrichsfeld, C. & Tolle, H., 2002. A self-adjusting active compliance controller for multiple robots handling an object. *Control Engineering Practice,* 10(2), pp. 165-173.

von Foerster, H., 2003. On Self-Organizing Systems and Their Environments. In: H. von Foerster, Hrsg. *Understanding understanding: essays on cybernetics and cognition.* New York, USA: Springer, pp. 1-21.

W3C, 2015. *Extensible Markup Language (XML).* [Online]
Available at: http://www.w3.org/XML/
[Zugriff am 23 12 2015].

Wagner, D. & Schmalstieg, D., 2007. ARToolKitPlus for Pose Tracking on Mobile Devices. In: *Computer Vision Winter Workshop. St. Lambrecht, Österreich, 6.-8. Februar 2007.* Graz: Technische Universität Graz.

Wang, Z., Mastrogiacomo, L., Franceschini, F. & Maropoulos, P., 2011. Experimental comparison of dynamic tracking performance of iGPS and laser tracker. *The International Journal of Advanced Manufacturing Technology,* 56(1), pp. 205-213.

Weckenmann, A., 2012. *Koordinatenmesstechnik.* 2. Hrsg. München: Carl Hanser.

Weckenmann, A. et al., 2009. Multisensor data fusion in dimensional metrology. *CIRP Annals - Manufacturing Technology,* Band 58, pp. 701-721.

Weisstein, E. W., 2002. *Plane-Plane Intersection --from Wolfram MathWorld.* [Online]
Available at: http://mathworld.wolfram.com/Plane-PlaneIntersection.html
[Accessed 15 5 2016].

Welch, G. & Bishop, G., 2006. *TR 95-041: An Introduction to the Kalman Filter,* Chapel Hill, NC, USA: University of North Carolina.

Wendt, K., Franke, M. & Härtig, F., 2012. Measuring large 3D structures using four portable tracking laser interferometers. *Measurement,* Dezember, 45(10), pp. 2339-2345.

Weng, J., Cohen, P. & Herniou, M., 1992. Camera Calibration with Distortion Models and Accuracy Evaluation. *IEEE transactions on pattern analysis and machine intelligence,* 14(10), pp. 965-980.

Werner, J., 2009. *Methode zur roboterbasierten förderbandsynchronen Fließmontage am Beispiel der Automobilindustrie.* München: Herbert Utz Verlag.

Whitehead, A. N., 1919. *The Concept of Nature.* EBook #18835 Hrsg. Cambridge: Project Gutenberg.

Whitehead, R., 2011. *2D polynomial fitting with SVD.* [Online]
Available at: https://de.mathworks.com/matlabcentral/fileexchange/31636-2d-polynomial-fitting-with-svd/content/fit2dPolySVD.m
[Zugriff am 30 09 2016].

Whitney, D. E., 2004. *Mechanical Assemblies.* New York, USA: Oxford University Press.

Wiendahl, H.-P., 2002. Wandlungsfähigkeit. *wt Werkstattstechnik online,* 92(4), pp. 122-127.

Wiendahl, H.-P., ElMaraghy, H., Nyhuis, P. & Zäh, M., 2007. Changeable Manufacturing - Classification, Design and Operation. *Annals of the CIRP,* 56(2), pp. 783-809.

Wiest, U., 2001. *Kinematische Kalibrierung von Industrierobotern.* Karlsruhe: Universität Karlsruhe.

Wimböck, T., Ott, C. & Hirzinger, G., 2007. Impedance Behaviors for Two-handed Manipulation: Design and Experiments. In: *Proceedings 2007 IEEE International Conference on Robotics and Automation .* Rom, Italien: IEEE, pp. 4182-4189.

Winkler, A., 2006. *Ein Beitrag zur kraftbasierten Mensch-Roboter-Interaktion.* Chemnitz: TU Chemnitz.

Wiora, G., 2001. *Optische 3D-Messtechnik: Präzise Gestaltvermessung mit einem erweiterten Streifenprojektionsverfahren.* Heidelberg: Universität Heidelberg.

Wolff, F., 2010. *Konsistenzbasierte Fehlerdiagnose nichtlinearer Systeme mittels Zustandsmengenbeobachtung.* Karlsruhe: Karlsruher Institut für Technologie (KIT).

Wollnack, J., 2009. 3D/6D-Visionsysteme und Lasermessverfahren in der Robotik und Fertigungstechnik der Luftfahrtindustrie. *AVN*, 5, pp. 175-187.

Wollnack, J. & Stepanek, P., 2004a. Formkorrektur und Lageführung für eine flexible und automatisierte Großbauteilmontage. *wt Werkstattstechnik online,* 94(9), pp. 414-521.

Wollnack, J. & Stepanek, P., 2004b. Iterativ lernende Verfahren in der Großbauteilmontage. *wt Werkstattstechnik online,* 94(10), pp. 572-579.

Woody, C. D., 1967. Characterization of an adaptive filter for the analysis of variable latency neuroelectric signals. *Medical and biological engineering,* 5(6), pp. 539-554.

WZL, 2015. *Fasim_XL - Automatisierte Großbauteilmontage unter Fließbedingungen.*
[Online]
Available at: http://www.fasim-xl.de/index.php?id=2
[Zugriff am 23 Februar 2016].

Xiaoa, D. et al., 2004. Real-time integration of sensing, planning and control in robotic work-cells. *Control Engineering Practice,* 12(6), pp. 653-663.

Yanagihara, Y., Kakizak, T., Arakawa, K. & Isoda, Y., 1998. A multimodal teaching advisor for sensor-enhanced robotic systems in manufacturing. *Robotics and Computer-Integrated Manufacturing,* 14(4), pp. 263-273.

Zatarain, M., Mendikute, A. & Inziarte, I., 2012. Raw part characterisation and automated alignment by means of a photogrammetric approach. *CIRP Annals - Manufacturing Technology,* 61(1), pp. 383-386.

Zhang, D., Rolt, S. & Maropoulos, P. G., 2005. Modelling and optimization of novel laser multilateration schemes for high-precision applications. *Measurement Science and technology,* 16(12), pp. 2541-2547.

Zhang, F. & Qu, X., 2012. Fusion Estimation of Point Sets from Multiple Stations of Spherical Coordinate Instruments Utilizing Uncertainty Estimation Based on Monte Carlo. *Measurement Scince Review,* 12(2), pp. 40-45.

Zhang, G. X. et al., 2003. A Study on the Optimal Design of Laser-based Multi-lateration Systems. *CIRP Annals - Manufacturing Technology,* 52(1), pp. 427-430.

Zhang, X., Cabaravdic, M., Kneupner, K. & Kuhlenkoetter, B., 2004. Real-Time Simulation of Robot Controlled Belt Grinding Processes of Sculptured Surfaces. *International Journal of Advanced Robotic Systems,* 1(2), pp. 109-114.

Zhang, Y. et al., 2015. Accuracy improvement in laser stripe extraction for large-scale triangulation scanning measurement system. *Optical Design and Engineering,* 54(10), pp. 105108-1-11.

Zhang, Z., 2000. A flexible new technique for camera calibration. *EEE Transactions on Analysis and Machine Intelligence,* 22(11), pp. 1330-1334.

Zhehan, C., Fuzhou, D. & Xiaoqing, T., 2013. Research on uncertainty in measurement assisted alignment in aircraft assembly. *Chinese Journal of Aeronautics,* 26(6), pp. 1568-1576.

Zheng, L. et al., 2013. A novel algorithm of posture best fit based on key characteristics for large components assembly. *Procedia CIRP,* Band 10, pp. 162-168.

Zogg, J.-M., 2009. *GPS - Essentials of Satellite Navigation Compendium.* [Online] Available at: http://www.u-blox.com/images/downloads/Product_Docs/GPS_Compendium%28GPS-X-02007%29.pdf [Zugriff am 3 Januar 2013].

Bewertung selbstreferenzieller Montage

Paarweiser Vergleich (Organisation)

	Perzeptionsfähigkeit	Kompensationsfähigkeit	Vernetzungsgrad	Zuliefereinbindung	Kundeneinbindung	Fachbereich	Entwicklung	Konstruktion	Elektrik	Programmierung	Inbetriebnahme	Qualitätssicherung	Instandhaltung	Beschaffung	Wissensbereich	Planung	Anlauf	Optimierung	Absicherung	Messtechnik
Organisation																				
Kommunikation																				
Perzeptionsfähigkeit		3	1	1	1		1	1	3	1	1	3	3	3		1	3	1	3	3
Kompensationsfähigkeit	-1		1	1	1		1	0	1	1	0	1	3	1		-1	1	1	1	1
Vernetzungsgrad	-1	-1		1	1		-1	-1	1	-1	-1	1	1	1		-1	-1	-1	1	-1
Zuliefereinbindung	-1	-1	-1		1		-1	-1	1	1	1	1	1	-1		-1	1	-1	-1	1
Kundeneinbindung	-1	-1	-1	0			-1	-1	1	1	1	1	1	-1		-1	1	-1	-1	1
Fachbereich																				
Entwicklung	1	1	3	3	3			1	3	3	1	1	1	1		1	3	1	1	1
Konstruktion	-1	1	1	1	1		-1		1	1	1	1	1	1		0	3	1	3	1
Elektrik	-3	-1	-1	-1	-1		-3	-3		-1	-1	-1	1	1		-1	1	-1	1	-1
Programmierung	-3	-1	-1	-1	-1		-1	-1	1		1	1	1	1		-1	1	-1	1	-1
Inbetriebnahme	-3	-1	1	1	1		-1	-1	1	0		1	1	1		-1	0	1	-1	-1
Qualitätssicherung	-3	-1	1	-1	-1		-1	-1	1	1	-1		1	1		-1	-1	-1	1	1
Instandhaltung	-3	-1	-1	1	1		-1	-3	1	-1	-1	-1		1		-3	-1	-1	1	1
Beschaffung	-1	-1	-1	-1	-1		-1	-1	-1	-1	-1	1	1			-1	-3	-1	-3	-3
Wissensbereich																				
Planung	-1	1	1	1	1		-1	-1	1	1	1	-1	1	1			1	1	1	1
Anlauf	-1	-1	1	-1	-1		-3	-1	1	1	-1	-1	-1	1		-3		1	1	1
Optimierung	1	1	3	3	3		1	1	3	3	1	1	3	1		1	1		-1	1
Absicherung	-1	-1	1	-1	-1		-1	-1	1	1	-1	-1	-1	-1		-1	-1	-1		-1
Messtechnik	-3	-1	-1	-1	-1		-1	-1	1	-1	1	-1	1	-1		-1	1	-1	1	
Technik																				
Montageprozess																				
Stabilität	-3	1	1	-1	1		-1	-1	1	1	1	1	1	1		-1	1	-1	1	3
Fähigkeit	-1	1	1	1	1		-3	-3	1	1	1	1	1	3		1	1	1	1	1
Präzision	-3	-3	-1	-1	-1		-1	-3	1	1	1	-1	1	1		-1	1	-1	1	1
Prozessregelung	-3	-1	-1	-3	-3		-1	-1	1	1	-1	-1	1	1		-1	1	-1	-1	1
Effizienz	-1	-1	1	1	1		-1	1	1	1	1	1	1	1		3	3	1	3	3
Verfügbarkeit																				
Ausfallwahrscheinlichkeit	1	1	1	1	1		-1	-1	1	1	1	1	1	1		1	1	-1	1	3
Redundanz	-3	-1	-1	-1	-1		-1	-1	-1	-1	-1	-1	1	1		-1	-1	-3	-1	-1
Notstrategie	1	1	1	-1	1		-1	1	1	1	1	1	1	1		1	3	1	1	3
Fehlertoleranz	1	1	1	-1	-1		-1	1	1	1	1	1	1	1		1	1	-1	1	1
Wartung	-3	-1	1	-1	-1		-3	-3	-3	-1	-1	-1	-1	-3		-1	-1	-3	-1	1
Reparatur	-3	-1	1	-1	-1		-3	-3	-3	1	1	1	-3	-1		1	1	-1	1	1
Taktzeit																				
Referenzieren	-1	-3	1	1	1		-3	-3	1	1	-1	-1	1	-1		-1	1	-1	-1	1
Montage	-1	-1	1	1	1		-1	-1	1	1	1	1	1	1		1	1	-1	1	3
Gesamttakt	1	1	1	1	1		1	1	1	1	1	1	3	3		3	3	1	1	3
Montagequalität																				
Toleranzkonzepte	-1	1	1	1	1		-1	-1	-3	-1	-1	-1	-1	-1		1	1	-1	1	3
Prüfintervall	1	1	1	-1	-1		-3	-3	-3	-1	-1	-3	-3	-1		-1	1	-1	1	1
Flexibilität	-1	-1	-1	1	1		-1	-1	1	1	1	-1	-1	1		-1	-1	-1	-1	1
Wandlungsfähigkeit	-1	-1	1	-1	-1		1	1	3	1	1	1	1	-1		-1	-1	-1	-1	1
Betriebswirtschaft																				
Infrastruktur																				
Messsysteme	-3	-1	1	-1	1		-1	-1	-1	-1	-1	-1	1	-1		-1	1	-3	-1	0
Vorrichtungen	-1	-1	1	1	1		-1	-1	1	1	-1	1	1	1		-1	1	-1	1	1
Anlagen	-1	1	1	1	1		-1	-1	3	1	1	-1	1	1		1	3	-1	1	1
Gebäude	-3	-3	-1	-1	-1		-1	-1	-1	-1	-1	-1	-1	1		-1	-1	-3	-1	-1
Anbieterkonkurrenz	-1	-1	1	1	1		-1	-1	1	3	1	1	1	1		-1	1	-1	1	1
Betrieb																				
Abweichungen	1	1	1	1	1		-1	-1	1	1	3	1	3	1		1	1	-1	1	1
Personal	1	1	1	-1	-1		-1	1	-1	1	1	-1	-1	-1		-1	1	-3	-1	-1
Maschinen	1	1	1	1	1		-1	1	1	1	1	1	1	1		1	3	-1	1	1
Support	-1	-1	1	-1	-1		-3	-1	-1	1	1	-1	-1	-1		-1	1	-3	-1	-1
Service	-1	-1	1	-1	-1		-3	-1	-1	1	1	-1	-1	-1		-1	-1	-3	-1	-1
Verbesserung	1	1	3	1	1		-1	1	1	1	1	1	1	1		-1	1	-1	-1	1
Produkt																				
Opportunität	-1	-1	1	1	1		-1	-1	3	1	1	-1	1	1		-1	1	-1	1	1
Individualisierung	-1	-1	1	1	1		-3	-1	1	-1	-1	-1	1	-1		-3	1	-3	-1	1
Begeisterung	-1	-1	1	1	3		-3	-3	1	1	-1	-1	1	-1		-3	1	-3	-1	1

Paarweiser Vergleich (Technik)

	Stabilität	Fähigkeit	Präzision	Prozessregelung	Effizienz	Verfügbarkeit	Ausfallwahrscheinlichkeit	Redundanz	Notstrategie	Fehlertoleranz	Wartung	Reparatur	Taktzeit	Referenzieren	Montage	Gesamttakt	Montagequalität	Toleranzkonzepte	Prüfintervall	Flexibilität	Wandlungsfähigkeit
Organisation																					
Kommunikation																					
Perzeptionsfähigkeit	1	-1	1	1	1		1	1	-1	1	1	1		1	1	-1		3	3	3	3
Kompensationsfähigkeit	1	-1	1	1	1		1	1	-1	0	1	1		1	1	-1		1	3	1	3
Vernetzungsgrad	1	-1	-1	-1	-1		-1	1	-3	-1	1	1		-1	-1	-3		-1	1	-1	1
Zuliefereinbindung	-1	-1	-1	-1	-1		-1	-1	-1	-1	-1	1		1	-1	-1		-1	1	-1	1
Kundeneinbindung	-1	-1	-1	-1	-1		-1	-1	-1	-1	-1	1		1	-1	-1		-1	1	-1	1
Fachbereich																					
Entwicklung	1	-1	1	1	1		1	1	-1	1	1	1		1	1	1		1	1	1	1
Konstruktion	1	-1	1	1	-1		1	-1	-1	1	1	1		1	1	1		1	1	-1	-1
Elektrik	-1	-3	-3	-1	-1		-3	-1	-1	-1	1	1		0	0	0		-1	-1	-1	-1
Programmierung	-3	-3	1	1	-1		-3	-1	-1	1	-1	1		1	1	1		-1	1	1	1
Inbetriebnahme	-1	-3	-3	-3	-1		-3	-1	-1	-1	1	-1		1	1	1		-1	-1	-1	-1
Qualitätssicherung	-1	-1	-1	-1	-1		-3	1	-1	1	1	-1		1	1	1		1	3	3	3
Instandhaltung	-1	-1	-1	-1	-1		-1	-3	-1	1	1	1		1	0	-1		-1	1	-1	-1
Beschaffung	-1	-1	-1	-1	-1		-3	-1	-3	-3	-1	-1		-1	-1	-1		-1	1	-1	-1
Wissensbereich																					
Planung	-1	-1	1	1	1		1	1	1	1	3	3		1	1	1		1	1	-1	-1
Anlauf	-1	-1	-1	-1	-1		1	1	-1	-1	1	1		-1	-3	-3		-3	-3	1	1
Optimierung	1	-1	1	1	1		1	1	-1	3	-1	-1		-1	-1	-1		-1	-1	1	-1
Absicherung	-1	-1	-1	-1	-1		1	1	-1	1	1	1		-3	-3	-1		-1	1	-1	-1
Messtechnik	-1	-1	1	1	-1		-1	1	-3	-1	-1	-1		-1	-1	-1		-3	-1	-1	-1
Technik																					
Montageprozess																					
Stabilität		-1	1	1	1		1	1	1	1	1	1		1	1	1		1	1	-1	-1
Fähigkeit	1		1	1	1		1	1	1	-1	1	1		1	1	1		1	1	1	1
Präzision	-1	-1		1	1		-1	-1	-1	1	1	1		1	1	1		3	3	1	3
Prozessregelung	-1	-1	1		1		-1	-1	-1	1	1	1		-1	1	-1		-1	3	-1	-1
Effizienz	-1	-1	3	3			-1	1	-1	1	1	1		1	1	1		-3	-3	-1	-1
Verfügbarkeit																					
Ausfallwahrscheinlichkeit	1	-1	1	1	1			1	1	-1	3	1		-1	-1	-1		1	1	1	1
Redundanz	-1	-3	-1	-1	-1		-1		-1	-1	1	1		1	-1	-1		-1	1	1	1
Notstrategie	1	-1	1	3	1		1	1		-1	1	1		1	1	1		1	1	1	1
Fehlertoleranz	1	-1	3	3	1		-1	1	-1		1	1		-1	1	1		3	1	1	1
Wartung	-1	-3	-1	-1	1		1	1	-1	-1		1		-1	-1	-1		-1	-1	-1	-1
Reparatur	-1	-3	-1	-1	1		1	1	1	-1	1			-1	-1	-1		1	-1	-1	-1
Taktzeit																					
Referenzieren	-1	-3	-1	-1	-3		-1	-1	-3	-1	1	-1			-1	-3		-1	-1	-1	-1
Montage	1	-1	1	1	-1		1	3	-1	1	3	3		1		-3		1	1	1	1
Gesamttakt	1	-1	1	3	-1		1	3	1	3	1	3		3	3			1	1	1	1
Montagequalität																					
Toleranzkonzepte	-1	-1	1	1	1		1	1	3	1	1	1		1	-1	-1			3	-1	-1
Prüfintervall	-3	-1	-1	1	1		-1	1	-1	-1	1	1		1	-1	-1		-1		-1	-1
Flexibilität	-1	-1	1	-1	1		-1	1	-1	1	-1	-1		1	-1	-1		-1	1		1
Wandlungsfähigkeit	-1	-1	1	-1	1		-1	1	-1	1	-1	-1		1	-3	-1		-1	1	-1	
Betriebswirtschaft																					
Infrastruktur																					
Messsysteme	-1	-1	-1	-1	-3		-1	1	-1	-1	1	1		1	-1	-1		-1	1	-1	-1
Vorrichtungen	-1	-1	-1	1	-1		1	1	1	-1	1	1		1	-1	-1		1	1	-1	-1
Anlagen	1	-1	1	1	-1		3	3	1	1	3	3		3	1	1		1	1	1	1
Gebäude	-3	-3	-1	-1	-3		-1	-1	-1	-1	-1	-1		-1	-1	1		-3	-1	-1	-1
Anbieterkonkurrenz	-1	-3	1	1	-1		1	1	1	1	3	1		1	-1	-1		1	3	1	1
Betrieb																					
Abweichungen	3	3	3	3	1		3	3	1	1	3	3		1	-1	-1		-1	1	1	1
Personal	1	-1	-1	-1	-1		-1	1	-1	-1	1	-1		1	-1	-1		-1	-1	1	1
Maschinen	1	3	3	3	1		1	3	1	1	3	1		3	1	1		3	1	1	1
Support	1	1	1	-1	-1		-1	-1	-1	-1	1	-1		1	-1	-1		-1	-1	-1	-1
Service	-1	1	1	-1	-1		-3	-1	1	-1	-1	-1		1	-1	-1		-3	-1	-1	-1
Verbesserung	1	1	1	3	1		-1	1	1	-1	-1	-1		1	-1	-1		-1	1	1	-1
Produkt																					
Opportunität	-1	-1	1	1	-1		-1	1	-1	1	1	1		1	1	-1		-1	1	1	1
Individualisierung	-1	-1	-1	-1	-1		1	1	1	3	1	1		3	1	-1		-1	1	-1	-1
Begeisterung	-1	-1	-1	-1	-1		1	1	1	3	1	1		3	1	-1		-1	1	-1	-1

Paarweiser Vergleich (Betriebswirtschaft)

	Messsysteme	Vorrichtungen	Anlagen	Gebäude	Anbieterkonkurrenz	Betrieb	Abweichungen	Personal	Maschinen	Support	Service	Verbesserung	Produkt	Opportunität	Individualisierung	Begeisterung
Organisation																
Kommunikation																
Perzeptionsfähigkeit	1	3	1	3	1		-1	1	1	3	3	3		3	1	1
Kompensationsfähigkeit	1	3	1	3	-1		-1	1	1	3	3	3		1	1	1
Vernetzungsgrad	1	1	-1	1	-1		-3	1	-1	1	3	3		-1	-1	-1
Zuliefereinbindung	1	-1	-1	1	-1		-3	-1	-1	1	1	1		-1	-1	-1
Kundeneinbindung	1	-1	-1	1	-1		-3	-1	-1	1	-1	1		-1	1	1
Fachbereich																
Entwicklung	3	1	1	3	3		1	3	1	3	3	1		1	1	1
Konstruktion	1	1	1	3	1		1	3	1	3	3	1		1	1	1
Elektrik	-1	-1	-1	1	-1		-1	1	-1	1	1	1		-1	-1	-1
Programmierung	1	1	-1	1	-3		-1	1	-3	1	1	-1		-1	1	-1
Inbetriebnahme	1	1	-1	1	-3		-1	1	-1	1	1	-1		1	1	-1
Qualitätssicherung	1	1	-1	1	1		1	1	-1	1	3	1		3	1	1
Instandhaltung	1	-1	-1	1	-1		1	1	-3	1	1	-1		1	-1	-1
Beschaffung	1	-1	-3	-1	-1		-1	1	-3	1	3	-1		1	1	1
Wissensbereich																
Planung	3	1	3	1	1		-1	1	-1	1	1	1		1	1	1
Anlauf	1	-1	1	1	-1		-1	1	-1	1	-1	-1		-1	-1	-1
Optimierung	3	1	3	1	1		1	1	1	3	3	1		1	-1	-1
Absicherung	3	1	-1	1	-1		-1	1	-1	1	1	-1		1	-1	-1
Messtechnik	1	1	-1	1	-1		-1	-1	-3	1	1	-1		-1	-1	-1
Technik																
Montageprozess																
Stabilität	1	1	1	1	1		1	1	-1	1	1	1		1	-1	-1
Fähigkeit	3	3	1	1	1		1	1	-1	1	1	1		-1	1	1
Präzision	1	-1	-1	1	-1		-1	1	-1	1	1	-1		-1	1	1
Prozessregelung	1	1	-1	1	-1		-1	1	-1	-1	1	-1		-1	1	1
Effizienz	3	3	3	1	1		1	3	1	3	3	1		-1	1	1
Verfügbarkeit																
Ausfallwahrscheinlichkeit	3	1	-1	1	-1		-1	1	1	1	1	1		-1	1	1
Redundanz	-1	-1	-1	1	-1		-1	-1	-1	1	1	-1		-1	1	1
Notstrategie	3	1	1	1	1		1	1	1	3	3	1		1	1	1
Fehlertoleranz	1	1	-1	1	1		-1	-1	-1	1	1	1		1	1	1
Wartung	1	-1	-1	1	-1		-1	-1	-1	-1	1	-1		-1	-1	-1
Reparatur	-1	-3	-1	1	-1		-1	-1	-1	1	1	1		-1	-1	-1
Taktzeit																
Referenzieren	-1	-1	-1	1	1		-1	1	-1	1	1	-1		-1	-1	-1
Montage	1	1	1	1	1		1	3	1	3	3	3		1	-1	-1
Gesamttakt	1	1	1	1	1		1	3	1	3	3	3		3	1	1
Montagequalität																
Toleranzkonzepte	1	1	-1	1	-1		-1	1	-1	1	1	1		1	-1	-1
Prüfintervall	1	-1	-1	1	1		-1	1	1	1	1	1		-1	-1	-1
Flexibilität	1	-1	-1	1	-1		-3	1	1	1	1	-1		-1	1	1
Wandlungsfähigkeit	1	-1	-1	1	-1		-3	1	1	1	1	-1		-1	1	1
Betriebswirtschaft																
Infrastruktur																
Messsysteme		3	1	3	-3		-1	1	-1	1	-3	1		-1	-1	-1
Vorrichtungen	1		-1	1	0		-1	1	-1	1	1	-1		-1	-1	-1
Anlagen	1	1		1	1		-1	1	1	1	1	1		1	1	-1
Gebäude	-1	-1	-1		-1		-3	-1	-3	-1	-1	-1		-1	-1	-1
Anbieterkonkurrenz	1	1	1	3			-1	1	1	3	3	1		3	1	1
Betrieb																
Abweichungen	3	1	0	3	1			1	1	3	1	1		-1	1	1
Personal	1	-1	-3	1	3		-1		-1	1	1	1		-1	-1	-1
Maschinen	3	1	-1	3	-1		-1	1		3	3	1		1	-1	-1
Support	-1	-1	-3	1	-3		-3	-1	-1		3	-1		-1	-1	-1
Service	-1	-3	-1	1	-3		-1	-1	-1	1		-1		-1	-1	-1
Verbesserung	-1	-1	-1	-1	-1		-1	-1	-1	1	-1			1	1	1
Produkt																
Opportunität	1	-1	-1	1	-1		-1	1	-1	1	1	1			-1	-1
Individualisierung	1	-1	-3	1	1		-3	1	-1	1	1	1		-1		1
Begeisterung	3	-1	-3	1	-1		-1	3	1	3	3	1		-1	1	

Gewichtungsfaktoren

Kategorie	Gebiet	Merkmal	Technisch Merkmal	Wirtschaftlich Merkmal	Technisch Gebiet	Wirtschaftlich Gebiet	Technisch Kategorie	Wirtschaftlich Kategorie	Technisch Gewichtung	Wirtschaftlich Gewichtung
Organisation							0,1	0,0	1,2	1,0
Organisation	Kommunikation				0,3	0,1			1,6	1,2
Organisation	Kommunikation	Perzeptionsfähigkeit	1,6	1,1					3,0	2,4
Organisation	Kommunikation	Kompensationsfähigkeit	0,9	0,4					2,0	1,4
Organisation	Kommunikation	Vernetzungsgrad	-0,2	-0,6					0,8	0,6
Organisation	Kommunikation	Zuliefereinbindung	-0,3	-0,1					0,7	0,9
Organisation	Kommunikation	Kundeneinbindung	-0,3	-0,3					0,7	0,8
Organisation	Fachbereich				-0,1	0,0			0,9	0,9
Organisation	Fachbereich	Entwicklung	1,2	1,4					2,4	3,0
Organisation	Fachbereich	Konstruktion	0,9	0,9					1,9	2,1
Organisation	Fachbereich	Elektrik	-0,7	-0,7					0,5	0,5
Organisation	Fachbereich	Programmierung	-0,2	-0,7					0,8	0,5
Organisation	Fachbereich	Inbetriebnahme	-0,4	-0,2					0,7	0,8
Organisation	Fachbereich	Qualitätssicherung	0,2	0,0					1,2	1,0
Organisation	Fachbereich	Instandhaltung	-0,6	-0,6					0,6	0,6
Organisation	Fachbereich	Beschaffung	-0,9	-0,4					0,4	0,7
Organisation	Wissensbereich				0,0	-0,1			0,9	0,8
Organisation	Wissensbereich	Planung	0,9	0,3					1,9	1,3
Organisation	Wissensbereich	Anlauf	-0,5	-0,8					0,7	0,4
Organisation	Wissensbereich	Optimierung	0,4	1,4					1,4	3,0
Organisation	Wissensbereich	Absicherung	-0,3	-0,3					0,7	0,7
Organisation	Wissensbereich	Messtechnik	-0,6	-0,9					0,6	0,4
Technik							0,2	0,0	1,6	0,5
Technik	Montageprozess				0,5	0,1			2,2	1,4
Technik	Montageprozess	Stabilität	0,6	0,3					1,5	1,3
Technik	Montageprozess	Fähigkeit	1,1	0,8					2,2	1,9
Technik	Montageprozess	Präzision	0,4	-0,5					1,4	0,6
Technik	Montageprozess	Prozessregelung	0,0	-0,6					1,0	0,6
Technik	Montageprozess	Effizienz	0,5	0,7					1,5	1,7
Technik	Verfügbarkeit				0,1	-0,3			1,1	0,4
Technik	Verfügbarkeit	Ausfallwahrscheinlichkeit	0,6	0,3					1,5	1,3
Technik	Verfügbarkeit	Redundanz	-0,1	-1,1					0,9	0,3
Technik	Verfügbarkeit	Notstrategie	1,0	0,5					2,1	1,5
Technik	Verfügbarkeit	Fehlertoleranz	0,3	0,2					1,3	1,2
Technik	Verfügbarkeit	Wartung	-0,7	-1,1					0,6	0,3
Technik	Verfügbarkeit	Reparatur	-0,7	-0,6					0,6	0,6
Technik	Taktzeit				0,3	0,3			1,6	1,9
Technik	Taktzeit	Referenzieren	-0,3	-1,0					0,8	0,4
Technik	Taktzeit	Montage	0,4	0,6					1,4	1,6
Technik	Taktzeit	Gesamttakt	0,9	1,2					1,9	2,6
Technik	Montagequalität				-0,1	-0,1			0,8	0,7
Technik	Montagequalität	Toleranzkonzepte	0,1	0,3					1,1	1,3
Technik	Montagequalität	Prüfintervall	-0,5	-0,6					0,7	0,6
Technik	Montagequalität	Flexibilität	0,0	-0,1					1,0	0,9
Technik	Montagequalität	Wandlungsfähigkeit	-0,2	-0,1					0,9	0,9
Betriebswirtschaft							-0,3	0,0	0,5	1,8
Betriebswirtschaft	Infrastruktur				-0,4	0,0			0,5	0,9
Betriebswirtschaft	Infrastruktur	Messsysteme	-0,9	-0,7					0,4	0,5
Betriebswirtschaft	Infrastruktur	Vorrichtungen	-0,4	0,2					0,7	1,2
Betriebswirtschaft	Infrastruktur	Anlagen	0,3	1,1					1,2	2,4
Betriebswirtschaft	Infrastruktur	Gebäude	-1,2	-1,3					0,3	0,3
Betriebswirtschaft	Infrastruktur	Anbieterkonkurrenz	0,5	0,6					1,5	1,6
Betriebswirtschaft	Betrieb				-0,4	0,1			0,4	1,2
Betriebswirtschaft	Betrieb	Abweichungen	0,8	1,3					1,8	2,7
Betriebswirtschaft	Betrieb	Personal	-0,8	-0,3					0,5	0,8
Betriebswirtschaft	Betrieb	Maschinen	0,6	1,2					1,5	2,5
Betriebswirtschaft	Betrieb	Support	-1,3	-0,8					0,3	0,4
Betriebswirtschaft	Betrieb	Service	-1,4	-0,9					0,3	0,4
Betriebswirtschaft	Betrieb	Verbesserung	-0,3	0,1					0,7	1,1
Betriebswirtschaft	Produkt				0,0	0,1			0,9	1,1
Betriebswirtschaft	Produkt	Opportunität	-0,1	0,3					0,9	1,3
Betriebswirtschaft	Produkt	Individualisierung	0,0	-0,2					1,0	0,8
Betriebswirtschaft	Produkt	Begeisterung	0,1	0,1					1,1	1,1
		Minimum	-1,4	-1,3	-0,4	-0,3	-0,3	0,0	0,3	0,3
		Maximum	1,6	1,4	0,5	0,3	0,2	0,0	3,0	3,0
		Mittelwert	0,0	0,0	0,0	0,0	0,0	0,0	1,1	1,1
		Range	3,0	2,7	0,9	0,6	0,5	0,1	2,7	2,8
		Abstand	0,60	0,60	0,40	0,40	0,30	0,30		
		Exponent	4,0	4,0	4,0	4,0	4,0	4,0		

Anwendungsszenarien

Anbauteilmontage

Parameter			Anbauteilmontage										
Kategorie	Gebiet	Merkmal	AT	AW	BT	BW	GT	GW	KT	KW	ST	SW	SG
Organisation									0,43	0,59	**0,56**	**1,07**	**1,64**
Organisation	Kommunikation						1,2	1,1					
Organisation	Kommunikation	Perzeptionsfähigkeit	-1,0	1,0	-3,0	2,4							
Organisation	Kommunikation	Kompensationsfähigkeit	3,0	1,0	6,0	1,4							
Organisation	Kommunikation	Vernetzungsgrad	3,0	3,0	2,5	1,7							
Organisation	Kommunikation	Zuliefereinbindung	0,0	0,0	0,0	0,0							
Organisation	Kommunikation	Kundeneinbindung	0,0	0,0	0,0	0,0							
Organisation	Fachbereich						0,2	0,4					
Organisation	Fachbereich	Entwicklung			0,0	0,0							
Organisation	Fachbereich	Konstruktion			0,0	0,0							
Organisation	Fachbereich	Elektrik	-1,0	-1,0	-0,5	-0,5							
Organisation	Fachbereich	Programmierung	3,0	3,0	2,5	1,6							
Organisation	Fachbereich	Inbetriebnahme	1,0	3,0	0,7	2,4							
Organisation	Fachbereich	Qualitätssicherung	-1,0	-1,0	-1,2	-1,0							
Organisation	Fachbereich	Instandhaltung	1,0	-1,0	0,6	-0,6							
Organisation	Fachbereich	Beschaffung	1,0	3,0	0,4	2,1							
Organisation	Wissensbereich						-0,2	0,2					
Organisation	Wissensbereich	Planung	-1,0	1,0	-1,9	1,3							
Organisation	Wissensbereich	Anlauf	-1,0	0,0	-0,7	0,0							
Organisation	Wissensbereich	Optimierung	1,0	1,0	1,4	3,0							
Organisation	Wissensbereich	Absicherung	-1,0	-3,0	-0,7	-2,2							
Organisation	Wissensbereich	Messtechnik	1,0	-1,0	0,6	-0,4							
Technik									0,89	0,08			
Technik	Montageprozess						3,9	0,6					
Technik	Montageprozess	Stabilität	1,0	1,0	1,5	1,3							
Technik	Montageprozess	Fähigkeit	3,0	1,0	6,6	1,9							
Technik	Montageprozess	Präzision	3,0	1,0	4,1	0,6							
Technik	Montageprozess	Prozessregelung	3,0	1,0	3,0	0,6							
Technik	Montageprozess	Effizienz	-1,0	-1,0	-1,5	-1,7							
Technik	Verfügbarkeit						-2,0	-0,7					
Technik	Verfügbarkeit	Ausfallwahrscheinlichkeit	-3,0	-3,0	-4,6	-3,9							
Technik	Verfügbarkeit	Redundanz	-3,0	-3,0	-2,8	-1,0							
Technik	Verfügbarkeit	Notstrategie	-3,0	-3,0	-6,4	-4,6							
Technik	Verfügbarkeit	Fehlertoleranz	1,0	1,0	1,3	1,2							
Technik	Verfügbarkeit	Wartung	-1,0	-1,0	-0,6	-0,3							
Technik	Verfügbarkeit	Reparatur	1,0	-1,0	0,6	-0,6							
Technik	Taktzeit						-0,5	-0,6					
Technik	Taktzeit	Referenzieren	-1,0	-1,0	-0,8	-0,4							
Technik	Taktzeit	Montage	1,0	1,0	1,4	1,6							
Technik	Taktzeit	Gesamttakt	-1,0	-1,0	-1,9	-2,6							
Technik	Montagequalität						1,6	1,3					
Technik	Montagequalität	Toleranzkonzepte	3,0	1,0	3,3	1,3							
Technik	Montagequalität	Prüfintervall	1,0	1,0	0,7	0,6							
Technik	Montagequalität	Flexibilität	3,0	3,0	3,0	2,6							
Technik	Montagequalität	Wandlungsfähigkeit	1,0	3,0	0,9	2,8							
Betriebswirtschaft									0,52	2,84			
Betriebswirtschaft	Infrastruktur						0,3	0,9					
Betriebswirtschaft	Infrastruktur	Messsysteme	1,0	-1,0	0,4	-0,5							
Betriebswirtschaft	Infrastruktur	Vorrichtungen	3,0	3,0	2,1	3,6							
Betriebswirtschaft	Infrastruktur	Anlagen	3,0	3,0	3,7	7,1							
Betriebswirtschaft	Infrastruktur	Gebäude	1,0	1,0	0,3	0,3							
Betriebswirtschaft	Infrastruktur	Anbieterkonkurrenz	-3,0	-3,0	-4,4	-4,9							
Betriebswirtschaft	Betrieb						0,3	1,9					
Betriebswirtschaft	Betrieb	Abweichungen	1,0	1,0	1,8	2,7							
Betriebswirtschaft	Betrieb	Personal	-1,0	-1,0	-0,5	-0,8							
Betriebswirtschaft	Betrieb	Maschinen	1,0	3,0	1,5	7,4							
Betriebswirtschaft	Betrieb	Support	-1,0	-1,0	-0,3	-0,4							
Betriebswirtschaft	Betrieb	Service	-1,0	-1,0	-0,3	-0,4							
Betriebswirtschaft	Betrieb	Verbesserung	1,0	3,0	0,7	3,3							
Betriebswirtschaft	Produkt						1,6	2,6					
Betriebswirtschaft	Produkt	Opportunität	1,0	3,0	0,9	3,8							
Betriebswirtschaft	Produkt	Individualisierung	3,0	3,0	3,0	2,5							
Betriebswirtschaft	Produkt	Begeisterung	1,0	1,0	1,1	1,1							

Vorrichtungsloses Schweißen

Parameter			Vorrichtungsloses Schweißen										
Kategorie	Gebiet	Merkmal	AT	AW	BT	BW	GT	GW	KT	KW	ST	SW	SG
Organisation									0,87	-0,31	0,96	-0,12	0,84
Organisation	Kommunikation						2,1	0,1					
Organisation	Kommunikation	Perzeptionsfähigkeit	3,0	1,0	9,0	2,4							
Organisation	Kommunikation	Kompensationsfähigkeit	-1,0	-3,0	-2,0	-4,2							
Organisation	Kommunikation	Vernetzungsgrad	1,0	1,0	0,8	0,6							
Organisation	Kommunikation	Zuliefereinbindung	1,0	1,0	0,7	0,9							
Organisation	Kommunikation	Kundeneinbindung	1,0	1,0	0,7	0,8							
Organisation	Fachbereich						0,0	-1,3					
Organisation	Fachbereich	Entwicklung	-1,0	-3,0	-2,4	-9,1							
Organisation	Fachbereich	Konstruktion	1,0	1,0	1,9	2,1							
Organisation	Fachbereich	Elektrik	-1,0	-1,0	-0,5	-0,5							
Organisation	Fachbereich	Programmierung	-1,0	-3,0	-0,8	-1,6							
Organisation	Fachbereich	Inbetriebnahme	-1,0	-3,0	-0,7	-2,4							
Organisation	Fachbereich	Qualitätssicherung	3,0	1,0	3,6	1,0							
Organisation	Fachbereich	Instandhaltung	-1,0	-1,0	-0,6	-0,6							
Organisation	Fachbereich	Beschaffung	-1,0	-3,0	-0,4	-2,1							
Organisation	Wissensbereich						0,4	0,3					
Organisation	Wissensbereich	Planung	1,0	1,0	1,9	1,3							
Organisation	Wissensbereich	Anlauf	-1,0	-1,0	-0,7	-0,4							
Organisation	Wissensbereich	Optimierung	1,0	1,0	1,4	3,0							
Organisation	Wissensbereich	Absicherung	-1,0	-3,0	-0,7	-2,2							
Organisation	Wissensbereich	Messtechnik	1,0	1,0	0,6	0,4							
Technik									1,69	0,06			
Technik	Montageprozess						2,6	-1,1					
Technik	Montageprozess	Stabilität	1,0	-1,0	1,5	-1,3							
Technik	Montageprozess	Fähigkeit	3,0	1,0	6,6	1,9							
Technik	Montageprozess	Präzision	1,0	-1,0	1,4	-0,6							
Technik	Montageprozess	Prozessregelung	1,0	1,0	1,0	0,6							
Technik	Montageprozess	Effizienz	-1,0	-3,0	-1,5	-5,2							
Technik	Verfügbarkeit						-0,8	-0,8					
Technik	Verfügbarkeit	Ausfallwahrscheinlichkeit	-1,0	-3,0	-1,5	-3,9							
Technik	Verfügbarkeit	Redundanz	1,0	-1,0	0,9	-0,3							
Technik	Verfügbarkeit	Notstrategie	-1,0	-1,0	-2,1	-1,5							
Technik	Verfügbarkeit	Fehlertoleranz	-1,0	-3,0	-1,3	-3,5							
Technik	Verfügbarkeit	Wartung	-1,0	-3,0	-0,6	-1,0							
Technik	Verfügbarkeit	Reparatur	-1,0	-1,0	-0,6	-0,6							
Technik	Taktzeit						2,1	1,6					
Technik	Taktzeit	Referenzieren	-1,0	-1,0	-0,8	-0,4							
Technik	Taktzeit	Montage	3,0	1,0	4,2	1,6							
Technik	Taktzeit	Gesamttakt	1,0	1,0	1,9	2,6							
Technik	Montagequalität						2,0	0,7					
Technik	Montagequalität	Toleranzkonzepte	3,0	1,0	3,3	1,3							
Technik	Montagequalität	Prüfintervall	1,0	1,0	0,7	0,6							
Technik	Montagequalität	Flexibilität	3,0	1,0	3,0	0,9							
Technik	Montagequalität	Wandlungsfähigkeit	3,0	1,0	2,6	0,9							
Betriebswirtschaft									0,59	-0,15			
Betriebswirtschaft	Infrastruktur						0,3	0,0					
Betriebswirtschaft	Infrastruktur	Messsysteme	1,0	-3,0	0,4	-1,5							
Betriebswirtschaft	Infrastruktur	Vorrichtungen	3,0	3,0	2,1	3,6							
Betriebswirtschaft	Infrastruktur	Anlagen	1,0	1,0	1,2	2,4							
Betriebswirtschaft	Infrastruktur	Gebäude	1,0	1,0	0,3	0,3							
Betriebswirtschaft	Infrastruktur	Anbieterkonkurrenz	-1,0	-3,0	-1,5	-4,9							
Betriebswirtschaft	Betrieb						0,5	-0,8					
Betriebswirtschaft	Betrieb	Abweichungen	1,0	-1,0	1,8	-2,7							
Betriebswirtschaft	Betrieb	Personal	3,0	1,0	1,6	0,8							
Betriebswirtschaft	Betrieb	Maschinen	1,0	-1,0	1,5	-2,5							
Betriebswirtschaft	Betrieb	Support	-1,0	-3,0	-0,3	-1,3							
Betriebswirtschaft	Betrieb	Service	-3,0	-1,0	-0,8	-0,4							
Betriebswirtschaft	Betrieb	Verbesserung	3,0	1,0	2,2	1,1							
Betriebswirtschaft	Produkt						1,5	0,5					
Betriebswirtschaft	Produkt	Opportunität	3,0	1,0	2,8	1,3							
Betriebswirtschaft	Produkt	Individualisierung	1,0	-1,0	1,0	-0,8							
Betriebswirtschaft	Produkt	Begeisterung	1,0	1,0	1,1	1,1							

Montage mit Kran

Parameter			Fügen mit Kran										
Kategorie	Gebiet	Merkmal	AT	AW	BT	BW	GT	GW	KT	KW	ST	SW	SG
Organisation									0,55	0,87	**0,38**	**1,25**	**1,62**
Organisation	Kommunikation						0,6	0,6					
Organisation	Kommunikation	Perzeptionsfähigkeit	1,0	1,0	3,0	2,4							
Organisation	Kommunikation	Kompensationsfähigkeit	1,0	1,0	2,0	1,4							
Organisation	Kommunikation	Vernetzungsgrad	-1,0	1,0	-0,8	0,6							
Organisation	Kommunikation	Zuliefereinbindung	-1,0	-1,0	-0,7	-0,9							
Organisation	Kommunikation	Kundeneinbindung	-1,0	-1,0	-0,7	-0,8							
Organisation	Fachbereich						0,3	1,0					
Organisation	Fachbereich	Entwicklung	1,0	3,0	2,4	9,1							
Organisation	Fachbereich	Konstruktion	1,0	1,0	1,9	2,1							
Organisation	Fachbereich	Elektrik	-1,0	-1,0	-0,5	-0,5							
Organisation	Fachbereich	Programmierung	-1,0	-1,0	-0,8	-0,5							
Organisation	Fachbereich	Inbetriebnahme	1,0	1,0	0,7	0,8							
Organisation	Fachbereich	Qualitätssicherung	1,0	1,0	1,2	1,0							
Organisation	Fachbereich	Instandhaltung	-1,0	-1,0	-0,6	-0,6							
Organisation	Fachbereich	Beschaffung	-3,0	-1,0	-1,3	-0,7							
Organisation	Wissensbereich						0,7	1,0					
Organisation	Wissensbereich	Planung	1,0	1,0	1,9	1,3							
Organisation	Wissensbereich	Anlauf	-1,0	1,0	-0,7	0,4							
Organisation	Wissensbereich	Optimierung	1,0	1,0	1,4	3,0							
Organisation	Wissensbereich	Absicherung	1,0	3,0	0,7	2,2							
Organisation	Wissensbereich	Messtechnik	1,0	1,0	0,6	0,4							
Technik									0,52	0,98			
Technik	Montageprozess						0,5	1,5					
Technik	Montageprozess	Stabilität	1,0	3,0	1,5	3,9							
Technik	Montageprozess	Fähigkeit	1,0	1,0	2,2	1,9							
Technik	Montageprozess	Präzision	1,0	1,0	1,4	0,6							
Technik	Montageprozess	Prozessregelung	1,0	3,0	1,0	1,7							
Technik	Montageprozess	Effizienz	-3,0	-1,0	-4,4	-1,7							
Technik	Verfügbarkeit						-0,4	0,4					
Technik	Verfügbarkeit	Ausfallwahrscheinlichkeit	-1,0	1,0	-1,5	1,3							
Technik	Verfügbarkeit	Redundanz	-1,0	1,0	-0,9	0,3							
Technik	Verfügbarkeit	Notstrategie	1,0	1,0	2,1	1,5							
Technik	Verfügbarkeit	Fehlertoleranz	-1,0	3,0	-1,3	3,5							
Technik	Verfügbarkeit	Wartung	-1,0	-1,0	-0,6	-0,3							
Technik	Verfügbarkeit	Reparatur	-1,0	-1,0	-0,6	-0,6							
Technik	Taktzeit						1,0	5,2					
Technik	Taktzeit	Referenzieren	-1,0	-1,0	-0,8	-0,4							
Technik	Taktzeit	Montage	1,0	3,0	1,4	4,9							
Technik	Taktzeit	Gesamttakt	1,0	3,0	1,9	7,9							
Technik	Montagequalität						0,8	1,1					
Technik	Montagequalität	Toleranzkonzepte	1,0	3,0	1,1	4,0							
Technik	Montagequalität	Prüfintervall	1,0	1,0	0,7	0,6							
Technik	Montagequalität	Flexibilität	1,0	1,0	1,0	0,9							
Technik	Montagequalität	Wandlungsfähigkeit	1,0	1,0	0,9	0,9							
Betriebswirtschaft									0,16	2,21			
Betriebswirtschaft	Infrastruktur						0,0	0,6					
Betriebswirtschaft	Infrastruktur	Messsysteme	-1,0	-1,0	-0,4	-0,5							
Betriebswirtschaft	Infrastruktur	Vorrichtungen	1,0	3,0	0,7	3,6							
Betriebswirtschaft	Infrastruktur	Anlagen	1,0	1,0	1,2	2,4							
Betriebswirtschaft	Infrastruktur	Gebäude	-1,0	-1,0	-0,3	-0,3							
Betriebswirtschaft	Infrastruktur	Anbieterkonkurrenz	-1,0	-1,0	-1,5	-1,6							
Betriebswirtschaft	Betrieb						0,3	2,2					
Betriebswirtschaft	Betrieb	Abweichungen	1,0	3,0	1,8	8,2							
Betriebswirtschaft	Betrieb	Personal	1,0	3,0	0,5	2,3							
Betriebswirtschaft	Betrieb	Maschinen	1,0	1,0	1,5	2,5							
Betriebswirtschaft	Betrieb	Support	-1,0	-1,0	-0,3	-0,4							
Betriebswirtschaft	Betrieb	Service	-1,0	1,0	-0,3	0,4							
Betriebswirtschaft	Betrieb	Verbesserung	1,0	1,0	0,7	1,1							
Betriebswirtschaft	Produkt						0,3	1,4					
Betriebswirtschaft	Produkt	Opportunität	1,0	3,0	0,9	3,8							
Betriebswirtschaft	Produkt	Individualisierung	-1,0	-1,0	-1,0	-0,8							
Betriebswirtschaft	Produkt	Begeisterung	1,0	1,0	1,1	1,1							

Montage unter Fließbedingungen

Parameter			Fügen unter Fließbedingungen										
Kategorie	Gebiet	Merkmal	AT	AW	BT	BW	GT	GW	KT	KW	ST	SW	SG
Organisation									1,41	1,63	0,78	0,79	1,56
Organisation	Kommunikation						2,1	2,0					
Organisation	Kommunikation	Perzeptionsfähigkeit	3,0	3,0	9,0	7,2							
Organisation	Kommunikation	Kompensationsfähigkeit	-1,0	1,0	-2,0	1,4							
Organisation	Kommunikation	Vernetzungsgrad	1,0	-1,0	0,8	-0,6							
Organisation	Kommunikation	Zuliefereinbindung	1,0	1,0	0,7	0,9							
Organisation	Kommunikation	Kundeneinbindung	1,0	1,0	0,7	0,8							
Organisation	Fachbereich						0,8	1,2					
Organisation	Fachbereich	Entwicklung	3,0	3,0	7,1	9,1							
Organisation	Fachbereich	Konstruktion	-1,0	1,0	-1,9	2,1							
Organisation	Fachbereich	Elektrik	-1,0	-1,0	-0,5	-0,5							
Organisation	Fachbereich	Programmierung	1,0	-1,0	0,8	-0,5							
Organisation	Fachbereich	Inbetriebnahme	3,0	3,0	2,1	2,4							
Organisation	Fachbereich	Qualitätssicherung	1,0	1,0	1,2	1,0							
Organisation	Fachbereich	Instandhaltung	-1,0	-1,0	-0,6	-0,6							
Organisation	Fachbereich	Beschaffung	-1,0	-1,0	-0,4	-0,7							
Organisation	Wissensbereich						1,2	1,6					
Organisation	Wissensbereich	Planung	1,0	1,0	1,9	1,3							
Organisation	Wissensbereich	Anlauf	1,0	1,0	0,7	0,4							
Organisation	Wissensbereich	Optimierung	1,0	3,0	1,4	9,1							
Organisation	Wissensbereich	Absicherung	3,0	1,0	2,2	0,7							
Organisation	Wissensbereich	Messtechnik	1,0	1,0	0,6	0,4							
Technik									0,84	0,59			
Technik	Montageprozess						-0,5	-0,7					
Technik	Montageprozess	Stabilität	-1,0	-3,0	-1,5	-3,9							
Technik	Montageprozess	Fähigkeit	-1,0	-1,0	-2,2	-1,9							
Technik	Montageprozess	Präzision	-1,0	-3,0	-1,4	-1,9							
Technik	Montageprozess	Prozessregelung	-1,0	-1,0	-1,0	-0,6							
Technik	Montageprozess	Effizienz	3,0	3,0	4,4	5,2							
Technik	Verfügbarkeit						-0,7	-0,3					
Technik	Verfügbarkeit	Ausfallwahrscheinlichkeit	-1,0	-1,0	-1,5	-1,3							
Technik	Verfügbarkeit	Redundanz	-1,0	-3,0	-0,9	-1,0							
Technik	Verfügbarkeit	Notstrategie	-1,0	-1,0	-2,1	-1,5							
Technik	Verfügbarkeit	Fehlertoleranz	1,0	1,0	1,3	1,2							
Technik	Verfügbarkeit	Wartung	-1,0	-1,0	-0,6	-0,3							
Technik	Verfügbarkeit	Reparatur	-1,0	-1,0	-0,6	-0,6							
Technik	Taktzeit						3,8	5,8					
Technik	Taktzeit	Referenzieren	3,0	3,0	2,3	1,1							
Technik	Taktzeit	Montage	1,0	3,0	1,4	4,9							
Technik	Taktzeit	Gesamttakt	3,0	3,0	5,7	7,9							
Technik	Montagequalität						0,3	0,0					
Technik	Montagequalität	Toleranzkonzepte	1,0	1,0	1,1	1,3							
Technik	Montagequalität	Prüfintervall	1,0	1,0	0,7	0,6							
Technik	Montagequalität	Flexibilität	-1,0	-1,0	-1,0	-0,9							
Technik	Montagequalität	Wandlungsfähigkeit	1,0	-1,0	0,9	-0,9							
Betriebswirtschaft									0,29	0,36			
Betriebswirtschaft	Infrastruktur						-0,1	0,6					
Betriebswirtschaft	Infrastruktur	Messsysteme	1,0	-1,0	0,4	-0,5							
Betriebswirtschaft	Infrastruktur	Vorrichtungen	1,0	1,0	0,7	1,2							
Betriebswirtschaft	Infrastruktur	Anlagen	1,0	3,0	1,2	7,1							
Betriebswirtschaft	Infrastruktur	Gebäude	3,0	3,0	0,9	0,8							
Betriebswirtschaft	Infrastruktur	Anbieterkonkurrenz	-3,0	-3,0	-4,4	-4,9							
Betriebswirtschaft	Betrieb						0,4	-1,0					
Betriebswirtschaft	Betrieb	Abweichungen	1,0	-1,0	1,8	-2,7							
Betriebswirtschaft	Betrieb	Personal	-1,0	-1,0	-0,5	-0,8							
Betriebswirtschaft	Betrieb	Maschinen	1,0	-1,0	1,5	-2,5							
Betriebswirtschaft	Betrieb	Support	1,0	-3,0	0,3	-1,3							
Betriebswirtschaft	Betrieb	Service	1,0	-1,0	0,3	-0,4							
Betriebswirtschaft	Betrieb	Verbesserung	1,0	1,0	0,7	1,1							
Betriebswirtschaft	Produkt						0,9	1,1					
Betriebswirtschaft	Produkt	Opportunität	1,0	1,0	0,9	1,3							
Betriebswirtschaft	Produkt	Individualisierung	1,0	1,0	1,0	0,8							
Betriebswirtschaft	Produkt	Begeisterung	1,0	1,0	1,1	1,1							

Stringerintegration

Parameter			Stringerintegration										
Kategorie	Gebiet	Merkmal	AT	AW	BT	BW	GT	GW	KT	KW	ST	SW	SG
Organisation									1,58	0,81	1,02	1,10	2,12
Organisation	Kommunikation						2,6	0,3					
Organisation	Kommunikation	Perzeptionsfähigkeit	3,0	1,0	9,0	2,4							
Organisation	Kommunikation	Kompensationsfähigkeit	1,0	-1,0	2,0	-1,4							
Organisation	Kommunikation	Vernetzungsgrad	1,0	1,0	0,8	0,6							
Organisation	Kommunikation	Zuliefereinbindung	-1,0	-1,0	-0,7	-0,9							
Organisation	Kommunikation	Kundeneinbindung	1,0	1,0	0,7	0,8							
Organisation	Fachbereich						0,7	0,9					
Organisation	Fachbereich	Entwicklung	3.0	3,0	7,1	9,1							
Organisation	Fachbereich	Konstruktion	-1.0	-1,0	-1,9	-2,1							
Organisation	Fachbereich	Elektrik	-1,0	-1,0	-0,5	-0,5							
Organisation	Fachbereich	Programmierung	1,0	1,0	0,8	0,5							
Organisation	Fachbereich	Inbetriebnahme	-1,0	1,0	-0,7	0,8							
Organisation	Fachbereich	Qualitätssicherung	3,0	3,0	3,6	3,1							
Organisation	Fachbereich	Instandhaltung	-1,0	-1,0	-0,6	-0,6							
Organisation	Fachbereich	Beschaffung	-1,0	-1,0	-0,4	-0,7							
Organisation	Wissensbereich						1,2	1,2					
Organisation	Wissensbereich	Planung	1,0	3,0	1,9	4,0							
Organisation	Wissensbereich	Anlauf	-1,0	1,0	-0,7	0,4							
Organisation	Wissensbereich	Optimierung	3,0	1,0	4,1	3,0							
Organisation	Wissensbereich	Absicherung	1,0	1,0	0,7	0,7							
Organisation	Wissensbereich	Messtechnik	1,0	1,0	0,6	0,4							
Technik									1,05	0,56			
Technik	Montageprozess						2,6	1,6					
Technik	Montageprozess	Stabilität	-1,0	-1,0	-1,5	-1,3							
Technik	Montageprozess	Fähigkeit	3,0	1,0	6,6	1,9							
Technik	Montageprozess	Präzision	1,0	1,0	1,4	0,6							
Technik	Montageprozess	Prozessregelung	1,0	1,0	1,0	0,6							
Technik	Montageprozess	Effizienz	1,0	3,0	1,5	5,2							
Technik	Verfügbarkeit						-0,4	-0,6					
Technik	Verfügbarkeit	Ausfallwahrscheinlichkeit	-1,0	-3,0	-1,5	-3,9							
Technik	Verfügbarkeit	Redundanz	1,0	-1,0	0,9	-0,3							
Technik	Verfügbarkeit	Notstrategie	-1,0	-1,0	-2,1	-1,5							
Technik	Verfügbarkeit	Fehlertoleranz	1,0	-1,0	1,3	-1,2							
Technik	Verfügbarkeit	Wartung	-1,0	-3,0	-0,6	-1,0							
Technik	Verfügbarkeit	Reparatur	-1,0	-1,0	-0,6	-0,6							
Technik	Taktzeit						0,4	2,7					
Technik	Taktzeit	Referenzieren	-3,0	-3,0	-2,3	-1,1							
Technik	Taktzeit	Montage	1,0	3,0	1,4	4,9							
Technik	Taktzeit	Gesamttakt	1,0	1,0	1,9	2,6							
Technik	Montagequalität						1,1	1,0					
Technik	Montagequalität	Toleranzkonzepte	3,0	3,0	3,3	4,0							
Technik	Montagequalität	Prüfintervall	3,0	3,0	2,0	1,7							
Technik	Montagequalität	Flexibilität	1,0	1,0	1,0	0,9							
Technik	Montagequalität	Wandlungsfähigkeit	-1,0	-1,0	-0,9	-0,9							
Betriebswirtschaft									0,71	2,24			
Betriebswirtschaft	Infrastruktur						0,4	0,8					
Betriebswirtschaft	Infrastruktur	Messsysteme	3,0	1,0	1,3	0,5							
Betriebswirtschaft	Infrastruktur	Vorrichtungen	3,0	3,0	2,1	3,6							
Betriebswirtschaft	Infrastruktur	Anlagen	1,0	1,0	1,2	2,4							
Betriebswirtschaft	Infrastruktur	Gebäude	1,0	1,0	0,3	0,3							
Betriebswirtschaft	Infrastruktur	Anbieterkonkurrenz	-1,0	-1,0	-1,5	-1,6							
Betriebswirtschaft	Betrieb						0,2	1,4					
Betriebswirtschaft	Betrieb	Abweichungen	1,0	3,0	1,8	8,2							
Betriebswirtschaft	Betrieb	Personal	1,0	1,0	0,5	0,8							
Betriebswirtschaft	Betrieb	Maschinen	-1,0	-1,0	-1,5	-2,5							
Betriebswirtschaft	Betrieb	Support	-1,0	-1,0	-0,3	-0,4							
Betriebswirtschaft	Betrieb	Service	-1,0	-1,0	-0,3	-0,4							
Betriebswirtschaft	Betrieb	Verbesserung	3,0	3,0	2,2	3,3							
Betriebswirtschaft	Produkt						2,2	2,0					
Betriebswirtschaft	Produkt	Opportunität	3,0	3,0	2,8	3,8							
Betriebswirtschaft	Produkt	Individualisierung	1,0	1,0	1,0	0,8							
Betriebswirtschaft	Produkt	Begeisterung	3,0	1,0	3,2	1,1							

Spantintegration

Parameter			Spantintegration										
Kategorie	Gebiet	Merkmal	AT	AW	BT	BW	GT	GW	KT	KW	ST	SW	SG
Organisation									0,93	0,70	0,48	0,58	1,06
Organisation	Kommunikation						1,9	0,6					
Organisation	Kommunikation	Perzeptionsfähigkeit	1,0	1,0	3,0	2,4							
Organisation	Kommunikation	Kompensationsfähigkeit	3,0	1,0	6,0	1,4							
Organisation	Kommunikation	Vernetzungsgrad	1,0	1,0	0,8	0,6							
Organisation	Kommunikation	Zuliefereinbindung	-1,0	-1,0	-0,7	-0,9							
Organisation	Kommunikation	Kundeneinbindung	-1,0	-1,0	-0,7	-0,8							
Organisation	Fachbereich						0,5	0,3					
Organisation	Fachbereich	Entwicklung	1,0	1,0	2,4	3,0							
Organisation	Fachbereich	Konstruktion	1,0	-1,0	1,9	-2,1							
Organisation	Fachbereich	Elektrik	-1,0	-1,0	-0,5	-0,5							
Organisation	Fachbereich	Programmierung	1,0	-1,0	0,8	-0,5							
Organisation	Fachbereich	Inbetriebnahme	1,0	1,0	0,7	0,8							
Organisation	Fachbereich	Qualitätssicherung	-1,0	1,0	-1,2	1,0							
Organisation	Fachbereich	Instandhaltung	3,0	3,0	1,8	1,8							
Organisation	Fachbereich	Beschaffung	-1,0	-1,0	-0,4	-0,7							
Organisation	Wissensbereich						0,3	1,3					
Organisation	Wissensbereich	Planung	-1,0	-1,0	-1,9	-1,3							
Organisation	Wissensbereich	Anlauf	1,0	1,0	0,7	0,4							
Organisation	Wissensbereich	Optimierung	1,0	3,0	1,4	9,1							
Organisation	Wissensbereich	Absicherung	1,0	1,0	0,7	0,7							
Organisation	Wissensbereich	Messtechnik	1,0	1,0	0,6	0,4							
Technik									0,21	0,04			
Technik	Montageprozess						0,9	1,0					
Technik	Montageprozess	Stabilität	-1,0	-1,0	-1,5	-1,3							
Technik	Montageprozess	Fähigkeit	-1,0	-1,0	-2,2	-1,9							
Technik	Montageprozess	Präzision	1,0	1,0	1,4	0,6							
Technik	Montageprozess	Prozessregelung	1,0	3,0	1,0	1,7							
Technik	Montageprozess	Effizienz	3,0	3,0	4,4	5,2							
Technik	Verfügbarkeit						0,0	-0,3					
Technik	Verfügbarkeit	Ausfallwahrscheinlichkeit	-1,0	-1,0	-1,5	-1,3							
Technik	Verfügbarkeit	Redundanz	-1,0	-3,0	-0,9	-1,0							
Technik	Verfügbarkeit	Notstrategie	1,0	-1,0	2,1	-1,5							
Technik	Verfügbarkeit	Fehlertoleranz	1,0	1,0	1,3	1,2							
Technik	Verfügbarkeit	Wartung	-1,0	-1,0	-0,6	-0,3							
Technik	Verfügbarkeit	Reparatur	-1,0	-1,0	-0,6	-0,6							
Technik	Taktzeit						-1,0	-1,6					
Technik	Taktzeit	Referenzieren	1,0	1,0	0,8	0,4							
Technik	Taktzeit	Montage	-1,0	-1,0	-1,4	-1,6							
Technik	Taktzeit	Gesamttakt	-1,0	-1,0	-1,9	-2,6							
Technik	Montagequalität						0,9	1,2					
Technik	Montagequalität	Toleranzkonzepte	1,0	3,0	1,1	4,0							
Technik	Montagequalität	Prüfintervall	-1,0	-1,0	-0,7	-0,6							
Technik	Montagequalität	Flexibilität	3,0	3,0	3,0	2,6							
Technik	Montagequalität	Wandlungsfähigkeit	1,0	1,0	0,9	0,9							
Betriebswirtschaft									0,43	1,16			
Betriebswirtschaft	Infrastruktur						0,6	0,8					
Betriebswirtschaft	Infrastruktur	Messsysteme	1,0	1,0	0,4	0,5							
Betriebswirtschaft	Infrastruktur	Vorrichtungen	3,0	3,0	2,1	3,6							
Betriebswirtschaft	Infrastruktur	Anlagen	3,0	1,0	3,7	2,4							
Betriebswirtschaft	Infrastruktur	Gebäude	1,0	1,0	0,3	0,3							
Betriebswirtschaft	Infrastruktur	Anbieterkonkurrenz	-1,0	-1,0	-1,5	-1,6							
Betriebswirtschaft	Betrieb						0,2	1,0					
Betriebswirtschaft	Betrieb	Abweichungen	1,0	1,0	1,8	2,7							
Betriebswirtschaft	Betrieb	Personal	1,0	3,0	0,5	2,3							
Betriebswirtschaft	Betrieb	Maschinen	-1,0	-1,0	-1,5	-2,5							
Betriebswirtschaft	Betrieb	Support	3,0	1,0	0,9	0,4							
Betriebswirtschaft	Betrieb	Service	1,0	1,0	0,3	0,4							
Betriebswirtschaft	Betrieb	Verbesserung	1,0	3,0	0,7	3,3							
Betriebswirtschaft	Produkt						0,9	0,4					
Betriebswirtschaft	Produkt	Opportunität	1,0	1,0	0,9	1,3							
Betriebswirtschaft	Produkt	Individualisierung	3,0	1,0	3,0	0,8							
Betriebswirtschaft	Produkt	Begeisterung	-1,0	-1,0	-1,1	-1,1							

Sektionsmontage

Parameter			Sektionsmontage										
Kategorie	Gebiet	Merkmal	AT	AW	BT	BW	GT	GW	KT	KW	ST	SW	SG
Organisation									0,74	0,81	0,79	0,89	1,68
Organisation	Kommunikation						1,2	0,6					
Organisation	Kommunikation	Perzeptionsfähigkeit	0,0	0,0	0,0	0,0							
Organisation	Kommunikation	Kompensationsfähigkeit	1,0	1,0	2,0	1,4							
Organisation	Kommunikation	Vernetzungsgrad	3,0	1,0	2,5	0,6							
Organisation	Kommunikation	Zuliefereinbindung	1,0	1,0	0,7	0,9							
Organisation	Kommunikation	Kundeneinbindung	0,0	0,0	0,0	0,0							
Organisation	Fachbereich						0,4	0,4					
Organisation	Fachbereich	Entwicklung	1,0	1,0	2,4	3,0							
Organisation	Fachbereich	Konstruktion	0,0	0,0	0,0	0,0							
Organisation	Fachbereich	Elektrik	0,0	0,0	0,0	0,0							
Organisation	Fachbereich	Programmierung	1,0	1,0	0,8	0,5							
Organisation	Fachbereich	Inbetriebnahme	-1,0	-1,0	-0,7	-0,8							
Organisation	Fachbereich	Qualitätssicherung	1,0	1,0	1,2	1,0							
Organisation	Fachbereich	Instandhaltung	0,0	0,0	0,0	0,0							
Organisation	Fachbereich	Beschaffung	0,0	0,0	0,0	0,0							
Organisation	Wissensbereich						0,6	1,4					
Organisation	Wissensbereich	Planung	1,0	1,0	1,9	1,3							
Organisation	Wissensbereich	Anlauf	-1,0	-1,0	-0,7	-0,4							
Organisation	Wissensbereich	Optimierung	1,0	3,0	1,4	9,1							
Organisation	Wissensbereich	Absicherung	1,0	1,0	0,7	0,7							
Organisation	Wissensbereich	Messtechnik	0,0	0,0	0,0	0,0							
Technik									1,58	0,57			
Technik	Montageprozess						1,2	1,8					
Technik	Montageprozess	Stabilität	1,0	3,0	1,5	3,9							
Technik	Montageprozess	Fähigkeit	0,0	1,0	0,0	1,9							
Technik	Montageprozess	Präzision	0,0	0,0	0,0	0,0							
Technik	Montageprozess	Prozessregelung	1,0	1,0	1,0	0,6							
Technik	Montageprozess	Effizienz	1,0	1,0	1,5	1,7							
Technik	Verfügbarkeit						0,8	0,4					
Technik	Verfügbarkeit	Ausfallwahrscheinlichkeit	1,0	1,0	1,5	1,3							
Technik	Verfügbarkeit	Redundanz	0,0	0,0	0,0	0,0							
Technik	Verfügbarkeit	Notstrategie	1,0	1,0	2,1	1,5							
Technik	Verfügbarkeit	Fehlertoleranz	1,0	3,0	1,3	3,5							
Technik	Verfügbarkeit	Wartung	0,0	0,0	0,0	0,0							
Technik	Verfügbarkeit	Reparatur	0,0	0,0	0,0	0,0							
Technik	Taktzeit						2,9	1,8					
Technik	Taktzeit	Referenzieren	0,0	0,0	0,0	0,0							
Technik	Taktzeit	Montage	1,0	1,0	1,4	1,6							
Technik	Taktzeit	Gesamttakt	3,0	1,0	5,7	2,6							
Technik	Montagequalität						0,8	0,7					
Technik	Montagequalität	Toleranzkonzepte	1,0	1,0	1,1	1,3							
Technik	Montagequalität	Prüfintervall	1,0	1,0	0,7	0,6							
Technik	Montagequalität	Flexibilität	1,0	1,0	1,0	0,9							
Technik	Montagequalität	Wandlungsfähigkeit	1,0	1,0	0,9	0,9							
Betriebswirtschaft									0,27	1,52			
Betriebswirtschaft	Infrastruktur						-0,2	-0,3					
Betriebswirtschaft	Infrastruktur	Messsysteme	0,0	0,0	0,0	0,0							
Betriebswirtschaft	Infrastruktur	Vorrichtungen	0,0	0,0	0,0	0,0							
Betriebswirtschaft	Infrastruktur	Anlagen	0,0	0,0	0,0	0,0							
Betriebswirtschaft	Infrastruktur	Gebäude	0,0	0,0	0,0	0,0							
Betriebswirtschaft	Infrastruktur	Anbieterkonkurrenz	-1,0	-1,0	-1,5	-1,6							
Betriebswirtschaft	Betrieb						0,3	2,0					
Betriebswirtschaft	Betrieb	Abweichungen	1,0	3,0	1,8	8,2							
Betriebswirtschaft	Betrieb	Personal	1,0	1,0	0,5	0,8							
Betriebswirtschaft	Betrieb	Maschinen	0,0	0,0	0,0	0,0							
Betriebswirtschaft	Betrieb	Support	0,0	0,0	0,0	0,0							
Betriebswirtschaft	Betrieb	Service	1,0	1,0	0,3	0,4							
Betriebswirtschaft	Betrieb	Verbesserung	1,0	3,0	0,7	3,3							
Betriebswirtschaft	Produkt						0,9	1,1					
Betriebswirtschaft	Produkt	Opportunität	1,0	1,0	0,9	1,3							
Betriebswirtschaft	Produkt	Individualisierung	1,0	1,0	1,0	0,8							
Betriebswirtschaft	Produkt	Begeisterung	1,0	1,0	1,1	1,1							

Rumpfmontage

Parameter			Flugzeugrumpf										
Kategorie	Gebiet	Merkmal	AT	AW	BT	BW	GT	GW	KT	KW	ST	SW	SG
Organisation									1,82	1,29	1,20	1,17	2,36
Organisation	Kommunikation						3,9	1,2					
Organisation	Kommunikation	Perzeptionsfähigkeit	3,0	1,0	9,0	2,4							
Organisation	Kommunikation	Kompensationsfähigkeit	3,0	1,0	6,0	1,4							
Organisation	Kommunikation	Vernetzungsgrad	1,0	1,0	0,8	0,6							
Organisation	Kommunikation	Zuliefereinbindung	1,0	1,0	0,7	0,9							
Organisation	Kommunikation	Kundeneinbindung	1,0	1,0	0,7	0,8							
Organisation	Fachbereich						0,9	0,7					
Organisation	Fachbereich	Entwicklung	3,0	3,0	7,1	9,1							
Organisation	Fachbereich	Konstruktion	1,0	1,0	1,9	2,1							
Organisation	Fachbereich	Elektrik	-1,0	-1,0	-0,5	-0,5							
Organisation	Fachbereich	Programmierung	1,0	-1,0	0,8	-0,5							
Organisation	Fachbereich	Inbetriebnahme	-1,0	-3,0	-0,7	-2,4							
Organisation	Fachbereich	Qualitätssicherung	1,0	1,0	1,2	1,0							
Organisation	Fachbereich	Instandhaltung	-1,0	-1,0	-0,6	-0,6							
Organisation	Fachbereich	Beschaffung	-1,0	-1,0	-0,4	-0,7							
Organisation	Wissensbereich						0,5	1,9					
Organisation	Wissensbereich	Planung	1,0	3,0	1,9	4,0							
Organisation	Wissensbereich	Anlauf	-1,0	-1,0	-0,7	-0,4							
Organisation	Wissensbereich	Optimierung	1,0	3,0	1,4	9,1							
Organisation	Wissensbereich	Absicherung	1,0	1,0	0,7	0,7							
Organisation	Wissensbereich	Messtechnik	-1,0	1,0	-0,6	0,4							
Technik									1,63	0,47			
Technik	Montageprozess						2,9	1,5					
Technik	Montageprozess	Stabilität	1,0	1,0	1,5	1,3							
Technik	Montageprozess	Fähigkeit	1,0	3,0	2,2	5,7							
Technik	Montageprozess	Präzision	3,0	1,0	4,1	0,6							
Technik	Montageprozess	Prozessregelung	1,0	1,0	1,0	0,6							
Technik	Montageprozess	Effizienz	1,0	-1,0	1,5	-1,7							
Technik	Verfügbarkeit						0,3	0,0					
Technik	Verfügbarkeit	Ausfallwahrscheinlichkeit	-1,0	-1,0	-1,5	-1,3							
Technik	Verfügbarkeit	Redundanz	1,0	-1,0	0,9	-0,3							
Technik	Verfügbarkeit	Notstrategie	1,0	-1,0	2,1	-1,5							
Technik	Verfügbarkeit	Fehlertoleranz	1,0	3,0	1,3	3,5							
Technik	Verfügbarkeit	Wartung	-1,0	-1,0	-0,6	-0,3							
Technik	Verfügbarkeit	Reparatur	-1,0	-1,0	-0,6	-0,6							
Technik	Taktzeit						2,1	1,3					
Technik	Taktzeit	Referenzieren	-1,0	-3,0	-0,8	-1,1							
Technik	Taktzeit	Montage	3,0	1,0	4,2	1,6							
Technik	Taktzeit	Gesamttakt	1,0	1,0	1,9	2,6							
Technik	Montagequalität						0,3	1,1					
Technik	Montagequalität	Toleranzkonzepte	1,0	3,0	1,1	4,0							
Technik	Montagequalität	Prüfintervall	1,0	1,0	0,7	0,6							
Technik	Montagequalität	Flexibilität	-1,0	1,0	-1,0	0,9							
Technik	Montagequalität	Wandlungsfähigkeit	1,0	1,0	0,9	0,9							
Betriebswirtschaft									0,48	2,06			
Betriebswirtschaft	Infrastruktur						0,0	1,0					
Betriebswirtschaft	Infrastruktur	Messsysteme	-1,0	-1,0	-0,4	-0,5							
Betriebswirtschaft	Infrastruktur	Vorrichtungen	1,0	1,0	0,7	1,2							
Betriebswirtschaft	Infrastruktur	Anlagen	1,0	3,0	1,2	7,1							
Betriebswirtschaft	Infrastruktur	Gebäude	1,0	1,0	0,3	0,3							
Betriebswirtschaft	Infrastruktur	Anbieterkonkurrenz	-1,0	-1,0	-1,5	-1,6							
Betriebswirtschaft	Betrieb						0,3	1,7					
Betriebswirtschaft	Betrieb	Abweichungen	1,0	1,0	1,8	2,7							
Betriebswirtschaft	Betrieb	Personal	1,0	1,0	0,5	0,8							
Betriebswirtschaft	Betrieb	Maschinen	1,0	3,0	1,5	7,4							
Betriebswirtschaft	Betrieb	Support	-1,0	-1,0	-0,3	-0,4							
Betriebswirtschaft	Betrieb	Service	-1,0	-1,0	-0,3	-0,4							
Betriebswirtschaft	Betrieb	Verbesserung	1,0	1,0	0,7	1,1							
Betriebswirtschaft	Produkt						1,5	1,1					
Betriebswirtschaft	Produkt	Opportunität	3,0	1,0	2,8	1,3							
Betriebswirtschaft	Produkt	Individualisierung	1,0	1,0	1,0	0,8							
Betriebswirtschaft	Produkt	Begeisterung	1,0	1,0	1,1	1,1							

Glossar

Abduktion	In der Logik ist die Abduktion ein Syllogismus, von dem die Hauptprämisse offensichtlich oder bekannt ist, während die Nebenprämisse, wenn auch nicht offensichtlich, genauso glaubwürdig oder glaubwürdiger ist als die Schlussfolgerung (Smith, 1910, p. 9)
Absolut Messung	Vermessung zur Erfassung von Bewegungen und Verformungen eines zu überwachenden Objektes oder einzelner Objektpunkte, gegenüber einem äußeren durch die zu erwartenden Formveränderungen des Objektes nicht beeinflussten Bezugssystem (GG, 2002). In GRS wird das Bezugssystem über die Zustandswelt definiert.
Automatisierungsgrad	Anteil der selbsttätigen Funktionen an der Gesamtheit der Funktionen eines Systems oder einer technischen Anlage (DIN, 2009, p. 18)
Beobachtbarkeit	Eigenschaft eines Systems, die darin besteht, dass aus den über ein endliches Zeitintervall beobachteten Ausgangs- und Eingangsgrößen der Anfangszustand bestimmt werden kann (DIN, 2009, p. 16)
Optische Antastsysteme	Ähnlich wie das menschliche Auge, werten visuelle Sensoren ein zweidimensionales Bild des zu betrachtenden bzw. zu messenden Objekts aus (Weckenmann, 2012, p. 119). Optische Abstandssensoren können je nach Ausführung eindimensionale (1D), zweidimensionale (2D) oder dreidimensionale Koordinaten (3D) im Raum liefern (Weckenmann, 2012, p. 134). Die Unterschiede zum Einsatz von taktilen Tastsystemen ist fließend, da z.B. ein Lichtschnittsensor zur Spaltübergangsmessung an die Messstelle bewegt werden muss und damit überwiegend Charakteristika taktiler Systeme aufweist, obwohl die Messung optisch erfolgt.
Cyber-Physisches Produktionssystem	CPS, das in der Produktion eingesetzt wird (VDI/GMA FA 7.21, 2015)
Cyber-Physisches System	System, das reale (physische) Objekte und Prozesse verknüpft mit informationsverarbeitenden (virtuellen) Objekten und Prozessen über offene, teilweise globale und jederzeit miteinander verbundene Informationsnetze (VDI/GMA FA 7.21, 2015)
Deduktion	Ableitung als ein Ergebnis von einem bekannten Prinzip; Notwendige Schlussfolgerung; auch wie gefolgert, das Ergebnis selbst (Smith, 1910, p. 1495)
Eingreifen	durch den Bediener auf die Leiteinrichtung oder auf die Stellglieder des Prozesses einwirken (DIN, 2009, p. 28)
Flexibles Produktionssystem	Flexible Produktionssysteme entstehen in verschiedenen Kategorien (Parker & Wirth, 1999): Die Maschinenflexibilität bezieht sich auf die verschiedenen Arten von Operationen, die die Maschine ausführen kann, ohne dass eine unerschwingliche Anstrengung beim Umschalten von einer Operation auf eine andere erforderlich ist. Prozessflexibilität ist die Fähigkeit, zwischen der Produktion von verschiedenen Produkten mit minimaler Verzögerung zu wechseln. Produktflexibilität ist die Fähigkeit, die Mischung von Produkten in der aktuellen Produktion zu ändern, auch bekannt als Mix-Change-Flexibilität. Routing-Flexibilität ist die Fähigkeit, den Weg zu ändern, den ein Teil

	durch das Fertigungssystem nehmen kann. Die Volumenflexibilität ist die Fähigkeit, bei verschiedenen Produktionsmengen rentabel zu arbeiten. Erweiterungsflexibilität ist die Fähigkeit, die Kapazität des Systems nach Bedarf, einfach und modular zu erweitern. Die Betriebsflexibilität ist die Fähigkeit, die Abfolge der Fertigungsabläufe für einen bestimmten Teil zu vertauschen. Produktionsflexibilität ist das Universum von Teilarten, die das Fertigungssystem ausführen kann. Diese Flexibilitätsart erfordert die Erreichung der bisherigen sieben Flexibilitätstypen.
Globales Referenzsystem	Kommunikationsstandard zur Synchronisation von Zustands- und physischer Welt in der Produktion (Schmitt, et al., 2013b)
Grenzpräzision	Die Grenzpräzision beschreibt in dieser Arbeit die durch technologische, physikalische, informationstechnische und wirtschaftliche Einschränkungen erreichbare Präzision von Montagerobotern oder die untere Grenze der Unsicherheit von Messsystemen beim Einsatz von Selbstreferenz (Seite 3 ff.)
iGPS, Indoor-GPS	Messsystem von Nikon
Inbetriebnahme	Tätigkeiten für das Versetzen zusammengebauter Teilsysteme oder Produkte in einen betriebsfähigen Zustand
Induktion	Der Prozess des Ziehens eines allgemeinen Schlusses aus bestimmten Fällen; Die Schlussfolgerung vom Charakter einer Probe zu der des ganzen Loses (Smith, 1910, p. 3068)
Informationswelt	Ideen, Gedankenkonstrukte, Algorithmen, Modelle, sowie die Gesamtheit der Abbildungen der physischen Gegenstände und Menschen in virtueller Umgebung (VDI/GMA FA 7.21, 2015)
Integrationsgrade von Fertigungsmesstechnik	Ort einer Messung im Prozess (Schmitt & Damm, 2008, p. 58) Fertigungsfern: Messung in einem an die Fertigung angrenzenden Messraum Fertigungsnah: Messung in Nähe der Fertigungslinie In-Line: Messung innerhalb der Linie im Fertigungstakt Maschinenintegriert: während des Prozesses oder in Nebenzeiten In-Prozess: Messung während des Prozesses
Kollaborierende Roboter	Zusammenarbeit von Robotern mit Menschen
Kommunikationsfähigkeit	Art und Weise, wie mit einem Teilnehmer Daten ausgetauscht werden oder wie dieser Daten austauschen kann und ob der Teilnehmer Daten austauscht (VDI/GMA FA 7.21, 2015)
Kompensation	Verringerung von Abweichungen mittels Beobachter Off-Line On-Line
Komplexität	Vielschichtigkeit; das Ineinander vieler Merkmale (Duden, 2017)
Kooperierende Roboter	Zusammenarbeit von mehreren Robotern
Koordinierte Roboter	Zusammenarbeit von Robotern bei einer mechanisch oder geometrisch gekoppelten Aufgabe
Messabweichung	Abweichung eines aus Messungen gewonnen und der Messgröße zugeordneten Wertes vom wahren Wert (DIN, 1995, p. 12)

Modellwelt	Gesamtheit aller Metadokumente, Pläne und Beschreibungen in der Informationswelt (VDI/GMA FA 7.21, 2015)
Optimieren	einen Prozess so gestalten, dass unter den gegebenen Beschränkungen das aufgabengemäß gegebene, die Prozesszustände bewertende Gütekriterium einen entweder möglichst großen oder möglichst kleinen Wert annimmt (DIN, 2009, p. 27)
Perzeption	Beobachtung der Natur durch die Sinne (Whitehead, 1919)
Physischen Welt	Gesamtheit real existierender Gegenstände und Menschen (VDI/GMA FA 7.21, 2015)
Pose	Position und Orientierung
Redundanz	Vorhandensein von mehr als einem Mittel in einer Einheit zur Ausführung einer geforderten Funktion (DIN, 2009, p. 18)
Regeln	Vorgang, bei dem fortlaufend eine variable Größe, die Regelgröße, erfasst, mit einer anderen variablen Größe, der Führungsgröße, verglichen und im Sinne einer Angleichung an die Führungsgröße beeinflusst wird (DIN, 2009, p. 56)
Scanning	Sequentielle Messwertaufnahme in einem bestimmten Bereich z.B. beim Laserscanner (Seite 61) oder entlang eine definierten Bahn z.B. beim Laserradar (Seite 58)
Schützen	auf den Prozess mit Mitteln der Leittechnik in der Weise einwirken, dass er keinen den Menschen gefährdenden oder die technische Anlage, das Produkt oder die Umwelt schädigenden Zustand annimmt (DIN, 2009, p. 28)
Selbstorganisierende Systeme	Ein System ist selbstorganisierend, wenn eine Änderung automatisch eine Antwort zur Erfüllung eines Beurteilungskriteriums verursacht (Ashby, 1962, p. 267) Systeme, die ihre interne Ordnung erhöhen (von Foerster, 2003, p. 6) Ein System, das als selbstorganisierend beschrieben wird, ist eines, in dem Elemente interagieren, um dynamisch eine globale Funktion oder ein Verhalten zu erreichen (Gershenson, 2006, p. 3)
Selbstreferenz	Selbstreferenzielle Fähigkeiten von Montagerobotern und Messsystemen sind Kommunikation, Perzeption und Kompensation von Abweichungen (Seite 3 ff.)
Smart Factory	Fabrik, deren Integrationsgrad eine Tiefe erreicht hat, die Selbstorganisationsfunktionen in der Produktion und in allen die Produktion betreffenden Geschäftsprozessen ermöglicht. Das virtuelle Abbild der Fabrik ermöglicht intelligente Entscheidungen. Ziel ist die Steigerung von Effizienz, Effektivität, Flexibilität und/oder Wandlungsfähigkeit (VDI/GMA FA 7.21, 2015)
Steuern	Vorgang in einem System, bei dem eine oder mehrere variable Größen als Eingangsgrößen andere variable Größen als Ausgangsgrößen auf Grund der dem System eigenen Gesetzmäßigkeiten beeinflussen (DIN, 2009, p. 56)
Taktile Antastsysteme	Tastsysteme müssen mit der Werkstückoberfläche interagieren, d. h. über reversible physikalische Effekte mit der Oberfläche in Wechselwirkung treten (Weckenmann, 2012, p. 94). Die Unterschiede zum Einsatz von optischen Systemen sind fließend, da z.B. ein Lichtschnittsensor zur

	Spaltübergangsmessung an die Messstelle bewegt werden muss, aber auch Charakteristika optischer Systeme aufweist.
Tracing	Verfolgung von Bauteilen mittels Zielvorgabe, z.B. die Berechnung des ROI einer Kameraauswertung (Seite 114) oder das Ausrichten von Laserstrahlen (Seite 62) mittels Roboterkoordinaten
Tracking	Verfolgung von Bauteilen mittels Nachführung, z.B. Regelung des Laserstrahls mittels ausgekoppelter Abbildung auf eine PSD beim Lasertracker (Seite 55)
Verfügbarkeit	Die Technische Verfügbarkeit gibt den prozentualen Anteil der Belegungszeit an, für den die Maschine/ Anlage ohne technischen Mangel der Produktion zur Verfügung steht (VDI, 2002)
Wandlungsfähiges Produktionssystem	Wandlungsfähige Produktionssysteme werden so konzipiert, dass sie für künftige Entwicklungen offen sind und Freiräume bieten, nicht vorhergesehene Funktionen und Fähigkeiten in das bestehende System zu integrieren (Nyhuis, et al., 2008, p. 14)
Wandlungsfähigkeit	Wandlungsfähigkeit besteht in dem Vermögen, auch über vorgehaltene Korridore hinaus Veränderungen in Organisation oder Technologie umsetzen zu können, ohne bestimmte, durch die Konzeption des Produktionssystems fest vorgegebene Machbarkeitsgrenzen beachten zu müssen (Nyhuis, et al., 2008, p. 14)
Zustandswelt	Gesamtheit der aktuell erfassten Informationen in der Informationswelt (VDI/GMA FA 7.21, 2015)

Abkürzungs- und Symbolverzeichnis

A	Ausprägung
ADM	Absolut-Distanz-Messung
ARP	Adaptierte Roboterpose
Az	Azimuth
B	Basis
BMBF	Bundesministerium für Bildung und Forschung
BMWI	Bundesministerium für Wirtschaft und Innovation
CAD	Computer Aided Design
CFK	Carbon-Faserverbundkunststoff
circ	Kreisförmige Bahn (Bewegungsart von Roboter)
CPPS	Cyber-Physikalisches Produktions-System
CPS	Cyber-Physikalisches System
d	Distanz
DFG	Deutsche Forschungsgemeinschaft
DPM	Dynamic Path Modification (Roboteroption Fanuc)
EGM	External Guided Motion (Roboteroption ABB)
El	Elevation
F	Force (Kraft)
FPS	Frames per second (Bilder pro Sekunde)
FT	Force-Torque (Kraft-Momententupel)
FVK	Faserverbundkunststoff
G	Gewichtskraft
g_0, g_1	Geradenparameter
GPS	Globales Positionierungssystem (Navstar)
GRS	Globales Referenzsystem
GT, GW	Steigerungsbeitrag für Gebiet (technisch/wirtschaftlich)
H	Jakobi-Matrix
IDU	Integrated Detector Unit (Empfänger von iGPS)
IFM	Interferometrische Messung
K	Koordinatenvektor
KMG	Koordinatenmessgerät
KT, KW	Steigerungsbeitrag für Kategorie (technisch/wirtschaftlich)
lin	Lineare Bahn (Bewegungsart von Roboter)
LR	Laserradar
LT	Lasertracker
LVM	Large- Volume Messtechnik (Large-Scale Messtechnik)
M	Moment
MPE	Maximum-permissible-Error
n	Normalenrichtung
NTP	Network Time Protocol
P	Pose
p.	Page (Seite)
Pkt.	Punkte
ppm	Parts-per-million, µm/m
PSD	Foto-sensitive Diode

PTKA	Projektträger Karlsruhe
ptp	Point-to-Point (Bewegungsart von Roboter)
PTP	Precision Time Protocol
Px.	Pixel (kleinstes Bildelement)
R	Rotation
RGP	Reale GRS-Pose
RMS	Quadratisches Mittel (Root Mean Square)
ROI	Region of Interest (eingeschränkter Auswertebereich von Sensoren)
RPK	Roboterposen-Korrektur
RRI	Robot Reference Interface (Roboteroption ABB)
RSI	Robot Sensor Interface (Roboteroption Kuka)
SDK	Software Development Kit
ST, ST	Gesamt-Steigerungsbeitrag (technisch/wirtschaftlich)
T	Translation
T1, T2	Durchgänge beim iGPS
TB	Tooling Ball (Kugel zum Referenzieren
TZN	Technologiezentrum Nordenham
u.A.	Unter Anderem
u.U.	Unter Umständen
X	Minimierungsparameter
XML	Extended Markup Language
W	Werkzeug
WPS	Wandlungsfähiges Produktionssystem
WZL	Werkzeugmaschinenlabor (Institut)
z.B.	Zum Beispiel

Abbildungsverzeichnis

Tabellenverzeichnis

Betreute studentische Arbeiten

Folgende studentische Arbeiten wurden als wissenschaftlicher Mitarbeiter betreut:

Diplomarbeit

Apetz, J., 2011. *Diplomarbeit: Analysis of large-volume metrology systems for automated joining of aircraft fuselage structures*, RWTH: Lehrstuhl für Fertigungsmesstechnik und Qualitätsmanagement

Dornieden, C., 2011. *Diplomarbeit: Optisches Tracking für globale Referenzsysteme*, RWTH: Lehrstuhl für Fertigungsmesstechnik und Qualitätsmanagement

Lamers, C., 2012. *Diplomarbeit: Optische Erfassung dreidimensionaler Strukturen in einem globalen Referenzsystem*, RWTH: Lehrstuhl für Fertigungsmesstechnik und Qualitätsmanagement

Studienarbeit

Dornieden, C., 2010. *Studienarbeit: Mensch-Maschine Interaktion mit Robotern mittels einer 3D-Kamera*, RWTH: Lehrstuhl für Fertigungsmesstechnik und Qualitätsmanagement

Lamers, C., 2011. *Studienarbeit: Absolutes Positionieren und Bahnverfahren von Robotern mittels Indoor-GPS*, RWTH: Lehrstuhl für Fertigungsmesstechnik und Qualitätsmanagement

Herrmanns, L., 2012. *Studienarbeit: Kalibrierung von Roboterzellen mittels Indoor-GPS*, RWTH: Lehrstuhl für Fertigungsmesstechnik und Qualitätsmanagement

Bertelsmeier, F., 2012. *Studienarbeit: Machbarkeitsstudie zum Aufbau eines optischen 6D-Messsystems nach dem Prinzip der Dispersion elektromagnetischer Wellen*, RWTH: Lehrstuhl für Fertigungsmesstechnik und Qualitätsmanagement

Niem, C., 2012. *Studienarbeit: Digitalisierung von Produktionsumgebungen durch eine Kombination von Indoor-GPS und Photomischdetektor*, RWTH: Lehrstuhl für Fertigungsmesstechnik und Qualitätsmanagement

Masterarbeit

Mattarese, V., 2011. *Masterarbeit: Off-line and sensor-based simulation of a robot cell*, RWTH: Lehrstuhl für Fertigungsmesstechnik und Qualitätsmanagement

Bertelsmeier, F., 2012. *Masterarbeit: Nutzung des Verformungsverhaltens zur optimierten Positionierung von CFK-Schalen bei der Sektionsmontage des Airbus A350-XWB*, Premium AEROTEC GmbH & RWTH: Lehrstuhl für Fertigungsmesstechnik und Qualitätsmanagement

Fechter, M., 2014. *Masterarbeit: Metrology assisted robotic alignment of bulk container sheets*, Aeronautics Institute of Technology, São José dos Campos, Brasilien & RWTH: Lehrstuhl für Fertigungsmesstechnik und Qualitätsmanagement

Rehbein, A., 2015. *Masterarbeit: Dynamic Pose-Correcting Control for Industrial R6 Robots Using External End Effector Measurements*, Maastricht University, Knowledge Engineering

Bachelorarbeit

Bertelsmeier, F., 2009. *Bachelorarbeit: Überwachung von Roboterzellen mit einer PMD-Kamera*, Fachhochschule Aachen: Fachbereich Maschinenbau und Mechatronik

Kammertöns, T., 2011. *Bachelorarbeit: Absolutes Positionieren und Bahnverfahren von Robotern mittels Lasertracker*, Fachhochschule Aachen: Fachbereich Maschinenbau und Mechatronik

Fechter, M., 2012. *Integration eines Förderbandes in eine Montagezelle zum vorrichtungslosen Schweißen in globalen Referenzsystemen*, RWTH: Lehrstuhl für Fertigungsmesstechnik und Qualitätsmanagement

Projektarbeit

Richter, A., Fechter, M. & Ahmann, M., 2012. *Projektarbeit: Regelung kooperierender Roboterbewegungen in einem globalen Referenzsystem*, RWTH: Lehrstuhl für Fertigungsmesstechnik und Qualitätsmanagement

Hunsteger, T. & Wietheger, W., 2012. *Projektarbeit: Implementierung eines Photomischdetektors an einem Roboterarm mit Hilfe von Indoor-GPS oder Roboterpositionen*, RWTH: Lehrstuhl für Fertigungsmesstechnik und Qualitätsmanagement

Robertz, J. & Schumacher, P., 2013. *Projektarbeit: Entwicklung eines Greifers für vorrichtungsloses Schweißen mit kooperierenden Robotern*, RWTH: Lehrstuhl für Fertigungsmesstechnik und Qualitätsmanagement

Projektbericht

Contatto, J., 2009. *Projektbericht: Monitoring a robot cell with a 3D-Camera*, Universidade Federal de Santa Catarina in Florianópolis, Brasilien, Centro Tecnologico - Automatisierung und Systeme

Light, T., 2010. *Projektbericht: Measuring arm calibration and accuracy comparison with a KR60 Kuka robot and an Indoor GPS system*, Nelson Mandela Metropolitan University: Mechatronik & RWTH: Lehrstuhl für Fertigungsmesstechnik und Qualitätsmanagement

Eigene Veröffentlichungen

Die folgende Liste enthält eigene Veröffentlichungen und öffentliche Fachvorträge, die fünf Veröffentlichungen mit der höchsten Relevanz sind hervorgehoben

2017

Schönberg, A. *Vortrag: Messraum, quo vadis? – Optisches Messen im Karosseriebau,* Aachen: Mündliche Prüfung.

Storm, C., Schönberg, A. & Schmitt, R., 2017. *Model Predictive Control Approach for assembling Large Components in Motion.* Production Engineering, ISSN 1863-7353, doi.10.1007/s11740-017-0717-8.

Schönberg, A., Wehn, M. & Richter, A., 2017. *Industrial Automated Laser Radar Application Within Large-Volume Metrology.* Quality Digest. [Online] Available at: https://www.qualitydigest.com/inside/cmsc-article/industrial-automated-laser-radar-application-within-large-volume-metrology [Zugriff am 14.4.2017].

2016

Schönberg, A. *Vortrag: Industrial User Story: Inline-Inspection using Laser Radar,* Aachen: 3D Metrology Conference.

Schönberg, A. & Wehn, M., 2016. *Industrial automated Lasertracker application.* The Journal of CMSC, 9(1), ISSN 2328-6067, pp. 8-15.

Schönberg, A., Wehn, M. & Richter, A., 2016. *Vortrag: Industrial automated Laser Radar application,* Nashville, Tennessee, USA: Coordinate Metrology Society Conference.

2015

Schönberg, A. & Wehn, M., 2015. *Vortrag: Industrial automated Lasertracker application,* Hollywood, Florida, USA: Coordinate Metrology Society Conference.

Schönberg, A. & Wehn, M., 2015. *Vortrag: Industrial automated Lasertracker application,* Manchester, Großbritannien: European Portable Metrology Conference.

Schönberg, A. & Wehn, M., 2015. *Vortrag: Stringer integration Pick & Place - Metrology assisted assembly at FFT,* Stade: Airbus Workshop Tooling.

Schönberg, A., 2015. *Vortrag: Metrology-assisted stringer integration*, Stade: CFK Valley Convention

2014

Schönberg, A. & Wehn, M., 2014. *Vortrag: Absolute positioning of robots for integrating stringers on a CFRP-shell,* North Charleston, South Carolina, USA: Coordinate Metrology Society Conference.

Schönberg, A. & Schossig, K., 2014. *Vortrag: Using laser trackers for automated stringer integration*, Barcelona, Spanien: Hexagon Metrology Automation Seminar

Isenberg, C., Schönberg, A., Schmitt, R. & Bertelsmeier, F., 2014. *Optisches Messverfahren und Vorrichtung zur Bestimmung von Position und Orientierung von Werkstücken und/oder Maschinen*. DE, Patentnr. 10 2014 014 968 A1.

Schönberg, A., 2014. *Vortrag: Einsatz von Lasertracker-Sensorik in der Serienproduktion von CFK-Flugzeugstrukturen*, Aachen: Montagetagung

Schönberg, A., 2014. *Vortrag: Automatisierte Handhabung und Montage großer biegeschlaffer Bauteile*, Saarbrücken: Montagetagung

2013

Light, T., Gorlach, I., Schönberg, A. & Schmitt, R., 2013. *Application of a Camera for Measuring Robot Position Accuracy* In: Dimitrov, D. & Schutte, C. eds. Proc. of the Int. Conf. on Comp. Manuf. Stellenbosch University, Südafrika, ISBN 978-0-7972-1405-7, S. 247-252

Schmitt, R., Schönberg, A. & Bertelsmeier, F., 2013. *Optische Erfassung dreidimensionaler Strukturen in einem globalen Referenzsystem* In: tm - Technisches Messen 80 (2013), 4, ISSN 0171-8096 , S. 129-134

Schmitt, R., Schönberg, A., Witte, A., Dresselhaus, M. & Gräff, K., 2013. *Systemintegration am Beispiel des Demonstrators* In: Kampker, A., Burggräf, P. & Maue, A. eds. ProAktiW - Produktionssysteme aktiv wandeln. Apprimus Aachen, ISBN 978-3-86359-159-5, S. 140-157

Norman, A., Schönberg, A., Gorlach, I. & Schmitt, R., 2013. *Validation of iGPS as an external measurement system for cooperative robot positioning* In: Int. J. of Adv. Manufacturing Techn. 64 (2013), 1-4, ISSN 0268-3768 ; 1433-3015 (Online), S. 427-446

Norman, A., Schönberg, A., Gorlach, I. & Schmitt, R., 2013. *Cooperation of Industrial Robots with Indoor-GPS* In: Dimitrov, D. ed. Proc. of the 2013 Int. Conf. on Competitive Manufacturing, Stellenbosch University, South Africa, ISBN 978-0-7972-1322-7, S. 215-224

Schönberg, A., 2013. *Vortrag: Self-optimizing assembly of aircraft shells in global referencing systems*, Aachen: EX128 Cluster Conference

Schönberg, A., 2013. *Vortrag: Roboterbasierte Fertigung von CFK-Flugzeugstrukturen in einem globalen Referenzsystem*, Hannover: Robotics Kongress

Schönberg, A., 2013. *Vortrag: Entwicklung einer Roboterzelle zur Fertigung von CFK-Flugzeugstrukturen*, Nordenham: EADS Workshop Tooling

2012

Schmitt, R. & Schönberg, A., 2012. *Indoor-GPS* In: Weckenmann, A. ed. Koordinatenmesstechnik, Carl Hanser München, ISBN 978-3-446-40739-8, S. 239-244

Schmitt, R., Jatzkowski, P. & Schönberg, A., 2012. *Navigation as a Key for Self-Optimizing Assembly Processes* In: Salvendy, G. & Karwowski, W. eds. Conf. Proc. of the 2012 AHFE Int. Conf.. USA Publishing Stoughton/ USA, ISBN 978-0-9796435-5-2, S. 2710-2719

Schmitt, R., Jatzkowski, P. & Schönberg, A., 2012. *Navigation as a Key for Self-Optimizing Assembly Processes* In: Trzcielinski, S. & Karwowski, W. ed. Advances in Ergonomics in Manufacturing, Series 18, CRC Press Boca Raton/ USA, ISBN 978-1-4398-7039-6, eBook ISBN: 978-1-4398-7040-2, S. 282-291

Schmitt, R., Jatzkowski, P., Schönberg, A. & Lamers, C., 2012. *Optische Erfassung dreidimensionaler Strukturen in einem globalen Referenzsystem* In: Schmitt, R. ed. XXVI. Messtechnisches Symposium des Arbeitskreises der Hochschullehrer für Messtechnik e.V.. Shaker Aachen, ISBN 978-3-8440-1312-2 , S. 69-78

Schmitt, R., Schönberg, A., Lamers, C. & Demeester, F., 2011. *Global referencing systems and their contribution to a versatile production* In: Moreira, A. & Meneses, F. eds. Proc. of the 2011 Int. Conf. on Indoor Positioning and Indoor Navigation. Departamento de Sistemas de Informação, Universidade do Minho Guimaraes/ Portugal, ISBN 978-972-8692-63-6

Schönberg, A., 2012. *Vortrag: Einbindung von optischer Laser Tracker Sensorik in globale Referenzsysteme für die wandlungsfähige Montage.* Wetzlar: Hexagon Metrology Forum

Schmitt, R. & Schönberg, A., 2012. *Vortrag: Automatisierte Wandlung von Montageanlagen mit globalen Referenzsystemen*, Saarbrücken: Montagetagung

2011

Light, T., Gorlach, I., Schönberg, A. & Schmitt, R., 2011. *Measuring Arm Calibration* In: Leandre, R.; et al. eds. Proceedings of the European Computing Conference 2011, Paris, France. WSEAS Paris, ISBN 978-960-474-297-4, S. 222-227

Demeester, F., Dresselhaus, M., Essel, I., Jatzkowski, P., Nau, M., Pause, B., Plapper, P., Schmitt, R., Schönberg, A. & Voss, H., 2011. *Referenzsysteme für wandlungsfähige Produktion* In: Brecher, C., Klocke, F., Schmitt, R. & Schuh, G. eds. Wettbewerbsfaktor Produktionstechnik. Shaker Aachen, ISBN 978-3-8440-0087-0, S. 449-477

Schönberg, A., 2011. *Roboterinteraktion mit einer 3D-Kamera* In: Tools (2011), 1, ISSN 0947-8647, S. 14-15

Schönberg, A., 2011. *Vortrag: Global referencing systems and their contribution to a versatile production*, Frankfurt: VDI-Expertentreffen Koordinatenmesstechnik

2010

Schmitt, R. & Schönberg, A., 2011. *Kompensation von Abweichungen bei Absolutbewegungen von Industrierobotern durch Indoor-GPS* In: Automation 2010, VDI-Berichte 2092. VDI Düsseldorf, ISBN 978-3-18-092092-4, S. 411-414

Schmitt, R., Schönberg, A. & Damm, B., 2010. *Indoor-GPS based robots as a key technology for versatile production* In: Proc. for the joint conf. of 41st Int. Symposium on Robotics and 6th German Conf. on Robotics. VDE Berlin, ISBN 978-3-8007-3273-9, S. 199 -205

Schmitt, R., Mersmann, C. & Schönberg, A., 2010. *Machine-Vision zur Messung der Faserorientierung bei der textilbasierten FVK-Herstellung* In: tm - Technisches Messen 77 (2010), 4, ISSN 0171-8096, S. 237-242

Schmitt, R., Nisch, S., Schönberg, A., Demeester, F. & Renders, S., 2010. *Performance Evaluation of iGPS for Industrial Applications* In: Mautz, R., Kunz, M. & Ingensand, H. eds. Proc. of the 2010 Int. Conf. on Indoor Positioning and Indoor Navigation. IEEE New York, ISBN 978-1-4244-5864-6, S. 448-455

2009

Schmitt, R., Mersmann, C. & Schönberg, A., 2009. *Machine vision industrialising the textile-based FRP production* In: Zinterhof, P. et al. eds. 6th Int. Symposium on Image and Signal Processing and Analysis. IEEE Salzburg, ISBN 953184134-4, S. 260-264

Schmitt, R., Mersmann, C. & Schönberg, A., 2009. *Machine-Vision zur Messung der Faserorientierung bei der textilbasierten FVK-Herstellung* In: Goch, G. ed. XXIII. Messtechnisches Symposium des Arbeitskreises der Hochschullehrer für Messtechnik e.V. Shaker Aachen, ISBN 978-3-8322-8491-6, S. 149-162

Schmitt, R., Schönberg, A., Damm, B. & Mersmann, C., 2009. *Messtechnik in der automatisierten FVK-Fertigung - Fähige Prozesse als Voraussetzung für eine wirtschaftliche FVK-Herstellung* In: wt Werkstattstechnik online 99 (2009), 3, ISSN 1436-4980, S. 157-162

Schmitt, R., Schönberg, A. & Damm, B. 2009. *Onderzoek naar dynamisch assemblagepotentieel van industriele robots* In: Techni Show Magazine 7 (2009), 7, ISSN 1570-9299, S. 32-33

Schmitt, R., Schönberg, A. & Mersmann, C., 2009. *Optical Metrology as an Enabler for Economical FRP-Processes* In: Dirckx, J.; Buytard, J. eds. Proc. of the 4th Int. Conf. on Optical Measurement Techniques for Systems and Structures. Shaker Aachen, ISBN 978-90-423-0366-9, S. 317-326

Lebenslauf

1982	Geboren in Halle (Westfalen)
2000	High School Jahr in Kalifornien, USA
2002	Allgemeine Hochschulreife
2003	Grundwehrdienst
10/2003	Einschreibung Maschinenbau RWTH Aachen University
10/2005	Abschluss Vordiplom, Wahl der Vertiefung Produktionstechnik
10/2005	Aufnahme der Tätigkeit als studentische Hilfskraft am Lehrstuhl für Fertigungsmesstechnik und Qualitätsmanagement am Werkzeugmaschinenlabor WZL der RWTH Aachen University in der Gruppe Bildverarbeitung
10/2007-12/2007	Praktikum bei der Firma Photonita in Florianópolis, Brasilien: Weiterentwicklung des Auswertealgorithmus für ein Schattenmoiree-Messsystem
01/2008-03/2008	Praktikum am Composite Technology Center CTC Stade: Integration eines Machine-Vision Systems als Demonstrator des FALCON Projekts (Fiber Automatic Live CONtrol)
04/2008-10/2008	Diplomarbeit am Composite Technology Center Stade: Sicherstellung der Prozessfähigkeit bei der Preform-Herstellung faserverstärkter Kunststoffstrukturen durch ein fertigungsintegriertes Machine-Vision-System
11/2008	Wechsel der Tätigkeit am WZL zum wissenschaftlichen Mitarbeiter
10/2009	Wechsel am WZL in die Gruppe Koordinatenmesstechnik
11/2013	Wechsel am WZL zum ingenieurtechnisch Angestellten bei der WZL Aachen GmbH
11/2013	Aufnahme der Tätigkeit als Entwickler Informatik bei der Firma FFT Produktionssysteme GmbH & Co. KG in Fulda im Kundenteam Bildverarbeitung
02/2016	Wechsel der Tätigkeit bei FFT zum Entwickler Sensortechnik
11/2016	Ende der Tätigkeit am WZL
07/2017	Mündliche Prüfung: Messraum, quo vadis? – Optisches Messen im Karosseriebau

Stichpunktverzeichnis

In der Reihe **Ergebnisse aus der Produktionstechnik** zuletzt erschienen:

Schrey, Elisabeth:
Lebenszyklusübergreifende Informationsstrukturierung für Produktbaukästen
ISBN: 978-3-86359-578-4
Erscheinungsdatum: 11.01.2018

Baum, Christoph:
Prozess- und Maschinenentwicklung für das mehrschrittige Mikroheißprägen
ISBN: 978-3-86359-550-0
Erscheinungsdatum: 08.01.2018

Bohr, Sebastian:
Integrierte Produkt- und Justageprozessplanung im Karosseriebau
ISBN: 978-3-86359-565-4
Erscheinungsdatum: 08.01.2018

Obdenbusch, Markus:
Referenzarchitektur für cloudbasiertes Condition Monitoring am Beispiel von Verpackungsmaschinen
ISBN: 978-3-86359-573-9
Erscheinungsdatum: 08.01.2018

Wagner, Petra:
Werkzeugschnittstellen für Drehmaschinen
ISBN: 978-3-86359-567-8
Erscheinungsdatum: 14.12.2017

Lindner, Florian Achim:
Dreidimensionale Zweipunkt-Beugungsinterferometrie zur Positionsbestimmung von Produktionsmaschinen
ISBN: 978-3-86359-549-4
Erscheinungsdatum: 13.11.2017

Epple, Alexander:
Prozessstabilität von parallelen Drehprozessen
ISBN: 978-3-86359-574-6
Erscheinungsdatum: 11.01.2018

Cayli, Tolga:
Surface Anomalies in Turning of Difficult-to-Cut Materials with High-Pressure Coolant Supply
ISBN: 978-3-86359-577-7
Erscheinungsdatum: 08.01.2018

Wächter, Daniel:
Wirkweise des Poliermittelträgers beim Polieren optischer Gläser
ISBN: 978-3-86359-570-8
Erscheinungsdatum: 08.01.2018

Quinders, Stefan:
Virtueller Prototyp zur Optimierung und Absicherung der Konfiguration messtechnisch gestützter und roboterbasierter Montagesysteme
ISBN: 978-3-86359-569-2
Erscheinungsdatum: 08.01.2018

Pohlmann, Gerrit:
Integration komponentenbasierter Methoden zur Maschinenzustandsüberwachung in schnelltaktende Produktionsmaschinen
ISBN: 978-3-86359-558-6
Erscheinungsdatum: 14.12.2017

Peterek, Martin Joachim:
Messunsicherheitsbestimmung für Geometriemessungen mit Werkzeugmaschinen
ISBN: 978-3-86359-552-4
Erscheinungsdatum: 23.10.2017

Edition Wissenschaft
Apprimus

Hensgen, Lars:
Auswirkung der Drahtfunkenerosion auf die mechanischen Eigenschaften von Festkörpergelenken
ISBN: 978-3-86359-544-9
Erscheinungsdatum: 04.10.2017

Danner, Florian Gerhard:
Befähigung zur effizienzsteigernden Produktion von Fahrzeugen mit konventionellen und elektrifizierten Antriebssystemen durch innovative Prüf- und Inbetriebnahmeverfahren
ISBN: 978-3-86359-535-7
Erscheinungsdatum: 20.09.2017

Zheng, Hanqing:
Maschinenintegrierte optische Oberflächenprüfung von gehonten Zylinderlaufbahnen unter Kühlschmierstoff
ISBN: 978-3-86359-540-1
Erscheinungsdatum: 20.09.2017

Greshake, Thilo:
Methodik zur lebenszyklusweiten, umweltgerechten Produkt- und Produktionsoptimierung
ISBN: 978-3-86359-546-3
Erscheinungsdatum: 20.09.2017

Stolorz, Martin :
Prediction and Compensation of Machining-Induced Shape Deviations in Finish Milling
ISBN: 978-3-86359-538-8
Erscheinungsdatum: 12.09.2017

Brambring, Felix:
Steigerung der Datenintegrität in der Produktionssteuerung
ISBN: 978-3-86359-537-1
Erscheinungsdatum: 06.09.2017

Hensen, Tobias :
Strategische Auslegung industrieller Werkzeugbaubetriebe
ISBN: 978-3-86359-531-9
Erscheinungsdatum: 31.08.2017

Schwade, Max :
Automatisierte Analyse hochfrequenter Prozesssignale bei der funkenerosiven Bearbeitung von Magnesium für die Medizintechnik
ISBN: 978-3-86359-527-2
Erscheinungsdatum: 31.08.2017

Zeis, Markus:
Verformung dünnwandiger Graphitelektroden mit hohen Aspektverhältnissen beim funkenerosiven Senken
ISBN: 978-3-86359-536-4
Erscheinungsdatum: 24.08.2017

Breunig, Stefan:
Produktarchitekturgestaltung mechatronischer Baukastensysteme
ISBN: 978-3-86359-532-6
Erscheinungsdatum: 11.08.2017

Edition Wissenschaft
Apprimus